"十三五"国家重点出版物出版规划项目

现代机械工程系列精品教材

"十二五"普通高等教育本科国家级规划教材

普通高等教育"十一五"国家级规划教材

机床电气控制技术

第6版

主编　王振臣　李海滨

参编　李惠光　王跃灵

主审　李志刚　孔祥东

机械工业出版社

本书是"十三五"国家重点出版物出版规划项目——现代机械工程系列精品教材、"十二五"普通高等教育本科国家级规划教材、普通高等教育"十一五"国家级规划教材。

本书从教学的角度出发，兼顾实际工程应用，系统地介绍了机床电气控制技术、PLC 的原理和应用、电力拖动直流和交流调速技术等内容。全书由四部分组成，共 6 章。第一部分由第 1、2 章组成，介绍了电气控制中常用的低压电器、电气控制电路的基本环节、典型电气控制系统的分析与设计方法，并提供了工程实例。第二部分由第 3、4 章组成，介绍了 PLC 的基本结构和工作原理，以欧姆龙 C 系列、三菱 FX_{2N} 和西门子 S7-1200 系列产品为典型机型，分别介绍了它们的基本指令，并结合工程实例对采用 PLC 的控制系统给出了分析与设计方法。第三、第四两部分分别由第 5 章和第 6 章组成，重点介绍了直流电动机、交流电动机调速控制系统的基本构成原理及工程应用。每章后均附有思考与练习，以便学生自学。

本书可作为相关专业师生的教材，也可供从事电气技术方面工作的工程技术人员参考。

图书在版编目（CIP）数据

机床电气控制技术/王振臣，李海滨主编. —6 版. —北京：机械工业出版社，2019. 10（2024. 10 重印）

"十三五"国家重点出版物出版规划项目　现代机械工程系列精品教材
"十二五"普通高等教育本科国家级规划教材　普通高等教育"十一五"国家级规划教材

ISBN 978-7-111-64208-4

Ⅰ.①机…　Ⅱ.①王…　②李…　Ⅲ.①机床-电气控制-高等学校-教材　Ⅳ.①TG502. 35

中国版本图书馆 CIP 数据核字（2019）第 263052 号

机械工业出版社（北京市百万庄大街 22 号　邮政编码 100037）
策划编辑：刘小慧　责任编辑：刘小慧　徐鲁融　陈文龙　王小东
责任校对：杜雨霏　封面设计：张　静
责任印制：张　博
三河市骏杰印刷有限公司印刷
2024 年 10 月第 6 版第 10 次印刷
184mm×260mm · 19 印张 · 465 千字
标准书号：ISBN 978-7-111-64208-4
定价：49. 80 元

电话服务
客服电话：010-88361066
　　　　　010-88379833
　　　　　010-68326294
封底无防伪标均为盗版

网络服务
机　工　官　网：www.cmpbook.com
机　工　官　博：weibo.com/cmp1952
金　书　网：www.golden-book.com
机工教育服务网：www.cmpedu.com

前　言

《机床电气自动控制》第 1 版是在 1980 年出版的，2007 年出版第 4 版时做了较大修改，并更名为《机床电气控制技术》。截至 2011 年，第 4 版已重印了 9 次。为适应各专业拓宽专业面和对电气控制技术内容的需求，于 2012 年又重新编写了此教材。与第 4 版相比，第 5 版增加了一些工程实例，删减了个别工程前景不明确的内容。2019 年，在第 5 版内容的基础上增加了部分新型可编程控制的软硬件介绍，用于拓宽读者的专业知识。

全书分四大部分，共 6 章。第一部分是电气控制部分。该部分重点介绍了常用低压控制电器、典型电气控制电路的组成及电路分析、电动机的保护、电气电路设计及常用电气元器件的选择。第二部分是 PLC，这部分主要讲述了 PLC 的基础知识、基本原理、基本构成、工作方式、编程语言，介绍了欧姆龙 C 系列 PLC、三菱 FX_{2N} 系列 PLC 和西门子 S7-1200 PLC 的基本指令。从应用角度出发，对 PLC 系统的分析与设计做了较全面的论述并增加了一些实例。第三部分是直流电动机调速控制系统。这部分从直流调速的基础出发，阐述了反馈控制的概念，介绍了无静差调速系统及采用 PI 调节器的转速、电流双闭环为基础的基本调速理论，并对模拟量、数字量控制的可逆直流调速系统做了概述。第四部分是交流电动机调速控制系统。这部分从交直流各自的优势及交流调速应用越来越广泛的角度出发，概要介绍了交流电动机常用的调速方法，对现代通用变频器的基本原理进行了分析并给出了工程应用的实例。

在本次修订过程中，既注意反映国内外控制技术的现状，也注意了新技术的发展要求。在内容上，尤其注意基础理论与实践相结合，以适应机械制造类各专业及其他非电类专业学习的需要。

本书从 1980 年第 1 版到 2012 年第 5 版，均由燕山大学学术带头人齐占庆教授主持编写，其中第 1 章、第 2 章由齐占庆教授主笔，他对本书的成稿和出版付出了巨大心血。目前老先生已经离我们而去，我们将继续完成老先生的工作，为适应经济的快速发展，不断完善更新知识，为满足广大读者的需求做出新的贡献。本书第 3~5 章由王振臣教授主笔，其中的 3.5 节由王跃灵博士编写，第 6 章由李惠光教授主笔。全书由李海滨统稿。本书由河北工业大学李志刚教授主审，新增的 3.5 节由燕山大学孔祥东教授审核。

本书可供普通高等工科院校、高等职业技术院校、函授大学等机械设计与制造、机械制造工艺与设备、机械电子工程（机电一体化）以及其他有关专业师生使用，也可供相关工程技术人员参考。其中，打"*"的部分为选学内容，各学校可根据教学安排进行取舍。

本书以二维码的形式引入"信物百年"模块，讲述我国自主研发第一台水轮发电机组、第一台国产电动轮自卸车、第一辆红旗轿车等的感人故事，将党的二十大精神融入其中，树立学生的科技自立自强意识，助力培养德才兼备的高素质人才。

由于编者水平有限，本书难免存在疏漏和欠妥之处，敬请读者批评指正。

编　者

目　　录

绪论

0.1　机床电气控制的发展概况

　　各工业生产部门的机械生产设备，基本上都是通过金属切削机床加工生产出来的，因此说机床是机械制造业中的主要加工设备。机床的质量、数量及自动化水平，都将直接影响到整个机械工业的发展。机床工业发展的水平是一个国家工业水平的重要标志。

　　扫描右侧二维码观看知识拓展视频。

1. 机床电力拖动系统的发展

　　机床的拖动装置发展迅速。机床大多是由电动机拖动运行的，这种拖动方式称为"电力拖动"。20世纪初，由于电动机的出现，使机床的动力得到了根本改变。最初由电动机直接代替蒸汽机，即由一台电动机拖动一组机床，称之为"成组拖动"。成组拖动是通过中间机构（天轴）实现能量分配与传递的，机构复杂、传递路径长、耗损大、生产灵活性也小，不适于现代化生产的需要。20世纪20年代，出现了单独拖动形式，即由一台电动机拖动一台机床。

　　由于生产发展的需要，机床在结构上有所改变，床身增大，对动作要求逐渐增多。如果各种辅助运动仍由同一台电动机拖动，其机械传动机构就会变得十分复杂，且满足不了生产工艺上的要求，故出现了多台电动机分别拖动各运动机构的多电动机拖动方式。

　　采用多电动机拖动后，不但简化了机床的机械结构，提高了传动效率，而且使机床各运动部分能够选择最合理的运动速度，缩短了工时，也便于分别控制，促进了机床的自动化。

　　电力拖动的发展史上，交流拖动和直流拖动两种方式是相辅相成、交替发展的。由于直流电动机调速性能优良、调速范围大且调速精度高，故在调速指标要求高的场合，广泛采用直流电动机拖动。20世纪30年代出现了"直流发电机—直流电动机"组的调速系统，以及通过电机放大机等元器件实现自动控制的直流调速系统。由于晶闸管大功率整流器件的出现，以及电力电子功率变换技术的发展，"晶闸管—直流电动机"直流调速系统在机床拖动中得到了广泛的应用。在中、小容量系统上，由全控型电力电子器件构成的功率变换装置优势突出，具有代表性的"PWM—直流电动机"系统正在快速推广。但是，直流电动机不如交流电动机那样结构简单，制造和维护都不方便，价格较昂贵，单机容量、电压等级、转速指标也不如交流电动机高。新型电力电子器件的出现及计算机技术的发展等因素，促使了交流调速技术的迅速发展，近几十年来，电力拖动领域正逐渐从直流拖动系统向交流拖动系统转移。交流调速系统的研究，已突破关键技术问题，进入了应用及系列化的新时期。这种技术的普及应用，必将促使机床电力拖动及其控制的更快发展。

2. 机床电气控制系统的发展

大功率半导体器件、大规模集成电路、计算机控制技术、检测技术及现代控制理论的发展，推动了机床电气控制技术的发展。主要表现：在控制方法上，从手动操纵发展到自动控制；在控制功能上，从单一功能发展到多功能；在操作上，从紧张、繁重发展到轻巧自如。

在机床控制方面，最初采用手动控制，如少数容量小、动作单一的机床（小型台钻、砂轮机等），使用手动控制电器直接控制。后来由于切削工具和机床结构的改进、切削功率的增大、机床运动的增多，手动控制已不能满足要求，于是出现了以继电器—接触器为主的控制电器所组成的自动控制装置和自动控制系统。这种控制系统，可实现对机床各种运动的控制，如起停、反转、改变速度等。它们的控制方法简单直接、工作简单可靠、成本低，使机床自动化水平前进了一大步。

随着生产的发展，对机床加工精度及生产效率提出了更高的要求。继电接触器系统的断续控制方式不能连续、准确地反映信号，很难达到较高的加工精度要求，于是出现了各种可连续控制的控制器件，如电机放大机、电子管及半导体放大器件等，这样就相应地出现了连续控制的自动控制方式及自动控制系统，如电机放大机控制系统、晶闸管控制系统等。

另一方面，由于继电接触器控制装置接线固定、使用的单一性，难以适应控制复杂和程序可变的控制对象的需要，故20世纪60年代初出现了顺序控制器。它初期是以继电器或接触器作为记忆元件的控制器，即通过编码、逻辑组合来改变程序，满足不同加工工艺的需要。这样就使机床控制系统具有更大的灵活性和通用性。它的特点是通用性强、程序可变、编程容易、可靠性高及使用维护方便等。它被广泛地应用于机械手、组合机床及生产自动线上，大大提高了机床的自动化水平。

近年来，PLC（可编程序控制器）在工业自动化系统中的应用日益广泛。PLC技术以硬接线的继电接触器控制为基础，逐步发展为既有逻辑控制、计时、计数，又有数值运算、数据处理、模拟量调节、联网通信等功能的控制装置。它通过数字式或者模拟式的输入和输出满足各种类型机械控制的需要。PLC及有关外部设备，都按"既易于与工业控制系统连成一整体，又易于扩充其功能"的原则设计。PLC已成为机械设备中开关量控制的主要电气控制装置。

现代机床经30多年的迅速发展，品种日益增多，现代机床从"现代工程控制论"和"计算机技术"中吸取了大量成果，从而发展了自动设计、自动管理、自动诊断、自动换刀、自动传送等机床自动化手段。提高机床的加工精度，也是当前机床发展的重要课题，目前正在发展以原子直径为单位的精细加工，也称为超精密加工。这种加工技术开辟了新的加工领域，如激光加工、化学加工等，这样又扩大了机床的应用范畴。

在一般数控机床的基础上，近年来加工中心（MC）机床有了很大发展。它可以自动选刀、换刀，自动连续地对各个加工面完成铣削、镗削、铰孔及攻螺纹等多工序加工，改变了过去小批量生产中一人、一机、一刀的局面，而把许多相关的分散工序集中在一起，形成一个以工件为中心的多工序自动加工机床。

自适应数控机床是一种根据加工过程所发生的变化，自动调整到最佳切削条件的数控机床。20世纪60年代末，自适应数控机床在工业发达国家就有了正式产品，现已有自适应数控车床、铣床、磨床、钻床及电加工机床等。

用数字程序控制（NC）的机床，即数字控制机床。它综合了现代多种新技术，自动化程度也较高，但其控制是由硬件逻辑电路组成的。这种控制灵活性差，因此后来出现了用计算机代替硬件逻辑电路的计算机数控（CNC）。由于计算机数控通用性强、控制灵活、工作可靠，控制系统又不太复杂，进而成为现代数控的基本形式。

在计算机数控发展的同时，计算机群控系统也在发展。由一台过程监控计算机直接控制几台、几十台的数控机床，这就出现了计算机群控系统，也称为直接数控系统（DNC）。

自动化的进一步发展是连接生产中各个环节、实现传送各种物质材料的自动化。这就需要把一群数控机床用自动传送连接起来，并在计算机统一控制下形成一个管理和制造相结合的生产整体，它是数控机床、智能机器人、自动化仓库、自动检测与运输技术等新兴高技术及计算机辅助设计、辅助制造、生产管理控制等软件技术高度发展的结果。这就是柔性制造系统（FMC）。

综上所述，提高机床加工精度、生产效率都与数控装置的控制能力及控制系统的形式密切相关。

0.2　机床电力拖动自动控制的基本概念

生产机械一般是由3个基本部分组成的，即工作机构、传动机构及原动机。当原动机为电动机时，也就是说，由电动机通过传动机构带动工作机构进行工作时，这种拖动方式就称为电力拖动。

一般地说，电力拖动系统是将电能转换成机械能，它包括使机器动作的电动机、电气控制装置，以及电动机和机床运动部件相互联系的传动机构。整体上可分为两部分：电力拖动部分（包括电动机以及使电动机与机床相互联系起来的传动机构）和电气自动控制部分。

在图0-1和图0-2中，可清楚地看出卧式车床及数控机床电力拖动系统的两大部分。电力拖动系统主要分为直流拖动和交流拖动两大类。直流拖动以直流电动机为动力，交流拖动以交流电动机为动力。由于电动机不同，它们的控制装置（控制系统）也就不同。

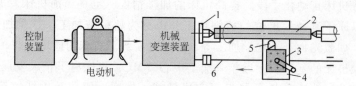

图 0-1 卧式车床工作示意图

1—主轴 2—工件 3—刀架 4—床鞍 5—车刀 6—丝杠

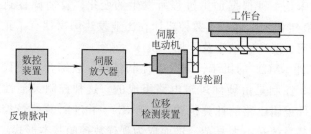

图 0-2 数控机床工作示意图

交流电动机具有结构简单、制造容易、造价低及容易维护等许多特点，这使得交流拖动系统在普通机床中的应用占主导地位。而直流电动机具有良好的起动、制动特性和调速性能，能在很宽的范围内进行平滑调速，所以对调速性能要求较高、对速度要求精确控制的机床都采用直流电动机拖动系统。但由于 20 世纪 80 年代以来高性能交流调速系统的出现，在机床上采用交流拖动的调速系统也在逐年增多，打破了过去交直流在调速上分开的格局。

通常把电动机以及与电动机有关联的传动机构合并一起视为电力拖动部分；把满足加工工艺要求且使电动机起动、制动、反转、调速等电气控制和电气操纵部分视为电气控制部分，或为电气自动控制装置。

机床电气自动控制是采用各种控制元器件、自动装置，对机床进行自动操纵、自动调节转速、按给定程序和自动适应多种条件的随机变化而选择最优的加工方案，以及工作循环自动化等。随着数控技术的发展、电子计算机的应用，机床电气控制发展到一个新的水平。

机床电气控制课程，就是研究解决机床电气控制有关问题，阐述机床控制原理、实际机床控制电路、机床电气控制电路设计方法及常用电气元器件的选择、PLC 原理及应用、交直流调速系统等内容。本书只涉及最基本、最典型的控制电路及控制实例。电气自动控制是各类机床的重要组成部分，因此对机械制造专业及机床设计人员来说，应该掌握机床电气控制的基本原理和方法。

第1章
机床常用电器与控制电路的基本环节

　　电器及电气控制伴随着电能的发现与应用已经走过了一百多年的历史长河。本章从应用的角度首先介绍几种常用的低压控制类电器，对其结构、动作原理以及它们在电气控制电路中的应用做一些简单说明。图 1-0 所示为某些常用低压控制电器。

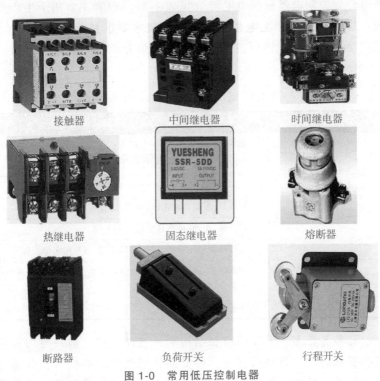

接触器　　　　　　　　中间继电器　　　　　　　时间继电器

热继电器　　　　　　　固态继电器　　　　　　　熔断器

断路器　　　　　　　　负荷开关　　　　　　　　行程开关

图 1-0　常用低压控制电器

　　电气控制技术在各类机床上有广泛的应用，本章将介绍组成电气控制电路的常用基本环节，力求为各种机床电气控制电路的分析与设计打下基础。

　　现代机床通常以机、电、液三大技术为支撑，从自动控制的角度说，三者彼此融合难以割裂，电气控制技术的学习无法避开这一现实，本章将以一定篇幅介绍电-液控制环节及其应用实例。

1.1　常用低压电器

1.1.1　概述

低压电器是用于额定电压交流 1200V 或直流 1500V 及以下，能够根据外界施加的信号或要求，自动或手动地接通和断开电路，从而断续或连续地改变电路参数或状态，以实现对电路或非电路对象的切换、控制、检测、保护、变换以及调节的电气设备。低压电器的额定电压等级范围，随着技术的提高和生产发展的需要有相应提高的趋势。

低压电器的种类有很多，分类方法也有多种。按动作方式不同，低压电器可分为自动切换电器和非自动切换电器。自动切换电器在完成接通、分断等动作时，依靠其本身参数的变化或外来信号自动进行工作；非自动切换电器主要依靠外力直接操作来进行切换动作。按使用场合不同，低压电器可按表 1-1 划分。若按在电气电路中所处的地位和作用，低压电器可分为控制电器和配电电器（见表 1-2），前者主要用于生产机械和设备的电气控制系统；后者主要用于配电系统中，对其技术要求是分断能力强、限流效果好、动稳定和热稳定性高。另外，还可按有无触点、灭弧介质、外壳防护等级、安装类别等进行分类。

表 1-1　低压电器按使用场合分类表

类　　别	特点及适用场合
一般用途	正常条件下工作
化工用电器	防腐蚀，适用于有腐蚀性气体和粉尘的场合
矿用电器	防爆，适用于含煤尘、甲烷等爆炸性气体环境
船用电器	耐颠簸、振动和冲击，耐潮湿、抗盐雾和霉菌侵蚀
航空用电器	耐冲击、振动，可在任何位置上工作
牵引电器	工作环境温度较高，耐振动和冲击，通常用于电力机车
热带电器（使用环境温度为 40~50℃）	湿热带型：能工作在相对湿度为 95%，且有凝露、烟雾和霉菌场合 干热带型：能防沙尘
高原电器	适用于海拔高度 1000~4000m 的高原地区

尽管低压电器种类繁多，工作原理和结构形式五花八门，但一般均有两个共同的基本部分：一是感受部分，二是执行部分。感受部分感受外界的信号，并通过转换、放大和判断，做出有规律的反应：在非自动切换电器中，它的感受部分有操作手柄、顶杆等多种形式；在有触点的自动切换电器中，感受部分大多是电磁机构。执行部分根据感受部分的指令，对电路执行"开""关"任务。有的低压电器具有把感受和执行两部分联系起来的中间传递部分，使它们协调一致，按一定规律动作，如断路器类的低压电器就是

如此。

低压电器在现代工业生产和日常生活中起着非常重要的作用。据统计，发电厂发出的电能有 80% 以上是通过低压电器分配和使用的；每新增加 10MW 发电设备，约需使用 4 万件以上各类低压电器与之配套。在成套电器设备中，有时与主机配套的低压电器部分的成本接近甚至超过主机的成本。在电气控制设备的设计、运行和维护过程中，如果低压电器元器件的品种规格和性能参数选用不当，或者个别元器件出现故障，都可能导致整个控制设备无法工作，有时甚至可能造成重大的设备或人身事故。本节选择几种常用的低压电器，从应用角度对其工作原理和性能参数做简要介绍。

应该指出，当代科技进步日新月异，随着新材料、新工艺、新技术的不断出现，低压电器品种及规格的升级换代逐步加快，只有密切关注该领域的发展动向，及时更新资料数据，才能适应电气控制技术发展的需要。

表 1-2 低压电器按在电气电路中所处的地位和作用分类

分类	名称	主要品种	用途
控制电器	接触器	交流接触器 直流接触器	远距离频繁起动或停止交、直流电动机以及接通和分断正常工作的主电路和控制电路
	控制继电器	电压继电器 电流继电器 中间继电器 时间继电器 热继电器 压力继电器 速度继电器 固态继电器	主要用于控制系统中控制其他电器或作主电路的保护
	主令电器	按钮 限位开关 微动开关 万能转换开关 接近开关 光电开关	用来闭合和分断控制电路，以发布命令
	控制器	凸轮控制器 平面控制器	转换主回路或励磁回路的接法，以达到电动机的起动、换向和调速的目的
配电电器	断路器	塑料外壳断路器 框架式断路器	用作电路过载、短路、漏电或欠电压保护，也可用作不频繁接通和分断电路
	熔断器	有填料熔断器 无填料熔断器 半封闭插入式熔断器	用作电路和设备的短路和严重过载保护
	刀形开关	负荷开关	主要用作电气隔离，也能接通、分断额定电流

1.1.2 接触器

接触器是一种可频繁接通和分断较大负载电路的控制电器。从输入-输出能量关系看，它是一种功率放大器件。

1. 结构与工作原理

目前最常用的接触器是电磁接触器，它一般由电磁机构、触点与灭弧装置、释放弹簧机构、支架与底座等几部分组成。其结构及工作原理如图1-1所示。其工作原理：当吸引线圈通电后，电磁系统把电能转变为机械能，所产生的电磁力克服释放弹簧与触点弹簧的反力使衔铁吸合，通过触点支架，使动、静触点的通、断状态改变。当吸引线圈断电或电压显著下降时，由于电磁吸力消失或过小，衔铁在弹簧反力作用下返回原位，同时带动动触点使其复位。

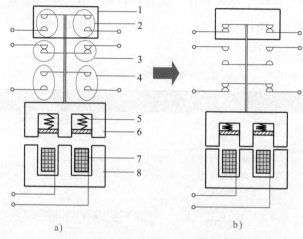

图1-1 接触器结构及工作原理示意图

a）断电释放状态（常态） b）通电动作状态

1—消弧罩 2—主触点 3—辅助动断触点（常闭触点） 4—辅助动合触点

（常开触点） 5—复位弹簧 6—衔铁 7—线圈 8—静铁心

如果电路中的电压超过 10~12V 或电流超过 80~100mA，则在动、静触点分离时在它们的气隙中间就会产生强烈的火花，通常称为"电弧"。电弧是一种高温高热的气体放电现象，其结果会使触点烧蚀，缩短使用寿命，因此通常要设灭弧装置。灭弧装置有多种类型，如磁吹或电动力吹弧装置、灭弧罩与纵缝灭弧装置、栅片灭弧室以及用多断点灭弧，图1-1中的桥式触点结构中就有两个断点。

给吸引线圈通电的操作电源可为交流也可为直流。当使用单相交流电源时，因交流电流要周期地过零值，所以它产生的电磁吸力也要周期过零，这样在释放弹簧反力和电磁力的共同作用下，衔铁就要产生振动。在单相交流操作的电磁机构的静铁心端面上要安装铜制的短路环，如图1-2所示。短路环的作用在于它产生的磁通

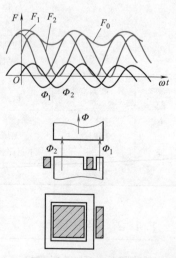

图1-2 短路环的作用

Φ_2滞后于主磁通Φ_1一定相位,它产生的电磁力F_2与F_1之间也就有一相位差。结果,F_2与F_1的合力——磁极端面处的总磁力F_0就不会过零值,而在某一最大值与最小值之间周期性地变化。只要使得电磁力的最小值大于释放弹簧的反力,衔铁就不会振动了。

2. 接触器的分类

如果按主触点控制的电路中电流的种类划分,接触器可分为交流接触器和直流接触器;而按电磁机构的操作电源划分,则可分为交流励磁操作接触器和直流励磁操作接触器。通常所说的交流/直流接触器是指前一种分类方法,两者不要混淆。此外,接触器还可按主触点的数目分为单极、2极、3极、4极和5极几种。直流接触器通常为前两种,交流接触器通常为后三种。

3. 图形符号及文字标注

接触器图形符号及文字标注如图1-3所示。辅助触点因无灭弧装置,图形符号可不画修饰符。

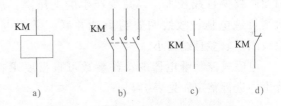

图1-3 接触器图形符号及文字标注
a) 线圈 b) 主触点 c) 辅助动合触点 d) 辅助动断触点

1.1.3 控制继电器

控制继电器是一种根据特定形式的输入信号而动作的自动电器。输入信号可以是电压和电流等电量,也可以是温度、速度和压力等非电量,其工作方式:当输入量变化到某一定值时,继电器的触点动作,接通或断开被控电路。由于控制电路消耗的功率一般较小,所以对继电器触点分断电流的能力要求低,一般不需用特殊的灭弧装置。尽管控制继电器的种类繁多,但它们都具有一个共性——继电器特性,如图1-4所示。当输入量X从0开始增大、但未达到X_0之前时,输出$Y=0$;当X到达X_0时,Y突变到Y_1(触点动作)。再进一步增大X,Y仍保持Y_1不变。而当输入量X减小时,在$X=X_0$处Y不发生

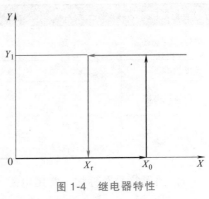

图1-4 继电器特性

变化,只有当X降低到X_r($X_r<X_0$)时,Y才突变到0(触点复位);X再减少,Y仍为0。我们把X_0称为继电器的吸合值,X_r称为继电器的释放值,两者之比$K=X_r/X_0$称为继电器的返回系数,它是继电器的重要参数。不同场合要求不同的K值。

下面介绍几种常用的控制继电器。

1. 电磁式控制继电器

电磁式控制继电器在电气控制系统中起控制、放大、联锁、保护与调节等作用,以实现控制过程的自动化。

(1) 结构及工作原理 电磁式控制继电器的结构及工作原理同接触器类似,图1-5所示为直流电磁继电器的结构示意图。其返回系数可通过调节螺母改变复位弹簧的弹力或

非磁性垫片的厚度来实现。

（2）分类 按输入信号的性质，电磁式控制继电器可分为电压继电器和电流继电器；按用途不同前者又可划分出一类——中间继电器。电磁式控制继电器的分类见表1-3。

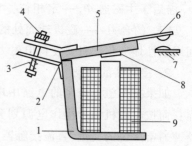

图1-5 直流电磁继电器的结构示意图
1—铁心 2—旋转棱角 3—复位弹簧
4—调节螺母 5—衔铁 6—动触点
7—静触点 8—非磁性垫片 9—线圈

电流继电器与电压继电器的区别主要是线圈参数不同，前者检测负载电流，线圈一般要与负载串联，因而匝数少且线径大，以减少产生的电压降；后者要检测负载电压，故线圈要与负载并联，需要电抗大，故线圈匝数多且线径小。

电磁式控制继电器的动作参数可根据要求在一定范围内进行整定，见表1-4。

表1-3 不同用途的电磁式控制继电器

名　称	主　要　用　途
电压继电器	用于电动机过电压或欠电压保护及控制信号的转换与衔接
中间继电器	加在某一电器与被控电路之间，以扩大前者的触点数量和容量
电流继电器	用于电动机的过载保护、直流电动机磁场控制及失磁保护

表1-4 电磁式控制继电器的整定参数

继电器类型	电流种类	可调参数	调整范围
欠电压继电器	交流	动作电压	吸合电压（30%~50%）U_N
			释放电压（7%~20%）U_N
过电压继电器	交流	动作电压	（105%~120%）U_N
欠电流继电器	直流	动作电流	吸合电流（30%~65%）I_N
			释放电流（10%~20%）I_N
过电流继电器	交流	动作电流	（110%~350%）I_N
	直流		（70%~300%）I_N

（3）图形符号及标注 常用电磁式控制继电器图形符号及文字标注如图1-6所示。

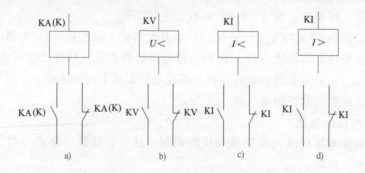

图1-6 常用电磁式控制继电器图形符号及文字标注
a）中间继电器 b）欠电压继电器 c）欠电流继电器 d）过电流继电器

2. 时间继电器

当感受部分接收到外界信号后，经过设定的延时时间后，才使执行部分动作的继电器称为时间继电器。按延时的方式不同，可分为通电延时型、断电延时型和带瞬动触点的通电（或断电）延时型继电器。

（1）分类　按工作原理划分，现代的时间继电器可分为电磁式、空气阻尼式、模拟电子式和数字电子式等。

随着电子技术的飞跃发展，后两种（特别是数字电子式时间继电器）以其计时精度高、时间设定范围宽、功能多及体积小等优点而成为市场上的主导产品。

（2）空气阻尼式时间继电器　在机床中应用最多的是空气阻尼式时间继电器，常用的为 JS7-A 系列等，延时范围有 0.4~60s 及 0.4~180s 两种。

7PR 系列时间继电器是引进德国西门子公司技术生产的产品，适用于交流 50Hz 或 60Hz，电压为 110~120V、120~127V、220V 的电路中。特点是抗干扰能力强、延时误差小、体积小。产品符合 VDE 和 IEC 标准。其结构及工作原理如图 1-7 所示。

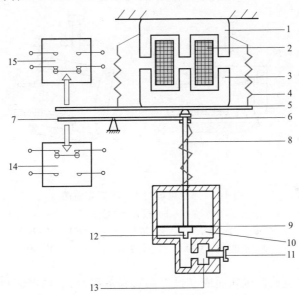

图 1-7　空气阻尼式时间继电器结构及工作原理图

1—铁心　2—线圈　3—衔铁　4—复位弹簧　5—推板　6—活塞杆　7—杠杆
8—塔形弹簧　9—橡皮膜　10—空气室　11—调节螺钉　12—活塞　13—进气孔
14—微动开关（通电延时动作触点）　15—微动开关（瞬动触点）

（3）时间继电器的图形符号及标注　图 1-8 所示为时间继电器的电路符号及文字标注图。

3. 热继电器

热继电器是依靠电流流过发热元件时产生的热量，使双金属片发生弯曲而推动执行机构动作的一种电器，主要用于电动机的过载、断相及电流不平衡运行的保护，也可用于其他电气设备发热状态的控制。

（1）结构与工作原理　热继电器的工作原理如图 1-9 所示。热元件（双金属片）由

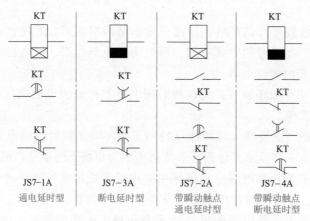

图 1-8　时间继电器电路符号及文字标注

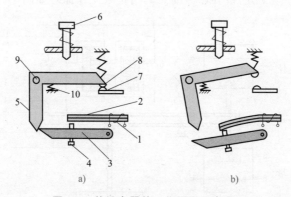

图 1-9　热继电器的工作原理示意图

a）常态　b）过载动作状态

1—热元件　2—双金属片　3—扣板　4—压动螺栓　5—扣钩
6—复位按钮　7—静触点　8—动触点　9—支点　10—弹簧

膨胀系数不同的两种金属片压轧而成（设上层膨胀系数大）。当电流超过设定值时，与负载串联的热元件发热量增多，使双金属片随温度升高、弯曲度加大，进而拨动扣板使之与扣钩机构脱开，在弹簧的作用下触点动作。常用其动断触点，使保护对象停止工作，起到防止其长期过载的作用。通过调节压动螺栓，就可整定热继电器的动作电流值。根据拥有热元件的多少，热继电器可分为单相、两相和三相热继电器。

（2）保护特性　热继电器的动作时间与通过电流之间的关系特性呈反时限特性（见图 1-10 中曲线 1），在保证绕组正常使用寿命的条件下，合理调整它与电动机所具有的反时限容许过载特性（见图 1-10 中曲线

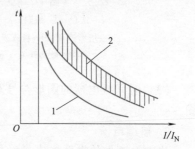

图 1-10　热继电器的保护特性
与电动机过载特性的合理匹配

1—热继电器的保护特性
2—电动机过载特性

2）之间的关系，就可保证电动机在发挥最大效能的同时安全工作。

（3）热继电器的图形符号与文字符号

热继电器图形符号与文字符号如图 1-11 所示。

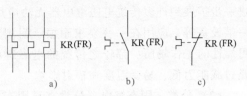

图 1-11 热继电器的图形符号与文字符号

a）热元件 b）动合触点 c）动断触点

4. 速度继电器

速度继电器常用于电动机的反接制动电路中。

（1）结构与工作原理 速度继电器的结构与工作原理如图 1-12 所示。转子由永久磁铁制成，随电动机轴转动；定子上装有短路绕组，定子连同定子柄可绕定轴摆动。按图中规定的转动方向，则 6、7、8 为正向运行触点组，9、10、11 为反向运行触点组。当转子转动时，永久磁铁的磁场切割定子上的短路导体，并使其产生感应电流，永久磁铁所形成的磁场与这个电流相互作用，将使定子朝着轴的转动方向摆动，并通过定子柄拨动动触点（动作）。当轴的转速接近零时（约 100r/min），定子柄在弹性恢复力的作用下恢复到原来位置（复位）。

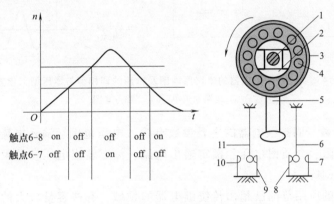

图 1-12 速度继电器的结构与工作示意图

1—转轴 2—转子 3—定子 4—定子短路绕组 5—定子柄 6—正向动触点 7—正向静触点（动合）
8—正向静触点（动断） 9—反向静触点（动断） 10—反向静触点（动合） 11—反向动触点

（2）图形符号与文字符号 速度继电器的图形符号与文字符号如图 1-13 所示。速度继电器在使用时，其转子通常与电动机同轴连接。

（3）选用原则 速度继电器的主要参数是额定工作转速，要根据电动机的额定转速进行选择。

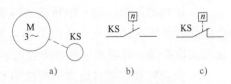

图 1-13 速度继电器的图形符号与文字符号

a）与电动机同轴联接的转子

b）动合触点 c）动断触点

5. 固态继电器

（1）固态继电器简介 固态继电器是由半导体器件组成的无触点开关器件，它较之电磁继电器具有工作可靠、寿命长、对外界干扰小、能与逻辑电路兼容、抗干扰能力强、开关速度快、无火花、无动作噪声和使用方便等一系列优点，因而具有很广阔的应用领域。有逐步取代传统电磁继电器的趋势，并进一步扩展到许多传统电磁继电器无法应用的领域。如计算机的输入/输出接口、外围和终端设备等。应用在一些要求耐振、耐潮、耐腐蚀和防爆等特殊工作环境中以及要求高可靠性的工作场所，都较之传统的电磁继电器有无可比拟的优越性。固态继电器的缺点是过载能力低，易受温度和辐射影响。

（2）分类　固态继电器分为直流固态继电器和交流固态继电器，前者的输出采用晶体管，后者的输出采用晶闸管。

图 1-14 所示为交流固态继电器的电路原理图及常用的调相型与零压型工作方式图。

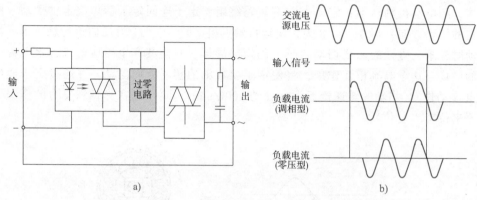

图 1-14　交流固态继电器的电路原理图及常用的调相型与零压型工作方式图

a）电路原理图　b）工作方式图

（3）技术参数　固态继电器的主要参数有输入电压范围、输入电流、接通电压、关断电压、绝缘电阻、介质耐电压、额定输出电流、额定输出电压、最大浪涌电流、输出漏电流和整定范围等。

固态继电器的应用范围已超出传统继电器的领域，有些容量较大的固态继电器实际上已被当作无触点接触器使用。

1.1.4　熔断器

（1）结构与工作原理　熔断器是当通过它的电流超过规定值达一定时间后，以它本身产生的热量使熔体熔化，从而分断电路的电器。熔断器的种类有很多，结构也不同，有插入式熔断器、有或无填料封闭管式熔断器及快速熔断器等。

（2）保护特性　通过熔体的电流与熔体熔化时间的关系称为熔化特性（亦称安秒特性），它和热继电器的保护特性相似，都是反时限的。

1.1.5　低压断路器

低压断路器俗称自动开关或空气开关，是能接通、承载以及分断正常电路条件下的电流，也能在规定的非正常电路条件（例如短路）下接通、承载一定时间并分断电流的开关电器。在功能上，它相当于刀开关、熔断器、热继电器、过电流继电器和欠电压继电器等的组合。断路器在故障时脱扣（跳闸），排除故障后，一般不需要更换零部件，就可重新合闸工作，因而获得了广泛的应用。

断路器的结构有框架式（又称万能式）和塑料外壳式（又称装置式）两大类。

低压断路器主要由触点与灭弧装置、各种可供选择的脱扣器与操作机构、自由脱扣机构三部分组成。新型较大容量的断路器已经智能化，有些已具有联网功能。

图 1-15a 所示为低压断路器的结构与工作原理图，主触点靠操作机构手动或电动合闸，在正常工作状态下能接通和分断工作电流，当电路发生短路或过电流故障时，过电流脱扣器的衔铁被吸合，拨动杠杆使锁扣与传动杆（自由脱扣机构）脱开，主触点在分断弹簧作用下被拉开。若电网电压过低或为零时，欠电压脱扣器的衔铁被释放，同样会使主触点被拉开，起到欠电压和零压保护作用。而当电路过载时，热脱扣器会动作，起到过载保护作用。此外，分励脱扣器可实现远距离断电（分闸）操作。

图 1-15b 所示为过载保护和过电流保护特性曲线，两者均有反时限特征。

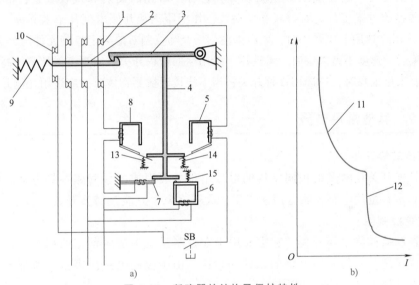

图 1-15　断路器的结构及保护特性

a) 结构与工作原理图　b) 保护特性

1—主触点　2—传动杆　3—锁扣　4—杠杆　5—分励脱扣器　6—欠电压脱扣器　7—热脱扣器　8—过电流脱扣器
9—分断弹簧　10—辅助触点　11—过载保护特性曲线　12—过电流保护特性曲线　13、14、15—复位弹簧

1.1.6　主令电器

主令电器主要用于闭合和断开控制电路，以发布命令或信号，达到对电力拖动系统的控制或实现程序控制。下面介绍几种常见的主令电器。

1. 按钮

按钮是用来短时接通或断开小电流的控制开关。按钮在结构上有多种形式：旋钮式——用手扭动旋转进行操作；指示灯式——按钮内可装入信号灯显示信号；紧急式——装有蘑菇形钮帽，以表示紧急操作。

按钮主要根据所需要的触点数量、触点类型、使用的场合及颜色来选择。

2. 行程开关、接近开关和光电开关

（1）作用 行程开关、接近开关和光电开关都是用来反映工作机械的行程，发出命令以控制其运动方向或行程的主令电器。如果把它们安装在工作机械行程的终点处，以限制其行程，就称其为限位开关或终点开关。

（2）种类 行程开关的种类有很多，按动作方式可分为瞬动型和蠕动型；按头部结构可分为直动、滚轮直动、杠杆、单轮、双轮、滚轮摆杆可调和弹簧杆等。

接近开关是非接触式的检测装置，当运动的物体接近它到一定距离范围内时，它就能发出信号，从而进行相应的操作。按工作原理分类，接近开关有高频振荡型、霍尔效应型、电容型、超声波型等，其中以高频振荡型最为常用。接近开关的主要技术参数有动作距离、重复精度、操作频率和复位行程等。

光电开关是另一类非接触式检测装置，它有一对光的发射和接收装置，根据两者的位置和光的接收方式可分为对射式和反射式，作用距离从几厘米到几十米不等。

（3）选用 选用上述开关时，要根据使用场合和控制对象确定检测元件的种类。例如，当被测对象运动速度不是太快时，可选用一般用途的行程开关；而当工作频率很高、对可靠性及精度要求也很高时，应选用接近开关；当不能接近被测物体时，应选用光电开关。

1.1.7 其他常用电器

1. 万能转换开关

万能转换开关是由多组相同结构的触点组件叠装而成的多回路控制电器。由于它能转换多种和多数量的电路，兼有用途广泛，故被称为"万能"转换开关。

2. 主令控制器

主令控制器亦称主令开关，它主要用于在控制系统中按照预定的程序分合触点，以发布命令或实现与其他控制电路的联锁和转换。由于控制电路的容量一般都不大，所以主令控制器的触点也是按小电流设计的。

和万能转换开关一样，主令控制器也是借助于不同形状的凸轮使其触点按一定的次序接通和分断。因此，它们在结构上也大体相同，只是主令控制器除了手动式产品外，还有由电动机驱动的产品。

1.2 电气原理图的画法及阅读方法

机床一般都是由电动机来拖动的。电动机则是通过某种自动控制方式被控制的。在普通机床中多数都用继电接触器控制方式来实现其控制，由三相异步电动机拖动的交流拖动系统更是如此。

电器控制电路是由各种有触点的接触器、继电器、按钮及行程开关等电器元件组成的控制电路。

电器控制电路的作用是实现对电力拖动系统的起动、反向、制动和调速等运行性能的控制；实现对拖动系统的保护；满足生产工艺要求，实现生产加工自动化。各种机床的加工对象和生产工艺要求不同，电器控制电路就不同。有比较简单的，也有相当复杂的。但任何复杂的电器控制电路，也都是由一些比较简单的基本环节按需要组合而成的。本节主要介绍电器控制电路的基本环节。

电力拖动电气控制电路主要由电器控制电路和电动机等用电设备组成。为了设计、研究分析、安装维修时阅图方便，在绘制电气控制电路图时，必须使用国家统一规定的电气图形符号和文字符号（见附录A、B）。

常用的电气设备图样有三类。

1. 电气原理图

电气原理图表明了电气控制电路的工作原理。图1-16所示为C620卧式车床电气控制原理图。图中规定了各电器的作用和相互关系，而不考虑各电路元件安装位置和实际连线情况。绘制电气原理图，一般遵循下述规则。

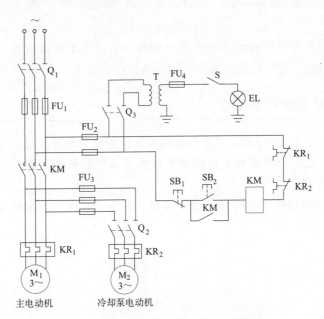

图1-16 C620卧式车床电气控制原理图

（1）主电路和控制电路 电气控制电路分为主电路和控制电路。主电路用粗线绘出，而控制电路用相对较细线画（本书仅为示意，未遵循此规定）。一般主电路画在左侧，控制电路画在右侧。

（2）电器的画法及文字标注 在电气控制电路中，同一电器的各导电部件（如线圈和触点）常常不画在一起，但必须用同一文字标明。导线通常要标号码（线号）。

（3）触点的状态 电气控制电路的全部触点都按"平常"状态绘出。"平常"状态的定义：电信号控制的电器（如接触器、继电器等）是指其线圈未通电时触点的状态（通或断）；按钮、行程开关等是指其没有受到外力时的触点状态；主令控制类电器是指手柄置于"零位"时各触点的状态。

2. 电气设备安装图

电气设备安装图表明各种电气设备在机械设备和电气控制柜中的实际安装位置。各电气元器件的安装位置是由机械设备的结构和工作要求决定的，如电动机要和被拖动的机械部件画在一起；行程开关应安装在要取得位置信号的地方；操作元件应安装在操作方便的地方；而一般电气元器件应安装在控制柜内。

3. 电气设备接线图

电气设备接线图表明各电气设备之间的实际接线情况。绘制接线图时应把同一电器元器件的各个部分（如触点与线圈）画在一起；文字符号、元器件连接顺序、线路号码编制等都必须与电气原理图一致。

电气设备安装图和电气设备接线图主要用于安装、接线、检查维修和工程施工。

1.3 笼型异步电动机的起动控制电路

笼型异步电动机有直接起动和减压起动两种方式。电工学课程中已讲授过如何决定起动方式，这里只讨论电气控制电路如何满足各种起动要求。

1.3.1 直接起动控制电路

如图 1-16 所示，C620 卧式车床控制电路中无论主电动机还是冷却泵电动机都采用了直接起动的电路。通常控制要求不高的简单机械（如小型台钻、砂轮机等）都直接用开关起动电动机，如图 1-17 所示。

图 1-18 所示为采用接触器的直接起动电路。其中，Q 仅作为分断电源用，电动机的

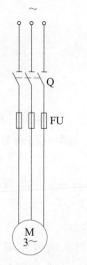

图 1-17 用开关直接起动电路

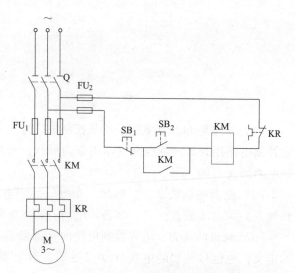

图 1-18 采用接触器的直接起动电路

起停由接触器 KM 控制。电路的工作原理：合上电源开关 Q，按下起动按钮 SB$_2$，接触器 KM 的线圈得电，其主触点闭合使电动机通电起动；与此同时，并联在 SB$_2$ 两端的 KM 的辅助动合触点（又称自锁触点）也闭合给自身的线圈送电，使得即使松开 SB$_2$ 后接触器 KM 的线圈仍能继续得电以保证电动机连续工作。

要使电动机停止，按下停止按钮 SB$_1$，接触器 KM 线圈断电，其主触点断开使电动机停止工作，辅助触点断开，解除"自锁"。

控制电路中的热继电器 KR 实现电动机的过载保护。熔断器 FU$_1$、FU$_2$ 分别实现主电路与控制电路的短路保护，如果电动机容量小，可省去 FU$_2$。自锁电路在发生失电压或欠电压时起到保护作用，即当意外断电或电源电压跌落太大时接触器释放，因自锁解除，当电源电压恢复正常后电动机不会自动投入工作，防止意外事故发生。

1.3.2 减压起动控制电路

较大容量的笼型异步电动机一般都采用减压起动的方式起动。

1. 星—三角变换减压起动控制电路

正常运行时，若电动机定子绕组为三角形联结，则起动时可以把它连接成星形，起动即将完毕时再恢复成三角形。目前，4kW 及以上的 Y 系列的三相笼型异步电动机定子绕组在正常运行时，都是接成三角形的，对这种电动机就可采用星—三角减压起动。

图 1-19 所示为一种星—三角减压起动控制电路。从主电路可知，如果控制电路能使电动机接成星形（即 KM$_3$ 主触点闭合），并且经过一段时间延时后再接成三角形（即 KM$_3$ 主触点打开，KM$_2$ 主触点闭合），则电动机就能实现减压起动，而后再自动转换到正常电压运行。控制电路的工作过程如下：

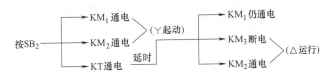

KM$_2$ 与 KM$_3$ 的动断触点可以保证接触器 KM$_2$ 与 KM$_3$ 不会同时通电，以防电源短路。KM$_2$ 的动断触点同时也使 KT 断电（起动完成后不需要 KT 线圈继续通电）。

图 1-20 所示为用两个接触器和一个时间继电器进行星—三角变换的减压起动控制电路。电动机绕组连成星形或三角形都是由接触器 KM$_2$ 完成的。KM$_2$ 断电时电动机绕组由 KM$_2$ 的动断辅助触点连接成星形进行起动，KM$_2$ 线圈通电后电动机绕组由 KM$_2$ 主触点连接成三角形正常运行。因辅助触点容量较小，4~13kW 的电动机可采用该控制电路，电动机容量大时应采用三个接触器的控制电路。图 1-20 与图 1-19 的工作原理基本相同，可自行分析。

2. 定子串电阻减压起动控制电路

图 1-21 所示为定子串电阻减压起动控制电路。电动机起动时在三相定子电路中串接电阻，使电动机定子绕组电压降低，起动后再将电阻短接，使电动机恢复到正常电压下运行。这种起动方式由于不受电动机接线方式的限制，设备简单，因而在中小型机床中

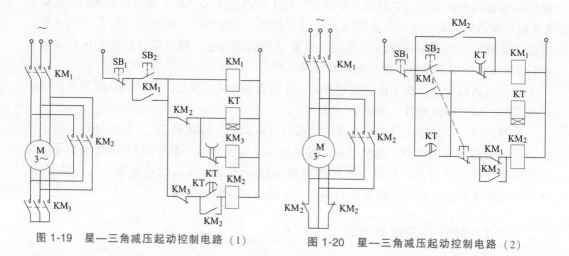

图 1-19 星—三角减压起动控制电路 (1)   图 1-20 星—三角减压起动控制电路 (2)

也有应用。在机床中也常用这种串接电阻的方法限制点动调整时的起动电流。图 1-21 所示控制电路的工作过程如下：

$$按SB_2 \begin{cases} \longrightarrow KM_1通电(电动机串电阻起动) \\ \longrightarrow KT通电 \xrightarrow{延时} KM_2通电(短接电阻，电动机正常运行) \end{cases}$$

但图 1-21a 中的 KM_1 与 KT 在电动机起动后一直得电动作，这是不必要的。图 1-21b 电路就解决了这个问题，KM_2 得电后，其辅助动断触点使 KM_1 和 KT 断电，KM_2 自锁。这样，在电动机起动后，只要 KM_2 得电，电动机便能正常运行。

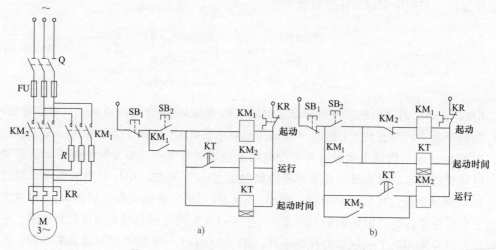

图 1-21 电动机定子串电阻减压起动控制电路

3. 补偿器减压起动

补偿器 QJ3、QJ5 系列都是手动操作，XJ01 系列则是自动操作的自耦减压起动器。补偿器减压起动适用于容量较大和正常运行时定子绕组接成星形，但不能采用星—三角变换起动的笼型电动机。这种起动方式设备费用大，通常用来起动大型和特殊用途的电动机，机床上应用得不多。

1.4 电动机正反转控制电路

对电动机进行正、反转控制是生产机械的普遍需要。因大多数机床的主轴或进给运动都需要两个方向运行，故要求电动机能够正反转。由电工学可知，只要把电动机定子三相绕组的任意两相调换一下并接到电源上去，电动机的定子相序即可改变，从而电动机就可改变旋转方向了。

如果用 KM_1 和 KM_2 分别完成电动机的正、反转控制，那么由正转与反转起动电路组合起来就成了基本的正反转控制电路。

1. 电动机正反转控制电路

从图 1-22a 可知，按下 SB_2，正转接触器 KM_1 得电动作，主触点闭合，使电动机正转。按下停止按钮 SB_1，电动机停止。按下 SB_3，反转接触器 KM_2 得电动作，其主触点闭合，使电动机定子绕组与正转时相比相序改变，电动机反转。

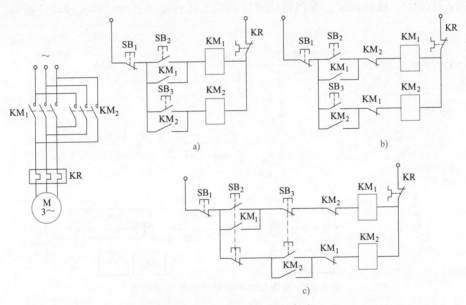

图 1-22 正转和反转控制电路

从主电路看，如果 KM_1、KM_2 主触点同时接通，就会造成电源短路。在图 1-22a 中，如果按了 SB_2 后又按了 SB_3，就会造成上述事故，因此这种电路是不能采用的。图 1-22b 把两接触器的辅助动断触点相互串联在对方的线圈回路中进行控制，这样当 KM_1 得电时，由于 KM_1 的动断触点打开，使 KM_2 线圈不能通电，此时即使按下 SB_3 按钮，也不能造成短路；反之也是一样。接触器辅助触点这种相互制约关系称为"联锁"或"互锁"。

在机床控制电路中，这种联锁关系应用极为广泛。凡是有相反动作，如工作台上下、左右移动；机床主轴电动机必须在液压泵电动机工作后才能起动；主轴电动机起动后工作台才能移动等，都需要类似的联锁控制。

如果电动机在正转，想要反转，则图 1-22b 电路必须先按停止按钮 SB_1 后，再按反转起动按钮 SB_3 才能实现，显然操作不够方便。图 1-22c 电路利用复合按钮 SB_2、SB_3（同一个按钮上既有动合触点也有动断触点）就可实现两个旋转方向的直接切换。

很显然，采用复合按钮还可以起到联锁作用。这是由于按下 SB_2 时，只有 KM_1 得电动作，同时 KM_2 线圈回路被切断。同理按下 SB_3 时，只有 KM_2 得电，同时 KM_1 线圈回路被切断。

但只用按钮进行联锁，而不用接触器动断触点之间的联锁，是不可靠的。在实际工作中可能出现下述情况：由于负载短路或大电流的长期作用，接触器的主触点被强烈的电弧"烧焊"在一起，或者接触器的机构失灵，使衔铁卡住总是处在吸合状态，这都可能使主触点不能断开，这时如果另一接触器动作，就会造成电源短路事故。

如果用接触器动断触点进行联锁，无论什么原因，只要一个接触器是吸合状态（指触点系统），它的联锁动断触点就必然将另一接触器线圈电路切断，形成可靠互锁。

2. 正反转自动循环电路

图 1-23 所示为机床工作台往返循环的控制电路，其实质上是用行程开关来自动控制电动机正反转的。组合机床、龙门刨床及铣床的工作台常用这种电路实现往返循环。

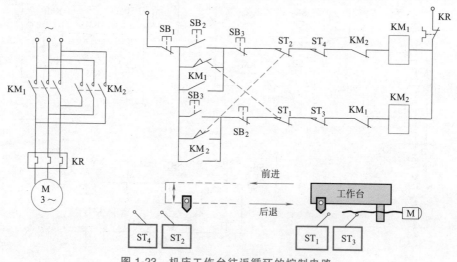

图 1-23 机床工作台往返循环的控制电路

ST_1、ST_2、ST_3、ST_4 为行程开关，按要求安装在固定的位置上。其实，这是按一定的行程用撞块压动行程开关，代替了人工按钮控制。

按下正转起动按钮 SB_2，接触器 KM_1 得电动作并自锁，电动机正转使工作台前进。当运行到 ST_2 位置时，撞块压下 ST_2，ST_2 动断触点使 KM_1 断电，而 ST_2 的动合触点使 KM_2 得电动作并自锁，电动机反转使工作台后退。当工作台运动到右端点撞块压下 ST_1 时，使 KM_2 断电，KM_1 又得电动作，电动机又正转使工作台再次前进，这样可一直循环下去。

SB_1 为停止按钮。SB_2 与 SB_3 为不同方向的复合控制按钮，之所以用复合按钮，是为了满足改变工作台方向时，不按停止按钮可直接操作。限位开关 ST_3 与 ST_4 安装在极限位置，当由于某种故障，工作台到达 ST_1（或 ST_2）位置但未能切断 KM_1（或 KM_2）时，工作台将继续移动到极限位置，压下 ST_3（或 ST_4），此时最终把控制回路断开，使电动机停转，避免工作台由于越出允许位置所导致的事故。因此 ST_3、ST_4 起限位保护作用。

上述这种用行程开关按照机械运动部件的位置或位置的变化所进行的控制，称作按行程原则的自动控制，或称为行程控制。行程控制是机床和自动化生产线应用最为广泛的控制方式之一。

1.5 电动机制动控制电路

许多生产机械，如万能铣床、卧式镗床、起重机械及搬运机械等，都要求能迅速停车或准确定位。这就要求对电动机进行制动，强迫其迅速停车。制动停车的方式有两大类，即机械制动和电气制动。机械制动采用机械抱闸、液压或气压制动；电气制动常用的是反接制动和能耗制动，其实质是使电动机产生一个与转子原来转动方向相反的转矩。

1. 能耗制动控制电路

能耗制动是在三相笼型异步电动机切断三相电源后，给定子绕组接上直流电源，在转速为零时再将直流电源切除的制动过程。

控制电路就是为了实现上述过程而设计的。这种制动方法，实质上是把生产机械和转子储存的动能，转变为电能，又被消耗在转子电阻上，所以称作能耗制动。

图 1-24 所示分别为用复合按钮与时间继电器实现能耗制动的控制电路。图中，整流装置由变压器和整流元件组成；KM_2 为制动用接触器；KT 为时间继电器。图 1-24a 所示

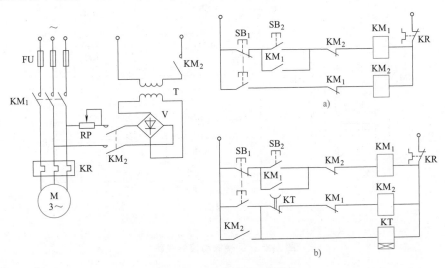

图 1-24 能耗制动控制线路

为一种手动控制的简单能耗制动电路，要停车时按下 SB₁ 按钮，到制动结束时放开按钮。图 1-24b 所示电路可实现自动控制，简化了操作。

按下 SB₂，KM₁ 通电（电动机起动），要停车时按下 SB₁，电路工作过程如下：

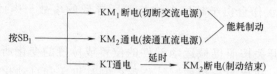

制动作用的强弱与通入的直流电流大小和电动机的转速有关：在同样的转速下，电流越大，制动作用越强；电流一定时，转速越高，制动力矩越大。一般整定直流电流为电动机空载电流的 3~4 倍，过大会使定子过热。图 1-24 电路中，直流电源串联了可变电阻器 RP，可按需要调节制动电流的大小。很显然，图 1-24b 的能耗制动控制电路是用时间继电器按时间控制的原则组成的电路。

2. 反接制动控制电路

由电工学知道，反接制动实质上是改变电动机定子绕组中三相电源的相序，产生与转子转动方向相反的转矩，因而起制动作用。

反接制动过程：停车时，首先切换三相电源的相序，当电动机的转速接近零时，再将三相电源切除。控制电路就是要实现这一过程。

图 1-25 所示为两种反接制动的控制电路。假设电动机在正向运行，如果把电源反接（指改变相序），电动机转速将由正转急速下降到零。如果反接电源不及时切除，则电动机又要从零速反向起动运行。所以必须在电动机制动到零速时，及时将反接电源切断，电动机才能真正停下来。控制电路是用速度继电器来"判断"电动机的停与转的。电动机轴与速度继电器的转子同轴连接在一起，电动机有一定转速时，速度继电器的动合触点闭合；电动机转速很低接近零速时，速度继电器复位，动合触点打开。

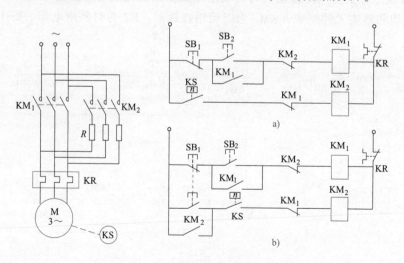

图 1-25 反接制动控制线路

图 1-25a 电路工作过程如下：

电路图 1-25a 有这样一个问题：在停车期间，如为调整工件，当需要用手转动机床主轴时，速度继电器的转子也将随着转动，其动合触点就可能闭合，接触器 KM_2 得电动作，电动机接通电源发生制动作用，这不利于调整工作。电路图 1-25b 是 X62W 铣床主轴电动机的反接制动电路，该控制电路中停止按钮使用了复合按钮 SB_1，并在其动合触点上并联了 KM_2 的辅助动合触点，使 KM_2 能自锁。这样在用手转动电动机时，虽然 KS 的动合触点可能闭合，但只要不按下停止按钮 SB_1，KM_2 不会得电，电动机也就不会反接于电源，只有操作停止按钮 SB_1 时，KM_2 才能得电，制动电路才能接通。

因电动机反接制动电流很大，故在主电路的制动回路中串入限流电阻 R，此举可防止制动时电动机绕组过热。

反接制动时，旋转磁场的相对速度很大，定子电流也很大，因此制动效果显著。但制动过程中有冲击，对传动部件不利，能量消耗也较大，故用于不太经常起动、制动的设备，如铣床、镗床、中型车床主轴的制动等。

能耗制动与反接制动相比，具有制动准确、平稳、能量消耗小等优点；缺点是制动力较弱，特别是在低速时尤为突出。另外，它还需要直流电源，故适用于要求制动准确、平稳的场合，如磨床、龙门刨床及组合机床的主轴定位等。

上述两种方法在机床中都有较广泛的应用。

1.6 双速电动机高低速控制电路

双速电动机在机床（如车床、铣床、镗床等）中都有较多应用。双速电动机是用改变定子绕组的连接，从而改变定子磁极对数的方式来改变其转速的。

如图 1-26 所示，将出线端 U_1、V_1、W_1 接电源，U_2、V_2、W_2 端悬空，则绕组为三角形联结，每相绕组中两个线圈串联，成 4 个极，电动机为低速；当出线端 U_1、V_1、W_1 短接，而 U_2、V_2、W_2 接电源，则绕组为双星形联结，每相绕组中两个线圈并联，成两个极，电动机为高速。

图 1-26 中给出 3 种双速电动机高低速控制电路。接触器 KM_L 动作为低速，KM_H 动作为高速。其中，图 1-26a、b 对应上面主电路，图 1-26c 则对应下面主电路。

图 1-26a 用开关 S 选择高低速，按钮控制；图 1-26b 用复合按钮 SB_2 和 SB_3 来实现高低速控制。采用复合按钮，可使高低速直接转换，而不必经过停止按钮；图 1-26c 用开关 S 直接控制高低速，接触器 KM_L 动作，电动机为低速运行状态，接触器 KM_H 和 KM 动作时，电动机为高速运行状态。当开关 S 打到"高速"时，由时间继电器的两个触点首先接通低速，经延时后自动切换到高速，以便限制起动电流。

对功率较小的电动机，可采用图 1-26a、b 的控制方式；较大容量的电动机适合采用图 1-26c 的控制方式。

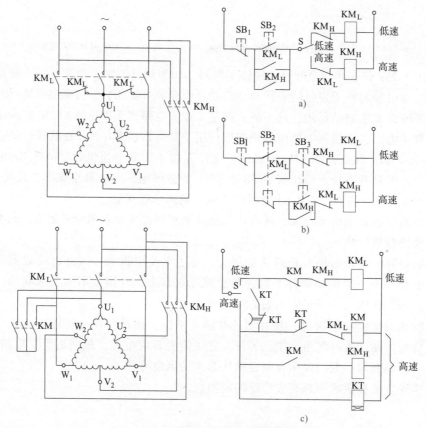

图 1-26　双速电动机高低速控制电路

　　液压传动系统和电气控制电路相结合的电液控制系统在组合机床、自动化机床、自动化生产线及数控机床等中的应用越来越广泛。

　　液压传动系统易获得较大的力矩，运动传递平稳、均匀、准确可靠、控制方便，易实现自动化。

　　1. 电磁换向阀

　　液压传动系统由四部分组成：

　　1）动力装置（液压泵）。

　　2）执行机构（液压缸或液压马达）。

　　3）控制调节装置（溢流阀、节流阀、换向阀等）。

　　4）辅助装置（油箱、油管、过滤器、压力计等）。

　　以下只对电磁换向阀作简单介绍。

　　换向阀在机床液压系统中用以改变液流方向，通过接通或关断油路实现运动换向。

在电液控制中，常用电磁铁推动换向阀动作，以此来改变液流方向，故称其为电磁换向阀。

图1-27所示为二位四通电磁换向阀结构及符号图。它有4个阀口，阀口O和P均为压力油口（进油口），A、B为工作油口，接液压缸右、左两个腔。图中所示的位置，是当电磁铁断电时阀芯在弹簧作用下被推向左边的情况，即阀口P与A通，B与O通。当电磁铁得电时，阀芯被吸向右边，P与B通，A与O通，即改变了压力油进入液压缸的方向，实现了油路的换向。

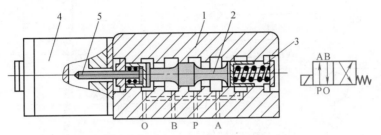

图1-27　二位四通电磁换向阀结构及符号图

1—阀体　2—阀芯　3—弹簧　4—电磁铁　5—推杆

电磁换向阀的种类有很多，图1-28所示为常用电磁换向阀符号。

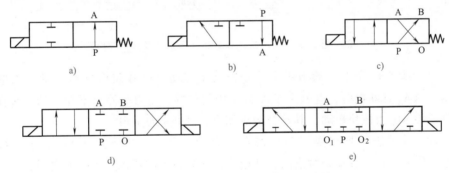

图1-28　常用电磁换向阀的位置和通路符号

a）二位二通　b）二位三通　c）二位四通　d）三位四通　e）三位五通

仅以23D-10B型二位三通电磁换向阀为例说明其符号的意义。型号中，23表示二位三通，D表示直流电源，10表示流量为10L/min，B表示板式连接，符号中方格表示滑阀的位置（图1-28a～c所示3个阀都是两个方格，表示二位；图1-28d、e所示两阀为三位），箭头表示阀内液流方向，符号⊥表示阀内通道堵塞。电磁阀有交流电磁阀和直流电磁阀两种，以电磁铁所用电源而定。

2. 液压动力头控制电路

动力头是既能完成进给运动，又能同时完成刀具切削运动的动力部件。

液压动力头的自动工作循环是由电气控制电路控制液压系统来实现的。图1-29所示为液压动力头一次工作进给液压系统和其电气控制电路。这种电路的自动工作循环：动力头快进→工作进给→快速退回到原位。其工作过程如下：

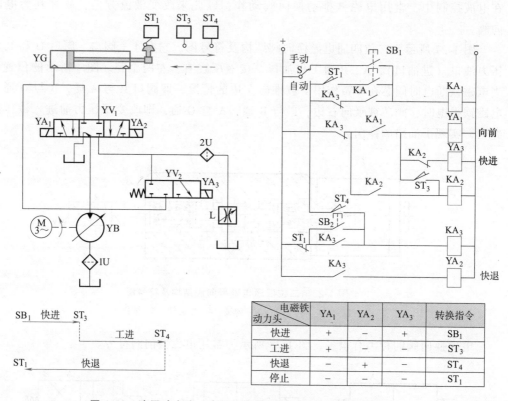

图 1-29 液压动力头一次工作进给液压系统及其控制电路

电磁铁\动力头	YA$_1$	YA$_2$	YA$_3$	转换指令
快进	+	−	+	SB$_1$
工进	+	−	−	ST$_3$
快退	−	+	−	ST$_4$
停止	−	−	−	ST$_1$

（1）动力头原位停止　动力头由液压缸 YG 带动，可做前后进给运动。当电磁铁 YA$_1$、YA$_2$、YA$_3$ 都断电时，电磁阀 YV$_1$ 处于中间位置，动力头停止不动。动力头在原位时，限位开关 ST$_1$ 由撞块压动，其动合触点闭合，动断触点断开。

（2）动力头快进　把转换开关 S 拨在"自动"位置。按下按钮 SB$_1$，中间继电器 KA$_1$ 得电动作并自锁，其动合触点闭合使电磁铁 YA$_1$、YA$_3$ 通电。YA$_1$ 通电后，液压油把液压缸的活塞推向右端，动力头向前运动。由于 YA$_1$、YA$_3$ 同时通电，除了接通工进油路外，还经阀 YV$_2$ 将液压缸小腔内的回油排入大腔，加大了油的流量，所以动力头快速向前运动。

（3）动力头工进　在动力头快进过程中，当撞块压动行程开关 ST$_3$ 时，其动合触点闭合，使 KA$_2$ 得电动作，KA$_2$ 的动断触点使 YA$_3$ 断电，使动力头自动转为工作进给状态。KA$_2$ 的动合触点接通自锁电路（即当撞块离开 ST$_3$、ST$_3$ 触点恢复分断时，KA$_2$ 仍保持动作）。

（4）动力头快退　当动力头工作进给到期望点时，撞块压动开关 ST$_4$，其动合触点闭合，使 KA$_3$ 得电动作并自锁。KA$_3$ 动作后，其动断触点打开，使 YA$_1$ 断电，动力头停止工进，其动合触点 KA$_3$ 闭合，使 YA$_2$ 得电，电磁阀 YV$_1$ 使液压缸活塞左移，动力头快速退回。动力头退回原位后，ST$_1$ 被压动，其动断触点断开，使 KA$_3$ 断电，因此 YA$_2$ 也断电，动力头停止。

（5）动力头"点动调整" 将转换开关 S 拨在"手动"位置。按下按钮 SB_1 也可接通 KA_1，使电磁铁 YA_1、YA_3 通电，动力头可向前快进。但由于 KA_1 不能自锁，因此放松 SB_1 后，动力头立即停止，故动力头可点动向前调整。

当动力头不在原位需要后退时，按下 SB_2，使 KA_3 得电动作，YA_2 得电，动力头做快退运动，直到退回原位，ST_1 被压下，KA_3 断电，动力头停止。

在上述控制电路的基础上，加一延时电路，就可得到如下的自动工作循环：快进→工进→延时停留→快退。控制电路如图 1-30 所示，实际上就多加了一个时间继电器 KT。当工进到位后，压动开关 ST_4，使时间继电器 KT 通电，其瞬时动断触点 KT 断开，使 YA_1 断电，动力头停止前进；由于时间继电器通电延时闭合触点的作用，使继电器 KA_3 不能立刻接通，延时时间到时，KA_3 通电，进而 YA_2 通电，才开始快退。进而实现了工进完后有一段停留再快退的动作。

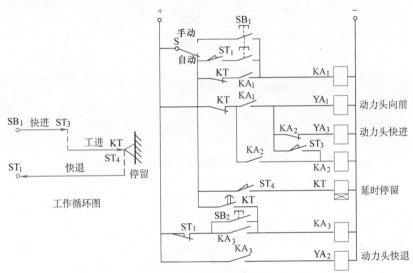

图 1-30 具有"延时停留"的控制电路

3. 半自动车床刀架纵进、横进及后退电液控制电路

图 1-31 及图 1-32 是半自动车床刀架的液压系统和电气控制电路。图中，YG_1 及 YG_2 分别是纵向液压缸和横向液压缸，由电磁换向阀 YV_1、YV_2 分别进行控制，用以实现刀架纵向移动和横向移动及后退；M_2 为液压泵电动机，M_1 为主电动机，分别由接触器 KM_1、KM_2 控制；KT 是时间继电器，为无进给切削而设。

其工作过程如下：

1）按下 SB_3，液压泵起动，液压系统开始工作。按下 SB_4，中间继电器 KA_1 得电，接通 KM_2，主轴转动；KA_1 动合触点同时接通电磁阀 YV_1 的 YA_1，刀架纵向移动。

2）当刀架移动到预定位置时，被机械限位且压下行程开关 ST_1，使 KA_2 得电，其动合触点接通 YV_2 上的 YA_2，刀架横向移动进行切削。

3）当刀架横向移到预定位置时被机械限位，同时压下行程开关 ST_2，时间继电器 KT 通电，这时进行无进给切削；经过预定延时时间后，KT 的延时动合触点接通 KA_3，使

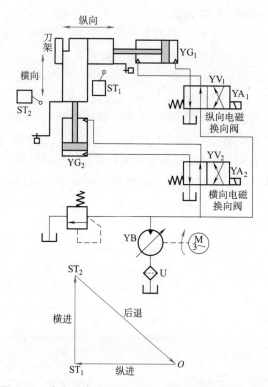

图 1-31 半自动车床刀架纵进、横进及后退液压系统

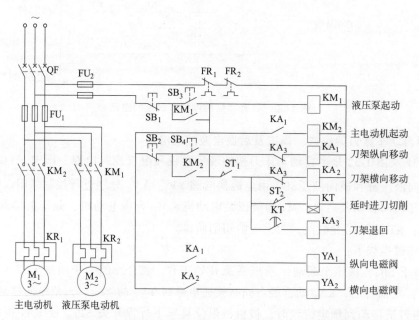

图 1-32 半自动车床刀架纵进、横进及后退电气控制电路

KA_1、KA_2 断电，其动合触点使 YA_1、YA_2 断电，刀架纵、横均后退，直至原位后被机械限位。

4）当 KA_1 断电后，其动合触点使 KM_2 断电，主轴电动机停转。按下 SB_1，液压泵停止工作；在此之前若按下 SB_4，则开始又一次循环。

1.8.1 点动控制

机床在正常加工时需要连续不断地工作，即所谓长动。而点动指的是按住按钮时电动机转动工作，放开按钮时，电动机即停止工作。点动常用于机床刀架、横梁、立柱的快速移动或机床的调整对刀等。

图 1-33a 所示为用按钮实现点动的控制电路；图 1-33b 所示为用开关实现点动的控制电路；图 1-33c 所示为用中间继电器实现点动的控制电路。

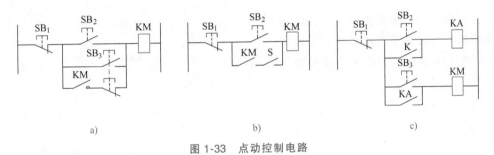

a)　　　　　　　　　　b)　　　　　　　　　　c)

图 1-33 点动控制电路

长动与点动的主要区别是控制电器能否自锁。

1.8.2 联锁与互锁

1. 联锁

在机床控制电路中，经常要求电动机有顺序地起动，如某些机床主轴必须在液压泵工作后才能工作；龙门刨床工作台移动时，导轨内必须有足够的润滑油；在铣床的主轴旋转后，工作台方可移动等，这里都存在联锁关系。

如图 1-34 所示，接触器 KM_2 必须在接触器 KM_1 动作后才能动作，这样就保证了液压泵电动机工作后主电动机才能工作的要求。试分析一下两个控制电路的异同。

2. 互锁

互锁实际上是一种联锁关系，之所以这样称呼，是为了强调触点之间的互相作用。例如，常常有这种要求，两台电动机 M_1 和 M_2 不准同时运转，如图 1-35 所示，KM_1 动作后，它的辅助动断触点就将 KM_2 接触器的线圈通电回路断开，这样就抑制了 KM_2 动作，反之也一样。此时，KM_1 和 KM_2 的两对动断触点，常称作"互锁"触点。

这种互锁关系在电动机的正反转电路中已有过应用，可保证正反向接触器 KM_1 和 KM_2 主触点不能同时接通，以防电源相间短路。

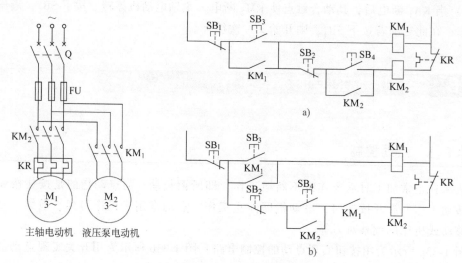

图1-34 电动机的联锁控制

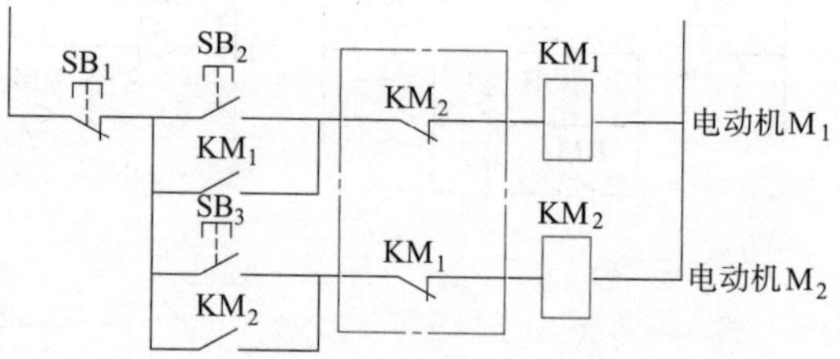

在操作比较复杂的机床中，也常用操作手柄和行程开关形成联锁。下面以X62W铣床进给运动为例讲述这种联锁关系。

铣床工作台可做纵向（左右）、横向（前后）和垂直（上下）方向的进给运动。

由纵向进给手柄（3位）操作纵向运动，横向与垂直方向的运动由另一进给手柄（5位）操纵。

图1-35 两台电动机的"互锁"控制

铣床工作时，工作台的各方向进给是不允许同时接通的，因此各方向的进给运动必须互相联锁。实际上，操纵进给的两个手柄在同一时刻各自都只能占据一个操作位置（即接通一种进给），因此只要使两个操作手柄不能同时起到操作的作用（"0"位为不操作），就达到了联锁的目的。通常采取的电气联锁方案是当两个手柄同时扳离"0"位时，就立即切断进给电路，可避免事故。

图1-36所示为上述进给运动的联锁控制电路。图中 KM_4、KM_5 是进给电动机正反转接触器，现假如纵向进给手柄已经扳动，则 ST_1 或 ST_2 已被压下，此时虽将下面一条支路切断，但由于上面一条支路仍接通，故 KM_4 或 KM_5 仍能得电；如果再扳动横向（垂直）进给手柄，必使 ST_3 或 ST_4 也动作，上面一条支路也将被切断。因此，接触器 KM_4 或 KM_5 将失电，使进给运动自动停止。

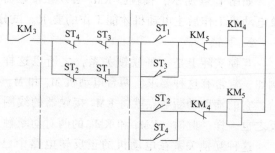

图1-36 X62W铣床进给运动的联锁控制电路

KM_3 是主电动机接触器，只有 KM_3

得电、主轴旋转后，KM_3 辅助动合触点闭合后才允许接通进给回路。主电动机停止转动，KM_3 打开，进给也自动停止。这种联锁可防止工件或机床受到损伤。

3. 多点控制

在大型机床设备中，为了操作方便，常要求能在多个地点进行控制。如图 1-37 所示，把起动按钮并联连接，停止按钮串联连接，分别装置在三个地方，就可实现三地操作。

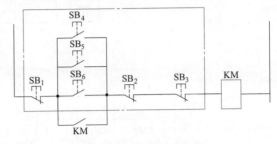

图 1-37　多点控制电路

4. 工作循环自动控制

（1）正反向自动循环控制　许多机床的自动循环控制都是靠行程控制来完成的。某些机床的工作台要求正反向运动自动循环，图 1-38 所示为龙门刨床工作台自动正反向控制电路，用行程开关 ST_1、ST_2 作为主令信号进行自动转换。

电路工作过程如下：按下起动按钮 SB_2，KM_1 得电，电动机正转，工作台前进，当到达预定行程后（可通过调整挡块位置来调整行程），挡块压下 ST_1，ST_1 动断触点断开，接触器 KM_1 断电释放，同时 ST_1 动合触点闭合，反向接触器 KM_2 得电动作，电动机反转，工作台反向运行，当反向到位，挡块压下 ST_2，工作台又转到正向运行，进行下一个循环。SB_3 用于起动向后开始的循环。

行程开关 ST_3、ST_4 分别为正向、反向终端保护行程开关，以防 ST_1、ST_2 失效时，发生工作台从床身上滑出的危险。

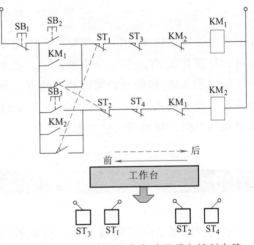

图 1-38　龙门刨床工作台自动正反向控制电路

（2）动力头的自动循环控制　图 1-39 所示为动力头的行程控制电路，它也是由行程开关按行程来实现动力头的往复运动的。

此控制电路完成了这样一个工作循环：首先是动力头 I 由位置 b 移到位置 a 停下；然后动力头 II 由位置 c 移到位置 d 停住；接着动力头 I 和动力头 II 同时退回原位停下。

行程开关 ST_2、ST_1、ST_3、ST_4 分别装在床身的 a、b、c、d 处。电动机 M_1 带动动力头 I，电动机 M_2 带动动力头 II。动力头 I 和 II 在原位时分别压下 ST_1 和 ST_3。电路的工作过程如下：

按下起动按钮 SB，接触器 KM_1 得电并自锁，使电动机 M_1 正转，动力头 I 由原位 b 点向 a 点前进。

当动力头到 a 点位置时，ST_2 行程开关被压下，结果使 KM_1 失电，动力头 I 停止；同时使 KM_2 得电动作，电动机 M_2 正转，动力头 II 由原位 c 点向 d 点前进。

当动力头 II 到达 d 点时，ST_4 被压下，使 KM_2 失电，与此同时，KM_3 和 KM_4 得电动

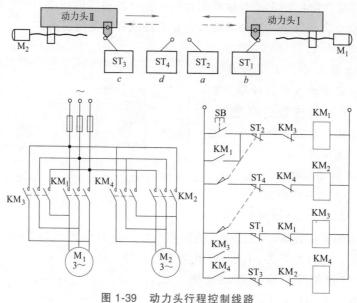

图 1-39　动力头行程控制线路

作并自锁，电动机 M_1 和 M_2 都反转，使动力头Ⅰ与动力头Ⅱ都向原位退回。当退回到原位时，行程开关 ST_1、ST_3 分别被压下，使 KM_3 和 KM_4 失电，两个动力头都停在原位。

　　KM_3 和 KM_4 接触器的辅助动合触点，分别起自锁作用，这样能够保障动力头Ⅰ和动力头Ⅱ都确实回到原位。如果只用一个接触器的触点自锁，那另一个动力头就可能出现没退回到原位，接触器就已失电的现象。

1.9　电动机的常用保护电路

　　电气控制系统除了能满足生产机械的加工工艺要求外，要想长期正常无故障运行，还必须有各种保护措施。保护环节是所有机床电气控制系统中不可缺少的组成部分，利用它来保护电动机、电网、电气控制设备以及人身安全等。

　　电气控制系统中常用的保护环节有短路保护、过载保护、过电流保护、零电压和欠电压保护等。

1.9.1　短路保护

　　电动机绕组的绝缘、导线的绝缘损坏或电路发生故障时，会造成短路故障，产生的短路电流将引起电气设备绝缘严重损坏，而产生的强大电动力也会使传动设备损坏。因此在发生短路故障时，必须迅速地将电源切断。常用的短路保护电器有熔断器和断路器。

　　1. 熔断器保护

　　熔断器的熔体串联在被保护的电路中，当电路发生短路或严重过载时，熔体自行熔断，从而切断电路，达到保护的目的。

2. 断路器保护

断路器通常有过电流、短路和欠电压保护等功能，这种开关能在电路发生上述故障时快速地自动切断电源。它是低压配电中的重要保护电器之一，常作为低压配电盘的总电源开关及电动机、变压器的合闸开关。

熔断器通常适用于对动作准确度和自动化程度要求不高的系统中，如小容量的笼型电动机和一般的普通交流电源等。在发生短路时，很可能只有一相熔断器熔断，造成单相运行。但对于断路器，只要发生短路就会自动跳闸，将三相同时切断。断路器结构复杂、操作频率低，被广泛用在要求较高的场合。

1.9.2 过载保护

电动机长期过载运行，其绕组温度将超过允许值，于是它的绝缘材料就要变脆，寿命变短，严重时会使电动机损坏。过载电流越大，允许超过温度的时间就越短。常用的过载保护器件是热继电器。热继电器可以满足这样的要求：当电动机为额定电流时，电动机为额定温升，热继电器不动作；当过载电流较小时，热继电器要经过较长的时间才动作；当过载电流较大时，热继电器则经过较短的时间就会动作。

由于热惯性的原因，热继电器不会受电动机短时过载冲击电流或短路电流的影响而瞬时动作，所以在使用热继电器作为过载保护的同时，还必须设有短路保护。并且选作短路保护的熔断器熔体的额定电流不应超过 4 倍热继电器热元件的额定电流。

当电动机的工作环境温度和热继电器工作环境温度不同时，保护的可靠性就会受到影响。现有一种用热敏电阻作为测量元件的热继电器，它可以将热敏元件嵌在电动机绕组中，可更准确地测量电动机绕组的温度。

1.9.3 过电流保护

过电流保护广泛用于直流电动机或绕线转子异步电动机，对于三相笼型电动机，由于短时过电流不会对其产生严重后果，故一般不采用过电流保护而采用短路保护。

过电流往往是由不正确的起动和过大的负载转矩引起的，一般比短路电流要小。在电动机运行中产生过电流要比发生短路的可能性更大，频繁正反向起动、制动的重复短时工作制的电动机更是如此。直流电动机和绕线转子异步电动机电路中的过电流继电器也起着短路保护的作用，一般过电流动作时的电流强度值为起动电流的 1.2 倍左右。

1.9.4 零电压与欠电压保护

当电动机正在运行时，如果电源电压因某种原因消失，那么在电源电压恢复时，电动机可能会自行起动，这就可能造成生产设备的损坏，甚至造成人身事故。对电网来说，同时有许多电动机及其他用电设备自行起动也会引起不允许的过电流及瞬间电网电压下降。为了防止电压恢复时电动机自行起动的保护叫作零电压保护。

当电动机正常运转时，电源电压过分地降低将引起一些电器释放，造成控制电路不能正常工作，可能产生事故；电源电压过分地降低也会引起电动机转速下降甚至停转。因此需要在电源电压降到一定允许值以下时将电源切断，这就是欠电压保护。

一般常用电磁式电压继电器实现欠电压及零电压保护。如图 1-40 所示，在该电路中，当电源电压过低（欠电压）或消失（零电压）时，电压继电器 KV 就要释放，接触器 KM$_1$ 或 KM$_2$ 也马上释放，因为此时主令控制器 SC 不在零位（即 SC$_0$ 未接通），所以在电压恢复时，KV 不会通电动作，接触器 KM$_1$ 或 KM$_2$ 就不能通电动作。若使电动机重新起动，必须先将主令开关 SC 打回零位，使触点 SC$_0$ 闭合，KV 通电动作并自锁，然后再将 SC 打向正向或反向位置，电动机才能起动。这样就通过电压继电器实现了欠电压和零电压保护。

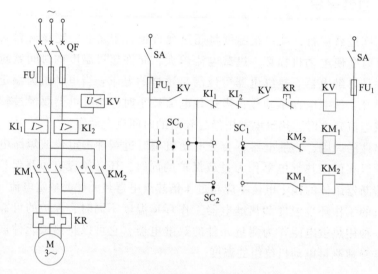

图 1-40　感应电动机常用保护线路图

1.9.5　交流电动机的常用保护电路

如图 1-40 所示。笼型异步交流电动机常用的保护如下：

短路保护：熔断器 FU。

过载保护（热保护）：热继电器 KR。

过电流保护：过电流继电器 KI$_1$、KI$_2$。

零电压保护：电压继电器 KV。

欠电压保护：电压继电器 KV。

联锁保护：通过正转接触器 KM$_1$ 与反转接触器 KM$_2$ 的动断触点实现。

此外，在采用断路器作为电源引入开关时，其各种脱扣功能可实现双重保护。

在许多机床中不用控制开关操作，而是用按钮操作的。利用按钮的自动复位作用和接触器的自锁作用，就不必另设零电压保护继电器了。图 1-41 所示为 CW6140 车床控制电路，当电源电压过低或断电时，接触器 KM 释放，此时接触器 KM 的主触点和辅助触点同时打开，使电动机电源切断并失去自锁。当电源恢复正常时，操作人员必须重新按下

起动按钮 SB_2，才能使电动机起动。所以像这样带有自锁环节的电路本身已兼备了零电压保护环节。

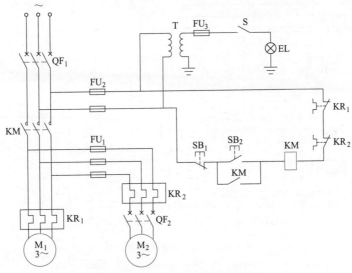

图 1-41　CW6140 车床控制电路

1.9.6　弱励磁保护

　　直流电动机在磁场有一定强度时才能起动，如果磁场太弱，电动机的起动电流就会很大。在空载或轻载条件下，正在运行的直流电动机磁场突然减弱或消失，转速就会迅速升高，甚至发生飞车，因此需要采取弱励磁保护。弱励磁保护是通过在电动机励磁回路中串入欠电流继电器来实现的。在电动机运行中，如果励磁电流消失或降低很多，欠电流继电器就会释放，其相应触点切断主回路接触器线圈的电源，使电动机断电停车。

思考与练习

　　1-1　试画出对应图 1-42 接线图的原理图。

　　1-2　用电流表测量电动机的电流，为防止电动机起动时电流表被起动电流冲击，设计出图 1-43 的控制电路，试分析时间继电器 KT 的作用。

　　1-3　试画出某机床主电动机控制电路图。要求：①可正反转；②可正向点动、两处起停；③可反接制动；④有短路和过载保护；⑤有安全工作照明及电源信号灯。

　　1-4　试设计两台笼型电动机 M_1、M_2 顺序起动、停止的控制电路。

　　1）M_1、M_2 能顺序起动，并能同时或分别停止转动。

　　2）M_1 起动后 M_2 起动，M_1 可点动，M_2 可单独停止转动。

　　1-5　试设计深孔钻三次进给的控制电路。图 1-44 为其工作示意图，ST_1、ST_2、ST_3、ST_4 为行程开关，YA 为电磁阀。

　　1-6　试述"自锁""联锁（互锁）"的含义，并举例说明各自的作用。

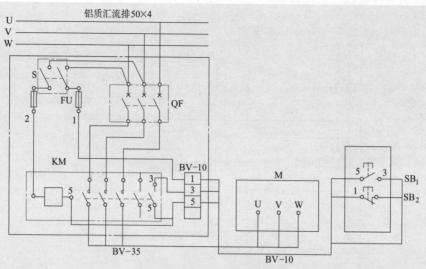

图 1-42 某控制电路的接线图

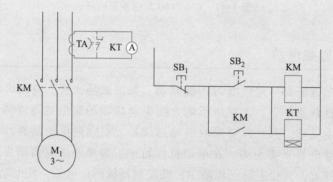

图 1-43 电流表接入控制电路

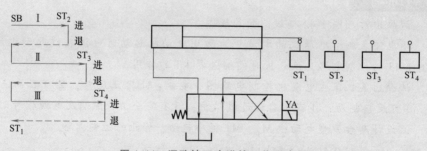

图 1-44 深孔钻三次进给工作示意图

1-7 一般机床继电器控制电路中应设何种保护？短路保护和过载保护（热保护）有什么区别？零电压保护的目的是什么？

第 2 章
电气控制电路的分析与设计

专业技术课程的显著特点是其实践性强。本章将就常用机床控制电路的工作原理、构成特点等问题进行分析，并以此为基础，力求使读者获得机床控制系统分析与设计的基本技能。图 2-0 所示为卧式车床实物图，它的工作离不开电力拖动及电气控制。

扫描下方二维码观看知识拓展视频。

信物百年
第一台国产电动轮自卸车

图 2-0　卧式车床实物图

第 1 章分析了组成机床电气控制电路的基本环节，对于一台机床，只要根据它的控制要求，正确地理解相应的控制环节，就可以分析及设计出机床的电气控制电路。

电气控制系统是机床的重要组成部分，能正确地对机床安装、使用和维护，需要机械工程技术人员不仅要考虑机床的结构和传动方式，还要提出系统的控制方案。这些都要求在设计前对国内外同类型产品的电气控制系统进行分析和比较，从而选取最佳的控制方案。

分析机床电气控制系统时要注意以下几个问题：

1）要了解机床的主要技术性能及机械传动、液压和气动的工作原理。

2）弄清各电动机的安装部位、作用、规格和型号。

3）初步掌握各种电器的安装部位、作用以及各操纵手柄、开关、控制按钮的功能和操作方法。

4）注意了解与机床的机械、液压发生直接联系的各种电器的安装部位及作用，如行程开关、撞块、压力继电器、电磁离合器和电磁铁等。

5）分析电气控制系统时，要结合说明书或有关的技术资料将整个电气电路划分成几个部分逐一进行分析。如各电动机的起动、停止、变速、制动、保护及相互间的联锁等。

本章将分析常用且典型机床的电气控制电路，从而进一步掌握控制电路的组成、典型环节的应用及分析控制电路的方法。从中找出规律，逐步提高阅读电气原理图的能力，为独立设计打下基础。

2.1 卧式车床电气控制电路的分析

卧式车床是机床中应用最广泛的一种，它可以用于切削各种工件的外圆、内孔、端面及攻螺纹。车床在加工工件时，根据工件材料和材质的不同，应选择合适的主轴转速及进给速度。但目前中小型车床多采用不变速的异步电动机拖动，它的变速是靠齿轮箱的有级调速来实现的，所以它的控制电路比较简单。为满足加工需要，主轴的旋转运动有时需要正转或反转，这方面要求一般是通过改变主轴电动机的转向或采用离合器来实现的。进给运动多半是把主轴运动分出一部分动力，通过挂轮箱传给进给箱来实现刀具的进给。有的为了提高效率，刀架的快速运动由一台电动机单独拖动。车床一般都设有交流电动机拖动的冷却泵，用来实现刀具切削时的冷却。有的还专设一台润滑泵对系统进行润滑。

主电动机有两种起动方式，即直接起动和减压起动。起动方式的选取不仅要考虑电动机的容量（一般 5kW 以下的电动机用直接起动方式，10kW 以上的电动机用减压起动方式），还要考虑电网的容量。不经常起动的电动机可直接起动的容量为变压器容量（局部电网容量）的 30%，经常起动的电动机可直接起动的容量一般要小于变压器容量的 20%。

主电动机的制动也有两种方式，即电气方法实现的能耗制动和反接制动，以及机械方法实现的摩擦离合器制动。

2.1.1 CW6163B 型万能卧式车床控制电路的分析

图 2-1 所示为 CW6163B 型万能卧式车床电气原理图，床身最大工件的回转半径为 630mm，工件的最大长度可根据床身的不同分为 1500mm 和 3000mm 两种。

1. 主电路

整机的拖动系统由 3 台电动机组成，M_1 为主运动和进给运动电动机，M_2 为冷却泵电动机，M_3 为刀架快速移动电动机。3 台电动机均为直接起动，主轴制动采用液压制动器。

三相交流电通过断路器 QF 将电源引入，交流接触器 KM_1 为主电动机 M_1 的控制用接触器。热继电器 KR_1 为主电动机 M_1 的过载保护电器，M_1 的短路保护由断路器中的电磁

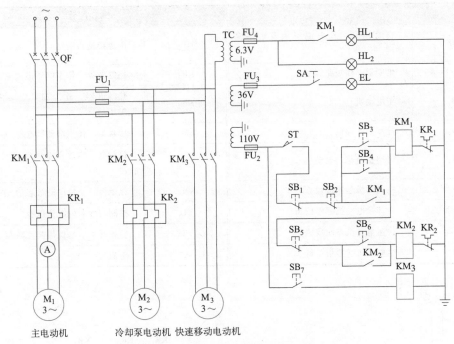

图 2-1　CW6163B 型万能卧式车床电气原理图

脱扣来实现。电流表 A 监视主电动机的电流，机床工作时，可调整切削量，使电流表的电流接近于主电动机的额定电流来提高功率因数和生产效率，以便充分利用电动机。

　　熔断器 FU_1 为电动机 M_2、M_3 提供短路保护。电动机 M_2 的控制由交流接触器 KM_2 来完成，KR_2 为它的过载保护电器。同样，KM_3 为电动机 M_3 控制用接触器。因快速移动电动机 M_3 为短期工作制，可不设过载保护。

　　2. 控制、照明及显示电路

　　控制变压器 TC 二次侧 110V 电压作为控制回路的电源。为便于操作和事故状态下的紧急停车，主电动机 M_1 采用双点控制，即它的起动和停止分别由装在床头操纵板上的按钮 SB_1 和 SB_3 及装在刀架拖板上的 SB_2 和 SB_4 进行控制。当主电动机过载时，KR_1 的动断触点断开，切断了交流接触器 KM_1 的通电回路，电动机 M_1 停止。ST 是与操作开关联动的行程开关，开机操作时被压合。

　　冷却泵电动机的起动和停止由装在床头操纵板上的按钮 SB_5 和 SB_6 控制。快速移动电动机由安装在进给操纵手柄顶端的按钮 SB_7 控制，它与交流接触器 KM_3 组成点动控制环节。

　　信号灯 HL_2 为电源指示灯，HL_1 为机床工作指示灯，EL 为机床照明灯，SA 为机床照明灯开关。表 2-1 为该机床的电气元件目录表。

2.1.2　C616 卧式车床电气控制电路的分析

　　图 2-2 所示为 C616 卧式车床电气原理图。它属于小型车床，床身最大工件回转半径为 160mm，工件的最大长度为 500mm。

表 2-1   CW6163 B 型卧式车床电器元件目录表

符号	名称及用途	符号	名称及用途
QF	自动开关　作电源引入及短路保护用	HL_2	电源接通指示灯
$FU_1 \sim FU_4$	熔断器　作短路保护	KR_1	热继电器　作主电动机过载保护用
M_1	主电动机	KR_2	热继电器　作冷却泵电动机过载保护用
M_2	冷却泵电动机	KM_1	接触器　作主电动机起动、停止用
M_3	刀架快速移动电动机	KM_2	接触器　作冷却泵电动机起动、停止用
$SB_1 \sim SB_4$	主电动机起停按钮	KM_3	接触器　快速电动机起动、停止用
$SB_5 \sim SB_6$	冷却泵电动机起停按钮	TC	控制与照明电源变压器
SB_7	快速电动机点动按钮	ST	行程开关　与操作开关联动
HL_1	主电动机起停指示灯	A	电流表

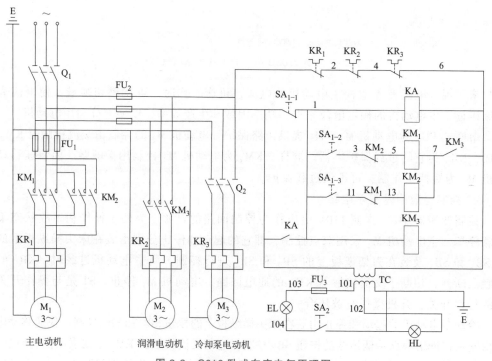

图 2-2   C616 卧式车床电气原理图

1. 主电路

该机床有 3 台电动机：M_1 为主电动机，M_2 为润滑泵电动机，M_3 为冷却泵电动机。

三相交流电源通过组合开关 Q_1 将电源引入，FU_1、KR_1 分别为主电动机的短路保护和过载保护电器。KM_1、KM_2 分别为主电动机 M_1 的正转接触器和反转接触器。KM_3 为电动机 M_2 的起动、停止用接触器。组合开关 Q_2 作电动机 M_3 的接通和断开用，KR_2、KR_3

分别为电动机 M_2 和 M_3 的过载保护用热继电器。

2. 控制、照明和显示电路

该控制电路没有控制变压器，控制电源直接取交流 380V。

合上组合开关 Q_1 后，三相交流电源被引入。当操纵手柄 SA_1 处于零位时，接触器 KM_3 通电动作，润滑泵电动机 M_2 起动，KM_3 的动合触点闭合为主电动机起动做好准备。

操纵手柄控制的开关 SA_1 可以控制主电动机的正转与反转。开关 SA_1 有一个动断触点和两个动合触点。当开关 SA_1 在零位时，触点 SA_{1-1} 接通，SA_{1-2}、SA_{1-3} 断开，这时中间继电器 KA 通电吸合，KA 的动合触点闭合完成自锁。当操纵手柄搬到向下位置时，SA_{1-2} 接通，SA_{1-1}、SA_{1-3} 断开，正转接触器 KM_1 通电吸合，主电动机 M_1 正转起动。当将操纵手柄搬到向上位置时，SA_{1-3} 接通，SA_{1-1}、SA_{1-2} 断开，反转接触器 KM_2 通电吸合，主电动机 M_1 反转起动。开关 SA_1 的触点在机械上保证了两个接触器同时只能吸合一个。KM_1 和 KM_2 的辅助动断触点在电气上也保证了同时只能有一个接触器吸合，这样就避免了两个接触器触点同时接通的可能性。当手柄搬回零位时，SA_{1-2}、SA_{1-3} 断开，接触器 KM_1 或 KM_2 线圈断电，电动机 M_1 自由停车。有经验的操作工人在停车时，将手柄瞬时搬向相反转向的位置，电动机 M_1 进入反接制动状态，待主轴接近停止时，将手柄迅速搬回零位，可以大大缩短停车时间。

中间继电器 KA 起零电压保护作用。在电路中，当电源电压降低或消失时，中间继电器 KA 释放，KA 的动合触点断开，接触器 KM_3 释放，KM_3 的动合触点断开，KM_1 或 KM_2 也断电释放。当电网电压恢复后，因为这时开关 SA_1 不在零位，接触器 KM_3 不会得电吸合，所以 KM_1 或 KM_2 接触器也不会得电吸合。即使这时手柄在零位，由于 SA_{1-2}、SA_{1-3} 断开，KM_1 或 KM_2 也不会得电造成电动机的自起动，这就是中间继电器的零电压保护作用。

大多数机床工作时的起动或工作结束时的停止都不采用开关操纵，而用按钮控制。通过按钮的自动复位和接触器的自锁作用来实现零电压保护作用。

照明电路的电源由照明变压器二次侧输出的 36V 电压供电，SA_2 为照明灯开关。HL 为电源指示灯，由 TC 二次侧输出 6.3V 供电。

2.1.3　C650 卧式车床电气控制电路的分析

C650 卧式车床属于中型车床，床身的最大工件回转半径为 1020mm，最大工件长度为 3000mm。图 2-3 所示为它的电气原理图。

C650 卧式车床的主电动机功率为 30kW，为提高工作效率，该车床采用了反接制动。为了减少制动电流，制动时在定子回路中串入了限流电阻 R。拖动溜板箱快速移动的 2.2kW 电动机是为了减轻操作人员的劳动强度和节省辅助工作时间而专门设置的，此处略去。

1. 主电路

组合开关 Q 将三相电源引入，FU_1 为主电动机 M_1 的短路保护用熔断器，KR_1 为电动机 M_1 的过载保护用热继电器。为防止连续点动时的起动电流造成电动机过载，点动时也

加入限流电阻 R。通过互感器 TA 接入电流表 A 以监视主电动机绕组的电流。FU_2 为电动机 M_2 和 M_3 的短路保护用熔断器，接触器 KM_1、KM_2 为电动机 M_2、M_3 控制用接触器。KR_2 为电动机 M_2 的过载保护用热继电器。因快速移动电动机 M_3 为短时工作制，所以不设过载保护。

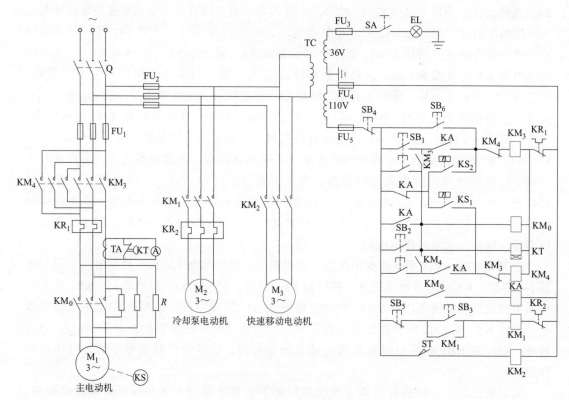

图 2-3 C650 卧式车床电气原理图

2. 控制电路

（1）主电动机的点动调整控制 图 2-4 所示为点动控制电路。电路中 KM_3 为电动机 M_1 的正转接触器，KM_0 为电动机 M_1 的长动接触器（点动时不动作），KA 为中间继电

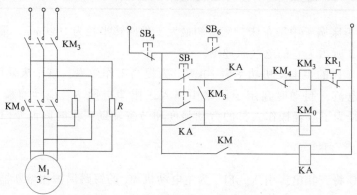

图 2-4 C650 卧式车床点动控制电路

器。电动机 M_1 的点动由点动按钮 SB_6 控制。按下按钮 SB_6，接触器 KM_3 得电吸合，主触点闭合，电动机的定子绕组经限流电阻 R 与电源接通，电动机在较低较速下起动。松开按钮 SB_6，KM_3 断电，电动机停止转动。在点动过程中，中间继电器 K 线圈不通电，KM_3 线圈不会自锁。

（2）主电动机的正反转控制电路 图 2-5 所示为 C650 卧式车床正反转控制电路。主电动机正转由正向起动按钮 SB_1 控制。按下按钮 SB_1，接触器 KM_0 首先得电动作，它的主触点闭合将限流电阻 R 短接，辅助动合触点闭合使中间继电器 KA 得电，另一辅助动合触点闭合，使接触器 KM_3 得电吸合。KM_3 的主触点将三相电源接通，电动机在满电压下正转起动。KM_3 的辅助动合触点和 KA 的动合触点的闭合将 KM_3 线圈自锁；反转起动时用反向起动按钮 SB_2，按下 SB_2，同样是接触器 KM_0 得电，然后接通中间继电器 KA 和接触器 KM_4，于是电动机在满电压下反转起动。此时由 KM_4 的辅助动合触点和 KA 的动合触点将 KM_4 线圈自锁。KM_3 的辅助动断触点，KM_4 的辅助动断触点分别串在对方线圈的回路中，起到了电动机正转与反转的电气互锁作用。

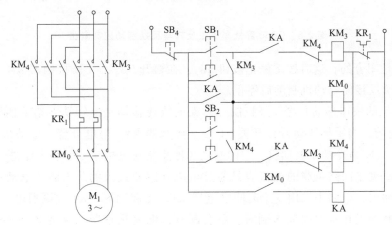

图 2-5 C650 卧式车床正反转控制电路

（3）主轴电动机的反接制动控制 C650 卧式车床采用了反接制动方式。当电动机的转速接近零时，用速度继电器的触点给出信号切断电动机的电源。图 2-6 所示为 C650 卧式车床正反转与反接制动的控制电路。

速度继电器与被控电动机是同轴连接的，当电动机正转时，速度继电器的正转常开触点 KS_1 闭合；电动机反转时，速度继电器的反转动合触点 KS_2 闭合。若电动机正向旋转，接触器 KM_3 和 KM_0、继电器 KA 都处于得电动作状态，速度继电器的正转动合触点 KS_1 也是闭合的，这样就为电动机正转时的反接制动做好了准备。需要停车时，按下停止按钮 SB_4，接触器 KM_0 失电，其主触点断开，电阻 R 串入主回路。与此同时 KM_3 也失电，断开了电动机的电源，同时继电器 KA 失电，其动断触点闭合。松开 SB_4 后，反转接触器 KM_4 的线圈得电，电动机的电源反接，电机处于反接制动状态。当电动机的转速下降到速度继电器的复位转速时，速度继电器 KS 的正转动合触点 KS_1 断开，切断了接触器 KM_4 的通电回路，电动机脱离电源停止。

电动机反转时的制动与正转时的制动相似。当电动机反转时，速度继电器的反转动

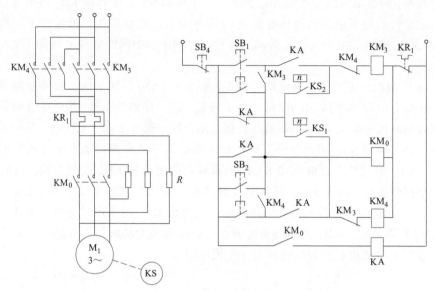

图 2-6　C650 卧式车床正反转与反接制动控制电路

合触点 KS_2 是闭合的，这时按下停止按钮 SB_4，在松开 SB_4 后正转接触器 KM_3 线圈得电，吸合后将电源反接使电动机制动后停止。

（4）刀架的快速移动和冷却泵控制　刀架的快速移动是由转动刀架手柄压动行程开关 ST 来实现的。当手柄压动行程开关 ST 后，接触器 KM_2 得电吸合，电动机 M_3 带动刀架快速移动。M_2 为冷却泵电动机，它的起动与停止是通过按钮 SB_3 和 SB_5 进行控制的。

此外，监视主回路负载的电流表是通过电流互感器接入的。为防止电动机起动电流对电流表的冲击，电路中采用一个时间继电器 KT。当起动时，KT 线圈通电，而 KT 的延时断开的动断触点在延时时间未到时，不会断开，电流互感器二次侧电流只流经该触点构成闭合回路，电流表没有电流流过。起动完成后，KT 延时断开的动断触点打开，此时电流流经电流表，反映出负载电流的大小。

2.2　机床电气设计的一般内容

机床一般都是由机械与电气两大部分组成的，设计一台机床，首先要明确该机床的技术要求，拟定总体技术方案。机床的电气设计是机床设计的重要组成部分，机床的电气设计应满足机床的总体技术方案要求。

机床电气设计所涉及的内容很广泛，这里将概括地介绍机床电气设计的基本内容。在此前分析各控制电路的基础上，重点阐述继电接触器控制电路设计的一般规律及设计方法。

机床的电气设计与机床的机械结构设计是分不开的，尤其是现代机床的结构以及使用效能，与电气自动控制的程度是密切相关的，对机械设计人员来说，也需要对机床的电气设计有一定的了解。

本节将就机床电气设计涉及的主要内容，以及电气控制系统如何满足机床的主要技术性能加以讨论。

（1）机床的主要技术性能　机床的主要技术性能包括机械传动、液压和气动系统的工作特性，以及对电气控制系统的要求。

（2）机床的电气技术指标　机床的电气技术指标指的是电气传动方案，要根据机床的结构、传动方式、调速指标，以及对起动、制动和正向、反向要求等来确定。

机床的主运动与进给运动都有一定调速范围的要求。要求不同，则采取的调速传动方案就不同，调速性能的好坏与调速方式密切相关。中小型机床，一般采用单速或双速笼型异步电动机，通过变速箱传动；对传动功率较大、主轴转速较低的机床，为了降低成本、简化变速机构，可选用转速较低的异步电动机；对调速范围、调速精度、调速的平滑性要求较高的机床，可考虑采用交流变频调速和直流调速系统，以满足无级调速和自动调速的要求。

由电动机完成机床正、反向运动比机械方法简单容易，因此只要条件允许，应尽可能地由电动机完成。传动电动机是否需要制动，要根据机床需要而定。对于由电动机实现正、反向拖动的机床，对制动无特殊要求时，一般采用反接制动（可使控制电路简化）。在电动机频繁起动、制动或经常正向、反向的情况下，必须采取措施限制电动机起动和制动电流。

（3）机床电动机的调速性质与机床负载特性的匹配关系　在机床电气系统设计时，拖动电动机的调速性质应与机床的负载特性相适应。调速性质是指转矩、功率与转速的关系。设计任何一个机床电力拖动系统都离不开对负载和系统调速性质的研究，它是选择拖动和控制方案及确定电动机容量的前提。

电动机的调速性质必须与机床的负载特性相适应。机床的切削运动（主运动）需要恒功率传动，而进给运动则需要恒转矩传动。双速异步电动机，定子绕组由三角形联结改成双星形联结时，转速由低速升为高速，功率增加得很少，因此适用于恒功率传动。定子绕组低速为星形联结，而高速为双星形联结的双速电动机，转速改变时，电动机输出的转矩基本保持不变，因此适用于恒转矩调速。

他励直流电动机改变电枢电压的调速方法则属于恒转矩调速，改变励磁电流的调速方法属于恒功率调速。

（4）电气控制方式的选择　正确合理地选择电气控制方式是机床电气控制系统设计的主要内容。电气控制方式应能保证机床的使用效能和动作程序、自动循环等基本动作要求。现代机床的控制方式与机床的结构密切相关。由于近代电力电子技术和计算机技术已深入到机床控制系统的各个领域，各种新型控制装置不断出现，它不仅关系到机床的技术与使用性能，而且也深刻地影响着机床的机械结构和总体方案。因此，电气控制方式应根据机床总体技术要求来拟定。

在一般的普通机床中，其工作程序往往是固定的，使用中并不需要经常改变原有程序，可采用有触点的继电器系统，控制电路在结构上接成"固定"式。

有触点控制系统：控制电路的接通或分断是通过开关或继电器等触点的闭合与分断

来进行控制的。这种系统的特点是能够控制的功率较大、控制方法简单、工作稳定、便于维护、成本低，因此在现有的机床控制中应用仍相当广泛。

PLC（可编程序控制器）是介于继电器系统的固定接线装置与电子计算机控制装置之间的一种新型通用控制器。近年来机床的可编程序控制有很大的发展，这是由于 PLC 可以大大缩短机床的电气设计、安装和调整周期，并且可使机床工作程序易于更改。因此采用 PLC 以后，将使机床的控制系统具有较大的灵活性和适应性。

随着电子技术的发展，数字程序控制系统在机床上的应用越来越广泛，已经发展成为各种高性能的数控机床。数控机床的优点是生产率高、生产周期短、加工精度高，能够加工普通机床根本加工不了的复杂曲面零件，有着广泛的发展前景。

（5）操作、显示、故障诊断与保护　明确有关操作方面的要求（在设计中实施），如操作台的设计、测量显示、故障自诊断与保护等措施的要求。

（6）电网情况对设计的影响　设计应考虑用户供电电网的情况，如电网容量、电流种类、电压及频率。

电气设计技术条件是机床设计的有关人员和电气设计人员共同拟定的。电气设计的技术条件以设计任务书的形式给出，电气控制系统的设计就是把上述的技术条件明确下来付诸实施。

综上所述，机床电气设计应包括以下内容：

1）拟定电气设计任务书（技术条件）。

2）确定电气传动控制方案，选择电动机。

3）设计电气控制原理图。

4）选择电气元器件，并制订电气元器件明细表。

5）设计操作台、电气柜及非标准电气元器件。

6）设计机床电气设备布置总图、电气安装图以及电气接线图。

7）编写电气说明书和使用操作说明书。

以上电气设计各项内容，必须以国家相关标准为纲领。可以根据机床的总体技术要求和控制电路的复杂程度，在以上内容中适当增减，某些图样和技术文件可适当合并或增删。

2.3 机床电气控制电路的设计

一般中小型机床的电气传动控制系统并不复杂，大多数都是由继电器接触器系统来实现其控制的，因此在设计时，上节所讲述的机床电气设计的某些内容可以省略。其重点就是设计继电器接触器控制电路及选择电气元器件。

当机床的控制方案确定后，可根据各电动机控制任务的不同，参照典型电路逐一分别设计局部电路，然后再根据各部分的相互关系综合成完整的控制电路。

控制电路的设计在满足机床电气控制系统具体要求的前提下，还要使工作可靠，力求操作、安装及维修方便。

1. 电气控制电路的电源

在电气控制电路比较简单、电气元器件不多的情况下，应尽可能用主回路电源作为控制回路电源（即可直接用交流 380V 或 220V 电源），简化供电设备。对于比较复杂的控制电路，控制电路应采用控制电源变压器，将控制电压由交流 380V 或 220V 降至 110V、48V 或 24V。这是从安全角度考虑的。一般机床照明电路为 36V 及以下电源。这些不同的电压等级，通常由一个控制变压器就可提供。

直流控制电路多用 220V 或 110V。对于直流电磁铁、电磁离合器，常用 24V 直流电源供电。

2. 控制电路的设计规律

继电器控制电路有一个共同的特点，就是通过触点的"通"和"断"来控制电动机或其他电气设备来完成运动机构动作。即使是复杂的控制电路，很大一部分也是动合和动断触点组合连接而成的。为了设计方便，把它们的相互关系归纳为以下几个方面。

（1）动合触点串联　当要求几个条件同时具备才使电器的线圈得电动作时，可用几个动合触点与线圈串联的方法实现。如图 2-7a 中，KA_1、KA_2、KA_3 都动作（接通）时接触器 KM 才动作（线圈中流过电流），这种关系在逻辑线路中称"与"逻辑。

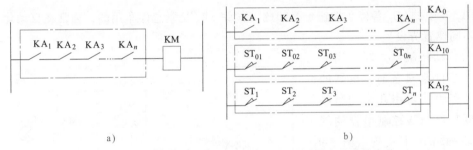

a)　　　　　　　　　　　　　b)

图 2-7　动合触点串联及自动线各动力头控制的部分监控电路

图 2-7b 是自动线各动力头加工完成后退回原位且夹具拔销松开的监控电路。在零件加工过程中，各动力头的自动工作循环是由各动力头所属的机床控制系统自行控制的。当某动力头进给到终点时，对应继电器动作。所有的动力头都进给到各自的终点时，相应继电器 KA_1、KA_2、KA_3、…、KA_n（分别在各自的动力头控制电路中）动作，而它们在监控电路中的动合触点就会闭合，于是监控电路中的继电器 KA_0 动作，发出整个自动线加工完毕信号；而所有动力头退回原位时，相应的限位开关 ST_{01}、ST_{02}、ST_{03}、…、ST_{0n} 被压下，监控电路中的继电器 K_{10} 接通；当动力头加工完成并返回原位后，发出夹具拔销放松的信号（分别在各自的动力头控制电路中），当每一个动力头都完成这一动作后，对应的各限位开关 ST_1、ST_2、ST_3、…、ST_n 被压下，监控电路中继电器 KA_{12} 动作发出信号，表明整个自动线加工完成并复位在初始状态。

很明显，KA_1、KA_2、KA_3、…、KA_n 动合触点的串联，ST_{01}、ST_{02}、ST_{03}、…、ST_{0n} 触点的串联，以及 ST_1、ST_2、ST_3、…、ST_n 触点的串联都是"与"的逻辑关系。在"与"的逻辑运算中，只有所有条件都具备时，被控对象才会动作。

（2）动合触点并联　当在几个条件中，只要求具备其中任一条件，所控制的继电器线圈就能得电，这时可用几个动合触点并联来实现。这种关系在逻辑线路中叫"或"逻辑。如图 2-8a 所示，只要 KA_1、KA_2、KA_3 其中任意一个动作，KM 就得电动作。

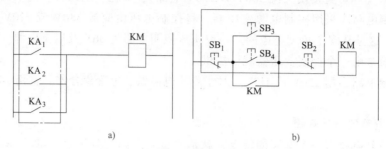

图 2-8　动合触点并联及两地控制电路

图 2-8b 中，SB_2 和 SB_4 为两地控制起动按钮，只要其中任意一个动作，接触器 KM 就动作，具备条件之一即可。

（3）动断触点串联　当几个条件仅具备一个时，要求被控制电器的线圈断电，可用几个动断触点与被控制电器的线圈串联的方法来实现。如图 2-8b 所示，SB_1 和 SB_2 是两个停止按钮，其中一个动作，接触器就断电。

图 2-9 中的 SB_0 各停止按钮也是如此（按钮 SB_0 是紧急停车用的，通常在自动化生产线的不同位置分设）。

（4）动断触点并联　当要求几个条件都具备时，电器的线圈才断电，可用几个动断触点并联，再与被控制电器的线圈串联的方法来实现。图 2-9 所示为自动线电源预停（关断）控制电路，在自动线加工过程中，若想在加工完成后自动断开控制电源，可按"预停"按钮 SB_3，由动断触点

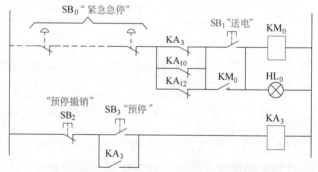

图 2-9　自动线电源预停（关断）控制电路

KA_3、KA_{10} 和 KA_{12} 所组成的并联电路与接触器 KM_0 线圈串联（KM_0 是自动线控制电路送电用接触器），这样当所有动力头已经退回原位（KA_{10} 动作）、夹具拔销松开（KA_{12} 动作）且原来已发出"预停"信号（KA_3 动作）后，就能使 KM_0 断电释放，将控制电路的电源自动切断。SB_2 为预停撤销按钮。

（5）保护电器　一般保护电器应既能保证控制电路长期正常运行，又能起到保护电动机及其他电器设备的作用。一旦电路出故障，它的触点就应动作，以提供相应的保护。

3. 控制电路设计的一般问题

（1）简化动作　应尽量避免许多电器依次动作才能接通另一个电器的现象。如图 2-10a 中，继电器 KA_1 得电动作后，KA_2 才动作，而后 KA_3 才能接通得电，KA_3 的动作要通过 KA_1 和 KA_2 两个电器的动作。但图 2-10b 中，KA_3 的动作只需 KA_1 动作，而且

只需经过一个触点，工作可靠。

（2）正确连接电器的线圈 考虑如下：

1）在设计控制电路时，继电器、接触器以及其他电器线圈的一端（两端中的任一端）统一接在电源的同一侧；触点连接组合接在电源的另一侧，如图 2-11a 所示。这样，当某一电器的触点发生短路故障时（如飞弧现象），不致引起电源短路，同时安装接线也方便。

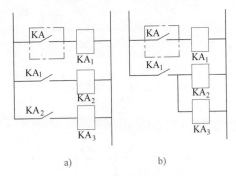

图 2-10 触点的合理使用
a）不适当 b）适当

2）交流电器的线圈不能串联连接，即使控制电压等于两串联线圈的额定电压之和也不行，这是因为电器动作时间的分散性，必有一个先动作。先动者因其铁磁回路磁阻减少而使线圈电抗增大，从而分得大部分电源电压；后动者由于达不到所需要的动作电压而无法动作。图 2-11b 中 KM_1 与 KA_1 串联使用是错误的，应如图 2-11a 所示，KM_1 和 KA_1 两电器的线圈并联使用。

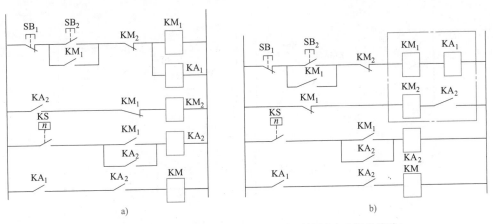

图 2-11 触点和线圈的正确选择（具有反接制动功能的线路）
a）正确 b）错误

（3）控制电路中应尽量减少电器触点数 在控制电路中，应尽量减少触点，以提高电路的可靠性。在简化、合并触点的过程中，主要着眼点应放在同类性质触点的合并，或一个触点能完成的动作，不用两个触点，触点的减化与合并如图 2-12 所示。

（4）应尽量减少两地间连接导线的数量 图 2-13c、d 所示为不适当的接线方式，图 2-13a、b 是适当的接线方式。因为按钮在按钮站（或操作台）、电器在电气柜里，图 2-13a 电气柜到按钮站的实际引线是 3 条，而图 2-13c 则是 4 条（图中加粗的蓝线为两地间连线）；在图 2-13b、d 中，SB_1 与 SB_3 在一地点，而 SB_2 与 SB_4 在另一地点，分别两地操作，则图 2-13b 就比图 2-13d 少用了连接导线（同样，图中加粗的蓝线为两地间连线）。

（5）应考虑各种联锁关系和保护措施 例如过载、短路、欠电压、零电压、限位等保护措施。

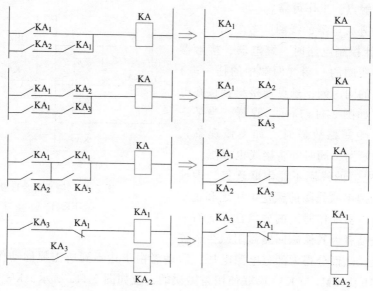

图 2-12　触点的简化与合并

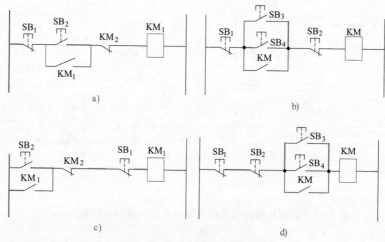

图 2-13　电气元器件的合理接线

（6）其他因素　在设计控制电路时也应考虑有关操纵、故障检查、检测仪表、信号指示、报警以及照明等要求。

2.4　机床常用电器的选用

完成电气控制电路的设计之后，应开始选择所需要的控制电器，正确、合理地选用电器，是控制电路安全、可靠工作的重要条件。机床电器的选择，主要是根据电器产品目录上的各项技术指标（数据）来进行的。

2.4.1 按钮、低压开关的选用

（1）按钮 机床常用的按钮为 LA 系列，主要根据使用场合所需要的触点数量、触点类型及按钮颜色来选用。

（2）刀开关 刀开关主要根据电源种类、电压等级、电动机容量、所需极数及使用场合来选用。

（3）断路器 选择断路器时应考虑其主要参数：额定电压、额定电流和允许切断的极限电流等。断路器脱扣器的额定电流应大于或等于负载要求的长期平均电流；断路器的极限分断能力要大于，至少要等于电路最大短路电流。断路器脱扣器应按下面原则整定：欠电压脱扣器额定电压应等于主电路额定电压；热脱扣器的整定电流应与被控对象（负载）额定电流相等；电磁脱扣器的瞬时脱扣整定电流应大于负载正常工作时的尖峰电流。保护电动机时，电磁脱扣器的瞬时脱扣整定电流一般为电动机起动电流的 1.7 倍左右。

机床常用的产品有 DZ 系列、DW 系列。

（4）组合开关 组合开关主要作为电源引入开关，所以也称电源隔离开关。它可以起停 5kW 以下的异步电动机，但每小时的通、断次数不宜超过 10~20 次，开关的额定电流一般取电动机额定电流的 1.5~2.5 倍。

组合开关主要根据电源种类、电压等级、所需触点数及电动机容量进行选用。常用的组合开关为 HZ-10 系列，额定电流为 10A、25A、60A 和 100A 四种。适用于交流 380V以下或直流 220V 以下的电气设备中。

（5）电源开关联锁机构 电源开关联锁机构与相应的断路器和组合开关配套使用，用于电源接通与断开；电源和柜门开关联锁，以达到在切断电源后才能打开门、将门关闭后才能接通电源的效果，起到安全保护作用。电源开关联锁有 DJL 系列和 JDS 系列。

2.4.2 熔断器的选用

选择熔断器，主要是选择熔断器的种类、额定电压、额定电流等级和熔体的额定电流。

额定电压是根据所保护电路的电压来选择的。选择熔体的额定电流是熔断器选择的核心。

对于如照明电路等没有冲击电流的负载，应使熔体的额定电流等于或稍大于电路的工作电流 I，即

$$I_{RN} \geqslant I$$

式中　I_{RN}——熔体额定电流；

　　　I——工作电流。

对于单台异步电动机，熔体可按下式选择：

$$I_{RN} = (1.5 \sim 2.5)I_N \quad 或 \quad I_{RN} = I_{st}/2.5 \tag{2-1}$$

式中　I_N——电动机的额定电流；

I_{st}——电动机的起动电流。

若多台电动机由一个熔断器保护，则熔体可按下式选择：

$$I_{RN} \geq I_m/2.5 \qquad\qquad (2\text{-}2)$$

式中 I_m——可能出现的最大电流。

如果几台电动机不同时起动，则 I_m 为容量最大一台电动机的起动电流加上其他各台电动机的额定电流。

例如，两台电动机不同时起动，一台电动机的额定电流为 14.6A；另一台电动机的额定电流为 4.64A，起动电流都为额定电流的 7 倍，则熔体电流为

$$I_{RN} \geq (14.6 \times 7 + 4.64)\text{A}/2.5 \approx 42.7\text{A}$$

可选用 RL1-60 型熔断器，配用 50A 的熔体。

熔断器种类有很多，有插入式、填料封闭管式、螺旋式及快速熔断器等，有 RC1A 系列、RL1 系列、RT0 系列和 RS0 系列等。

2.4.3 热继电器的选用

热继电器的选择主要是根据电动机的额定电流来确定其型号与规格。热继电器热元件的额定电流 I_{RTN} 应接近或略大于电动机的额定电流 I_N，即

$$I_{RTN} = (0.95 \sim 1.05)I_N \qquad\qquad (2\text{-}3)$$

热继电器的整定电流值是指热元件通过的电流超过此值的 20% 时，热继电器应当在 20min 内动作。选用时，整定电流应与电动机额定电流一致，如电动机的额定电流为 15.4A，则可选用 JR16B 20/3 型热继电器，选热元件电流等级为 16A，它的电流调节范围为 10~16A，可将电流整定在 15.4A。

在一般情况下，可选用两相结构的热继电器；对在电网电压严重不平衡、工作环境恶劣条件下工作的电动机，可选用三相结构的热继电器；对于三角形联结且负载较重的电动机，为实现断相保护，则应选用带断相保护装置的热继电器。

若遇到下列情况，选择的热继电器的整定电流要比电动机额定电流高一些，以便可靠进行保护：

1）电动机负载惯性转矩非常大，起动时间长。

2）电动机所带动的设备，不允许任意停电。

3）电动机拖动的为冲击性负载，如冲床、剪床等设备。

常用的热继电器有 JR1、JR2、JR0、JR16 等系列。JR16 B 系列双金属片式热继电器，它电流整定范围广，并有温度补偿装置，适用于长期工作或间歇工作的交流电动机的过载保护，而且具有断相保护装置。JR16B 是由 JR0 改进而来的，该系列产品用来代替 JR0 的 3 极和带断相保护的热继电器。

2.4.4 接触器的选用

选择接触器主要考虑以下技术数据：

1）电源种类：交流或直流（指主触点控制的负载的电源）。

2）主触点额定电压、额定电流。

3）辅助触点的种类、数量及触点的额定电流。

4）电磁线圈的电源种类、频率和额定电压。

5）额定操作频率（次/h），即允许的每小时通、断的最大次数。

主触点额定电流：一般根据电动机功率 P_N 计算触点额定电流 I_{CN}，即

$$I_{CN} \geqslant \frac{P_N}{KU_N} \tag{2-4}$$

式中　K——经验常数，一般取 1~1.4；

　　P_N——电动机功率（W）；

　　U_N——电动机额定线电压（V）；

　　I_{CN}——接触器主触点额定电流（A）。

主触点额定电压：一般应大于电路额定电压，即

$$U_{CN} \geqslant U_N \tag{2-5}$$

式中　U_{CN}——主触点额定电压；

　　U_N——电路额定电压。

接触器线圈电压一般从安全考虑，可选低一些，但当控制电路简单，所用电器不多时，为了节省变压器，可选 380V 或 220V。

机床常用的接触器有 CJ10、CJ12、CJ20 系列等交流接触器和 CZ0 系列直流接触器。近年来，从国外引进或合作生产了许多新的产品系列，此处就不再介绍了。

2.4.5　继电器的选用

（1）中间继电器的选用　选用中间继电器，主要依据控制电路的电压等级，同时还要考虑触点的数量、种类及容量是否满足控制电路的要求。

机床上常用的中间继电器型号有 JZ7 系列和 JZ8 系列两种。JZ8 为交直流两用继电器。

（2）时间继电器的选用　选择时间继电器，主要考虑控制回路所需要的延时触点的延时方式（通电延时还是断电延时），以及瞬动触点的数量，根据不同的使用条件选择不同类型的时间继电器。

2.4.6　控制变压器的选用

当控制电路所用电器较多，电路较为复杂时，一般需采用经变压器降压的控制电源，以提高电路的安全可靠性。控制变压器主要根据所需变压器容量及一次侧、二次侧的电压等极来选择。控制变压器可根据下面两种情况来选择其容量：

（1）依据控制电路最大工作负载所需要的功率计算　一般的计算公式为

$$P_T \geqslant K_T \sum P_{xc} \tag{2-6}$$

式中　P_T——所需变压器容量（V·A）；

　　K_T——变压器容量储备系数，$K_T = 1.1~1.25$；

　　$\sum P_{xc}$——控制电路最大负载时工作的电器所需的总功率（W 或 V·A）。

显然对于交流电器（交流接触器、交流中间继电器及交流电磁铁等），$\sum P_{xc}$ 应取吸持功率值。

（2）变压器的容量还应满足已吸合的电器在又起动另一些电器时仍能保持吸合　一般的计算公式为

$$P_T \geq 0.6 \sum P_{xc} + 1.5 \sum P_{sT} \tag{2-7}$$

式中　$\sum P_{sT}$——同时起动的电器的总吸持功率（W 或 V·A）。

关于式（2-7）中的系数：变压器二次电压由于电磁电器起动时负载电流的增加要下降，但一般在下降了额定值的 20% 以内时，所有已吸合电器不致释放，系数 0.6 就是从这一点考虑的；式（2-7）中第二项系数 1.5 为经验系数，它考虑到各电器的起动功率换算到吸持功率，以及电磁电器在保证起动吸合的条件下，变压器容量只是该器件的起动功率的一部分等因素。

最后所需变压器容量，应由式（2-6）和式（2-7）中所计算出的最大值决定。

表 2-2 是常用交流电器的起动与吸持功率。

表 2-2　常用交流电器的起动与吸持功率（均为有效功率）

电器型号	起动功率 P_{qd}/W	吸持功率 P_{xc}/W	P_{qd}/P_{xc}
JZ7	75	12	6.3
CJ 10-5	35	6	5.8
CJ 10-10	65	11	5.9
CJ 10-20	140	22	6.4
CJ 10-40	230	32	7.2
CJ 0-10	77	14	5.5
CJ 0-20	156	33	4.75
CJ 0-40	280	33	8.5
MQ1-5101	≈450	50	9
MQ1-5111	≈1000	80	12.5
MQ1-5121	≈1700	95	18
MQ1-5131	≈2200	130	17
MQ1-5141	≈10000	480	21

2.5　机床电气控制电路设计举例

设计 CW6163 型卧式车床的电气控制电路。

扫描右侧二维码观看知识拓展视频。

1. 机床电气传动的特点及控制要求

1）机床主运动和进给运动由电动机 M_1 集中传动，主轴运动的
正、反向（满足螺纹加工要求）是靠两组摩擦片离合器完成的。

2）主轴制动采用液压制动器。

3）冷却泵由电动机 M_2 拖动。

4）刀架快速移动由单独的快速移动电动机 M_3 拖动。

信物百年
新中国最早的万吨水压机

信物百年
揽下瓷器活的金刚钻——
功勋压机

5）进给运动的纵向（左右）运动、横向（前后）运动以及快速移动，都集中由一个手柄操纵。

电动机型号：

主电动机 M_1 Y 160M-4 11kW 380V 23.0A 1460r/min

冷却泵电动机 M_2 JCB-22 0.15kW 380V 0.43A 2790r/min

快速移动电动机 M_3 Y 90S-4 1.1kW 380V 2.8A 1400r/min

2. 电气电路设计

（1）主回路设计 根据电气传动的要求，由接触器 KM_1、KM_2、KM_3 分别控制电动机 M_1、M_2 及 M_3，如图 2-14 所示。

机床的三相电源由电源引入开关 Q 引入。主电动机 M_1 的过载保护由热继电器 KR_1 实现，它的短路保护可由机床的前一级配电箱中的熔断器充任。冷却泵电动机 M_2 的过载保护由热继电器 KR_2 实现。快速移动电动机 M_3 由于是短时工作，不设过载保护。电动机 M_2 和 M_3 共同设短路保护——熔断器 FU_1。

（2）控制电路设计 考虑到操作方便，主电动机 M_1 可在床头操作板上和刀架拖板上分别设起动和停止按钮 SB_1、SB_2、SB_3、SB_4 进行操纵，如图 2-14 所示。接触器 KM_1 与控制按钮组成带自锁的起停控制电路。

冷却泵电动机 M_2 由 SB_5、SB_6 进行起停操作，装在床头操作板上，如图 2-14 所示。

快速移动电动机 M_3 工作时间短，为了操作灵活由按钮 SB_7 与接触器 KM_3 组成点动控制电路，如图 2-14 所示。

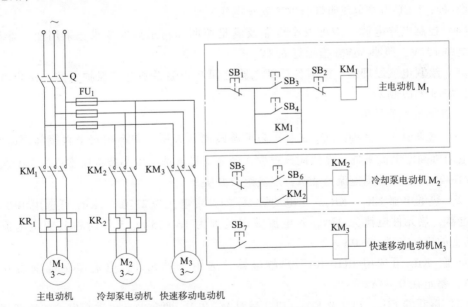

图 2-14 主电路与控制电路设计

（3）信号指示与照明电路 可设电源指示灯 HL_2（绿色），在电源引入开关 Q 接通后，立即发光显示，表示机床电气电路已处于供电状态。设指示灯 HL_1（红色）显示主电动机是否运行。这两个指示灯可由接触器 KM_1 的两对辅助动合和动断触点进行切换显示，如图 2-15 所示。

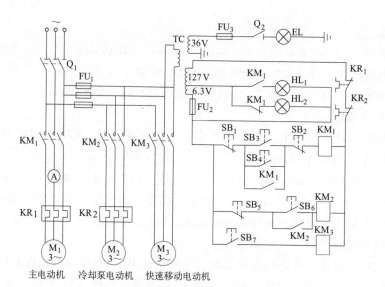

图 2-15　CW6163 型卧式车床电气原理图

在床头操作板上设有交流电流表 A，它串联在电动机主回路中（见图 2-15），用以指示主电动机的工作电流。这样可根据电动机工作情况调整切削量使主电动机尽量满载运行，提高生产率，并能提高电动机功率因数。

设照明灯 EL 为安全照明灯（36V 安全电压）。

（4）控制电路电源　考虑安全可靠及满足照明和指示灯的要求，采用变压器供电，控制电路 127V，照明 36V，指示灯 6.3V。

（5）绘制电气原理图　根据各局部电路之间互相关系和电气保护电路，画出电气原理图，如图 2-15 所示。

3. 选择电气元器件

（1）电源引入开关 Q_1　Q_1 主要作为电源隔离开关用，并不用它来直接起停电动机，可按电动机额定电流来选，显然应该根据 3 台电动机来选。中小型机床常用组合开关，选用 HZ10-25/3 型，额定电流为 25A，三极组合开关。

（2）热继电器 KR_1、KR_2　主电动机 M_1 的额定电流为 23.0A，KR_1 可选用 JR0-40 型热继电器，热元件电流为 25A，其电流整定范围为 16~25A，工作时将其额定电流调整（用其上的旋钮）为 23.0A。

同理，KR_2 可选用 JR10-10 型热继电器，选用 1 号元件，电流整定范围为 0.40~0.64A，整定在 0.43A。

（3）熔断器 FU_1、FU_2 及 FU_3　FU_1 是对 M_2 和 M_3 两台电动机进行保护的熔断器。由式（2-2）可知，熔体电流为

$$I_R \geqslant \frac{2.67 \times 7 + 0.43}{2.5} A \approx 7.6A$$

可选用 RL1-15 型熔断器，配用 10A 的熔体。

FU_2、FU_3 选用 RL1-15 型熔断器，配用最小等级的熔体（2A）。

（4）接触器 KM_1、KM_2 及 KM_3　接触器 KM_1，根据主电动机 M_1 的额定电流 $I_N =$ 23.0A，控制回路电源 127V，需主触点 3 对（辅助动合触点 2 对，辅助动断触点 1 对），根据上述情况，选用 CJ0-40 型接触器，电磁线圈电压为 127V。

由于电动机 M_2 和 M_3 的额定电流很小，KM_2 和 KM_3 可选用 JZ7-44 型交流中间继电器，线圈电压为 127V，触点电流为 5A，可完全满足要求。对小容量的电动机，常用中间继电器充任接触器。

（5）控制变压器 TC　变压器最大负载时即 KM_1、KM_2 及 KM_3 同时工作之时，根据式（2-6）可得

$$P_T \geq K_T \sum P_{xc} = 1.2 \times (12 \times 2 + 33) \text{V} \cdot \text{A} = 68.4 \text{V} \cdot \text{A}$$

根据式（2-7）可得

$$P_T \geq 0.6 \sum P_{xc} + 1.5 \sum P_{sT} = 0.6 \times (12 \times 2 + 33) \text{V} \cdot \text{A} + 1.5 \times 12 \text{V} \cdot \text{A} = 52.2 \text{V} \cdot \text{A}$$

可知变压器容量应大于 68.4V·A。考虑到照明灯等其他电路容量，可选用 BK-100 型变压器或 BK-150 型变压器，电压等级：380V/127V-36V-6.3V，可满足辅助回路的各种电压需要。其他各电气元器件的选用见表 2-3。

表 2-3　CW6163 型卧式车床电气元器件表

符　号	名　称	型　号	规　格	数　量
M_1	主电动机	Y160 M-4	11kW　380V　1460r/min	1
M_2	冷却泵电动机	JCB-22	0.125kW　380V　2790r/min	1
M_3	快速移动电动机	J02-21-4	1.1kW　380V　1410r/min	1
Q_1	组合开关	HZ10-25/13	3 极　500V　25A	1
KM_1	交流接触器	CJ0-40	40A　线圈电压 127V	1
KM_2、KM_3	交流中间继电器	JZ7-44	5A　线圈电压 127V	2
KR_1	热继电器	JR0-40	额定电流 25A　整定电流 19.9A	1
KR_2	热继电器	JR10-10	热元件 1 号　整定电流 0.43A	1
FU_1	熔断器	RL1-15	500V　熔体 10A	3
FU_2、FU_3	熔断器	RL1-15	500V　熔体 2A	2
TC	控制变压器	BK-100	100V·A　380V/127V-36V-6.3V	1
SB_3、SB_4、SB_6	控制按钮	LA10	黑色	3
SB_1、SB_2、SB_5	控制按钮	LA10	红色	3
SB_7	控制按钮	LA9		1
EL_1、EL_2	指示信号灯	ZSD-0	6.3V　绿色 1　红色 1	2
A	交流电流表	62T2	0~50A　直接接入	1

4. 制定电气元器件明细表

电气元器件明细表要注明各元器件的型号、规格及数量等，见表 2-3。

5. 绘制电气安装接线图

机床的电气接线图是根据电气原理图及各电气设备安装的布置图来绘制的。安装电气设备或检查电路故障都要依据电气接线图。接线图要表示出各电气元器件的相对位置及各元器件的相互接线关系，因此要求接线图中各电气元器件的相对位置与实际安装位置一致，并且同一个电器的元器件画在一起。还要求各电气元器件的文字符号与原理图一

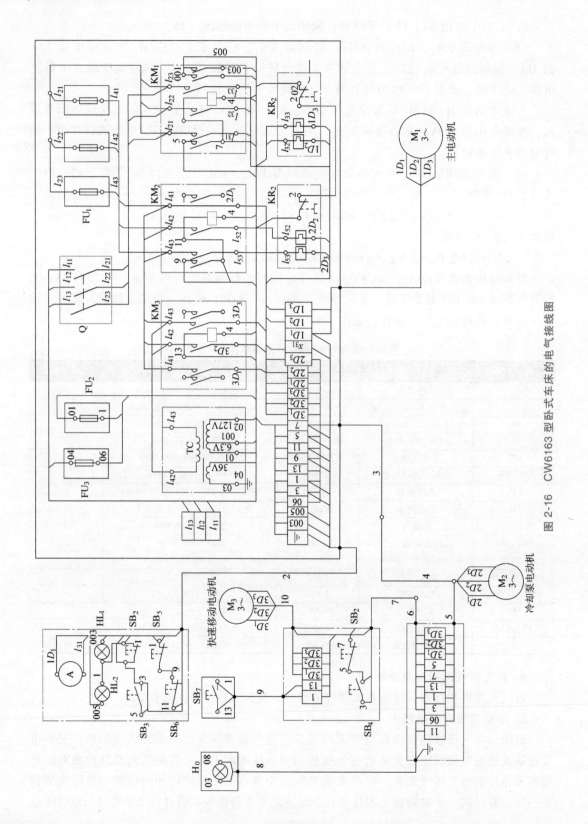

图 2-16 CW6163 型卧式车床的电气接线图

致。各部分电路之间接线和对外部接线一般应通过端子板进行，而且应该注明外部接线的去向。

为了看图方便，对导线走向一致的多根导线可合并画成单线，在元器件的接线端标明接线的编号和去向。

接线图还应标明接线用导线的种类和规格，以及穿管的管子型号及规格尺寸。成束的接线应说明接线根数及其接线号，图 2-16 所示为 CW6163 卧式车床电气接线图。

思考与练习

2-1 机床电气设计应包括哪些内容？

2-2 简化图 2-17 所示各电路图。

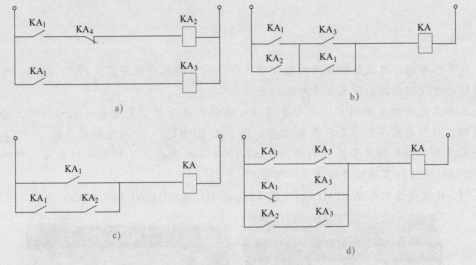

图 2-17 触点未简化的电路图

2-3 拟用按钮、接触器操纵异步电动机起停，并需设有过载与短路保护。某异步电动机额定功率为 5.5kW，额定电压为 380V，额定电流为 11.25A，起动电流为额定电流的 7 倍。试选择接触器、熔断器、热继电器及电源开关。

2-4 保护一般照明电路的熔体额定电流应如何选择？保护单台电动机和多台电动机的熔体额定电流如何选定？

2-5 已知电动机为笼型电动机，额定电压为 380V，其他参数列于下表中，试选择控制电路中的接触器、热继电器、熔断器及电源开关（控制电源可采用 380V 电源）。

电动机功率/kW	3	4	7.5	10	13
额定电流/A	6.47	8.05	41.8	19.7	25.5
接触器型号					
熔断器熔体额定电流/A					
热继电器型号					
电源开关型号					

第 3 章
PLC 的结构与工作原理

计算机技术与电气控制技术的结合催生了现代可编程序控制器（PLC）技术，它的出现为传统电气控制技术带来了革命性的进步。

本章首先对 PLC 的结构、工作原理以及编程方法等做了宽泛意义上的综述，并以此为基础，对当前应用广泛且有代表性的小型 PLC CPM1A（欧姆龙公司产品）、FX$_{2N}$（三菱公司产品）和应用前景良好的西门子 S7-1200 系列产品做了较深入的介绍。对西门子 TIA 博途软件进行了简述并给出了应用实例。

图 3-0 所示为欧姆龙 CPM1A、三菱 FX$_{2N}$-64MR 及 S7-1200 系列 PLC 实物图。

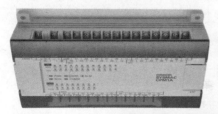

图 3-0　CPM1A、FX$_{2N}$-64MR 及 S7-1200 系列 PLC 实物图

扫描下方二维码观看知识拓展视频。

信物百年
第一辆红旗轿车车牌

信物百年
第一代国产军用
越野指挥车

信物百年
延安250型越野汽车

3.1 PLC 的基本构成与工作方式

3.1.1 PLC 的基本结构

PLC 的组成框图如图 3-1 所示，各部分结构及作用如下。

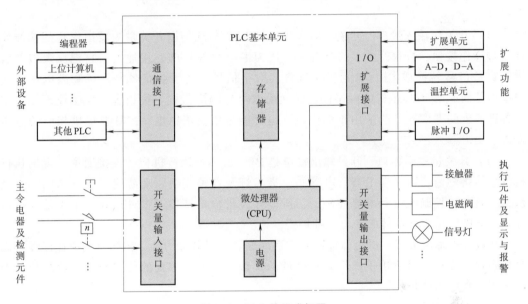

图 3-1 PLC 的组成框图

1. 微处理器（CPU）

PLC 中所采用的 CPU 随机型不同而有所不同。有的机型中还采用多处理器结构，分别承担不同信息的处理工作，以提高实时控制能力。

CPU 是 PLC 的核心部件，是 PLC 的运算、控制中心，用来实现逻辑运算、算术运算并对整机进行协调控制，依据系统程序赋予的功能完成以下任务：在编程时接收并存储从编程器输入进来的用户程序和数据，或者对程序、数据进行修改、更新；进入运行状态后，CPU 以扫描方式接收用户现场输入装置的状态和数据并存入输入状态表和数据寄存器中，形成所谓现场输入的"内存映像"；从存储器逐条读取用户程序，经命令解释后，按指令规定的功能产生有关的控制信号，开启或关闭相应的控制门电路，分时、分路完成数据的存取、传送、组合、比较、变换等操作，完成用户程序中规定的各种逻辑或算术运算等任务，根据运算结果更新有关标志位的状态和输出映像存储器等内容；再由输出状态表的位状态或数据寄存器的有关内容实现输出控制、数据通信等功能；同时，在每个工作循环中还要对 PLC 进行自诊断，若无故障继续进行工作，否则保留现场状态，关闭全部输出通道后停止运行，等待处理，避免故障扩散造成大的事故。

2. 存储器

PLC 中的存储器主要用来存放 PLC 的系统程序、用户程序以及工作数据。常用的存储器有 ROM、EPROM、EEPROM、快闪内存、RAM 等几种类型，不同型号的 PLC 所配置的存储器类型也不相同。

3. 现场信号的输入/输出接口

PLC 与被控对象的联系是通过各种输入/输出接口单元实现的。尽管被控对象可能是具备各种各样信息的生产过程，但人们最终都可以利用技术手段把各种信息转变成模拟信号、开关量信号以及数字量信号的形式，PLC 只要具备处理这 3 种形式的信号的能力即可。

（1）开关量输入接口　开关量输入接口是 PLC 与现场以开关量为输出形式的检测元件（如操作按钮、行程开关、接近开关、压力继电器等）的连接通道，它把反映生产过程的有关信号转换成 CPU 单元所能接收的数字信号。为了防止各种干扰和高电压窜入 PLC 内部而影响 PLC 工作的可靠性，必须采取电气隔离与抗干扰措施。在工业现场，出于各种原因的考虑，可能采用直流供电，也可能采用交流供电，PLC 要提供相应的直流输入、交流输入接口。

（2）开关量输出接口　开量输出接口是 PLC 与现场执行机构的连接通道。现场执行机构包括接触器、固态继电器、电磁阀、指示灯及各种变换驱动装置，有直流的、有交流的、有电压控制的也有电流控制的，所以开关量输出接口有多种形式，主要是继电器输出、晶闸管输出和晶体管输出 3 种形式。

比较 3 种输出方式，继电器输出方式适应面宽、过载能力强，但输出响应速度慢，而且接点存在损耗，只适用于操作频率较低的负载；后两种方式的优点是响应速度快，理论上不存在电寿命损耗。

4. I/O 扩展接口

I/O 扩展接口用于扩展 PLC 的功能和规模。

因为被控制对象的广泛性和多样性，虽然一般场合主要是开关量的输入与输出，但也常常出现需要处理特殊变量的情况，比如 A-D 转换、D-A 转换、温度采样与控制、PID 调节单元、高精度定位控制等。PLC 的生产厂家设计了许多可满足各种专门用途的专用 I/O 模块，可供用户选用，通过 I/O 扩展接口与 PLC 连接，形成一个完整的控制系统（特别是对于箱式结构 PLC）。这样就可以使用户节省不必要的开支，PLC 控制系统可以做得更具灵活性。

对于箱式结构的 PLC，当其基本单元的 I/O 接口总数不能满足需要时，就需要通过 I/O 扩展接口连接扩展单元以扩充 I/O 点数。

5. 通信接口

通信接口一般是为了实现与下列一些外部设备通信需要而设计的：编程器、通用计算机、PLC 间通信、打印机以及磁带机等其他外设。

6. 电源

PLC 的工作电源有的采用交流供电，有的采用直流供电，用户可以视需要从中选择。交流供电一般采用单相交流 220V，直流供电一般采用 24V。为了降低供电电源的质量对

PLC 工作造成的影响，PLC 的电源模块都具有很强的抗干扰能力，例如，额定工作电压为交流 220V 时，有的 PLC 允许供电电压波动范围达 140~250V。有些 PLC 的电源部分还提供 DC 24V 输出，可用于对外部传感器供电。

3.1.2 PLC 的工作方式

1. 扫描工作方式

扫描是一种形象化的术语，用来描述 PLC 内部 CPU 的工作过程。所谓扫描，就是依次对各种规定的操作项目进行访问和处理。PLC 运行时，用户程序中有许多操作需要去执行，但一个 CPU 每一时刻只能执行一个操作而不能同时执行多个操作，因此 CPU 按程序规定的顺序依次执行各个操作。这种多个作业依次按顺序处理的工作方式被称为扫描工作方式。这种扫描是周而复始、无限循环的，每扫描一次所用的时间称为扫描周期。

顺序扫描的工作方式是 PLC 的基本工作方式。这种工作方式会对系统的实时响应产生一定滞后的影响。有的 PLC 为了满足某些对响应速度有特殊需要的场合，特别指定了特定的输入/输出端口以中断的方式工作，大大提高了 PLC 的实时控制能力。

2. PLC 的工作过程

PLC 在扫描过程中要进行 4 个方面的工作：以故障诊断和处理为主的公共操作，处理工业现场数据的 I/O 操作，执行用户程序和外设服务操作。

不同型号 PLC 的扫描工作方式有所差异，典型的扫描工作流程如图 3-2 所示。

（1）公共操作 公共操作是每次扫描前的再一次自检，若发现故障，除了显示灯亮，还要判断故障性质：一般性故障只报警不停机，如后备电池电压过低，可在规定时间内处理即可；对于严重故障，则停止运行用户程序，此时 PLC 使全部输出为 OFF 状态。

（2）I/O 操作 I/O 操作又称为 I/O 状态刷新。它包括两种操作：一是采样输入信号，二是输出处理结果。

在 PLC 的存储器中，有一个专门的 I/O 数据区，其中，对应于输入端子的数据区称为输入映像存储器，对应于输出端子的数据区称为输出映像存储器。当 CPU 采样时，输入信号由缓冲区进入映像区。只有在采样时刻，输入映像存储器中的内容才与输入端子的状态一致；其他时间范围内输入端子状态的变化是不会影响输入映像存储器中内容的。由于 PLC 的扫描周期一般只有十几毫秒，所以两次采样间隔很短，对一般开关量来说，可以忽略因间断采样引起的误差，即认为输入信号一旦变化，就能立即反映到输入映像存储器内。

在输出阶段，将输出映像数据区的内容送到输出锁存器中，而后者直接与输出端子相连。这步操作称为输出状态刷新，刷新后的输出状态，要保持到下次刷新为止。同样，对于以开关量为主的控制过程来说，因为两次刷新的时间间隔一般才十几毫秒，相对小于输出电路的惯性时间常数，可以认为输出信号是即时的。

（3）执行用户程序 这里又包括监视与执行两部分：

1）监视定时器 T1。图 3-2 中的监视定时器 T1 就是通常所说的"看门狗"（WaT/Ch-Dog Timer，WDT），它被用来监视程序执行是否正常。正常时，执行完用户程序所用的时

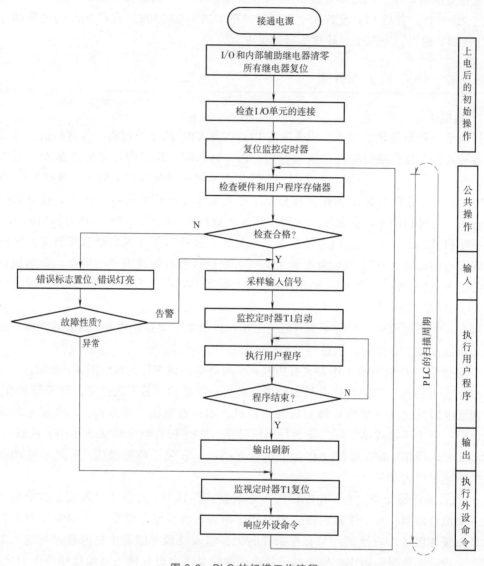

图 3-2 PLC 的扫描工作流程

间不会超过 T1 的设定值（T1 的设定值通常是可编程的）。执行程序时启动计时，执行完用户程序后立即令 T1 复位，表示程序执行正常。当程序执行过程中因为某种干扰使扫描失去控制或进入死循环，则 WDT 会发出超时报警信号，如果是偶然因素造成超时，重新扫描程序不会再遇到"偶然干扰"，系统便转入正常运行；若出现不可恢复的确定性故障，则系统会自动地停止执行用户程序、切断外部负载、发出故障信号、等待处理。

2）执行用户程序。用户程序是放在用户程序存储器中的，扫描时，按顺序从零号地址的首条指令开始直到 END 指令，逐条解释和执行用户程序指令。在执行指令时，CPU从输入映像存储器和其他元件映像存储器中读出有关元件的通/断状态，根据用户程序进行逻辑运算，运算结果再存入有关的元件映像存储器中。在一个扫描周期内，除输入继电器外，其他元件映像存储器中所存的内容会随程序的执行进程而变化。

（4）执行外设指令　每次执行完用户程序后，如果外部设备有中断请求，PLC就进入服务外部设备命令的操作。如果没有外部设备命令，则系统会自动进行循环扫描。

从PLC的工作过程，可以得出以下几个重要的结论：

1）因以扫描的方式执行操作，所以其输入/输出信号间的逻辑关系存在着滞后，扫描周期越长，滞后就越严重。

2）扫描周期除了执行用户程序所占用的时间外，还包括系统管理操作占用的时间，前者与程序的长短及其指令操作的复杂程度有关，后者基本不变。

3）第 n 次扫描执行程序时，所依据的输入数据是该次扫描之前的输入采样值 X_n；所依据的输出数据既有本次扫描前的值 Y_{n-1}，也有本次解算结果 Y'_n。送往输出端子的信号，是本次执行完全部运算后的最终结果 Y_n。执行运算过程中并不输出，因为前面的某些结果可能被后面的计算操作否定（在同一周期中）。

4）如果考虑到I/O硬件电路的延时，PLC响应滞后比扫描原理滞后更大。PLC的I/O端子上的信号关系，只有在稳态时（ON或OFF状态保持不变）才与设计要求一致。

5）输入/输出响应滞后不仅与扫描方式和电路惯性有关，还与程序设计安排顺序（程序中指令的安排顺序）有关。

PLC按扫描的方式执行程序是主要的，也是最基本的工作方式。这种工作速度不仅适应于工业生产中80%以上的控制设备要求，就是在具有快速处理能力的高性能PLC中，其主程序也是以扫描方式执行的。

3.1.3　PLC的编程设备

PLC的程序输入通过手持编程器、专用编程器或计算机完成。手持编程器体积小、携带方便，在现场调试时更显其优越性，但在程序输入或阅读理解分析时，比较繁琐。专用编程器功能强、可视化程度高、使用方便，但其价格高、通用性差。近年来，计算机技术发展迅速，利用计算机进行PLC的编程、通信更具优势，计算机除了可进行PLC的编程外，还可作为一般计算机使用，兼容性好、利用率高。因此，采用计算机进行PLC的编程已成为一种趋势，几乎所有生产PLC的企业，都研究开发了PLC的编程软件和专用通信模块。

3.2　PLC的编程元件与编程语言

3.2.1　PLC的编程元件及存储区域的分配

PLC的产生是为了取代传统的继电器控制系统。为便于工程技术人员理解和掌握PLC的使用，PLC的内部资源采用了虚拟继电器的命名方法，使传统的电气控制概念与现代科技成果紧密地融合在一起。应该指出，在PLC中使用虚拟继电器的概念完全是为了站在传统继电器控制系统的理念之上应用PLC。PLC中所提到的各种继电器都是虚拟的，并无物理实体与之对应，因此也就不存在相应的电气参数。实际上，PLC 所提供的各种继电器功能是由其操作系统在内部存储单元上实现的，所以又称为软元件或编程元件。由于是用计算机技术来实现的，所以与传统的继电器类型相比，PLC 内提供的继电器带有鲜明的计算机技术特点，例如，PLC 中的内部辅助继电器、暂存继电器、链接继电器等都是传统继电器控制系统中所没有的。

PLC 中的每一类继电器都对应着相应的一部分存储区域，分配给一定的地址编号。不同公司生产的不同类型的 PLC，其内部继电器类型的设置及其编号方法不尽相同，但基本思路是相似的。对于任何一种型号的 PLC，清楚其编程元件及其存储区域的分配是应用的基础，因为指令的操作对象一般都是编程元件。

3.2.2 PLC 的编程语言

一个 PLC 所具有的指令集合称为该 PLC 的指令系统。指令的多少，代表着 PLC 的功能和性能。一般来讲，功能强、性能好的 PLC，其指令系统必然丰富。我们在编程之前必须弄清楚 PLC 的指令系统。

早期的 PLC 是完全封闭的，由各个制造商自己生产组件和设计开发编程软件，没有一种对各厂家产品都能兼容的编程语言。编程软件互不通用，使用户每采用一种产品时就要重新学习相应的编程方法，极为不便。国际电工委员会（International Electro-technical Commission, IEC）于 1993 年正式颁布了 PLC 的国际标准——IEC 1131（后来改称 IEC 61131），其中的第三部分（IEC 61131-3）关于编程语言的标准，将现代软件的概念和现代软件工程的机制与传统的 PLC 编程语言相结合，规范了 PLC 的编程语言及其基本元素，弥补或克服了传统的 PLC 控制系统的弱点（如开放性差、兼容性差、应用软件可维护性差以及可再用性差等）。这一标准为 PLC 软件技术的发展，乃至整个工业控制软件技术的发展，起到了举足轻重的推动作用。编程语言的标准化为 PLC 走向开放式系统奠定了坚实的基础，它是全世界控制工业第一次制定的有关数字控制软件技术的编程语言标准，它在工业控制领域的影响已越出 PLC 的界限，成为 DCS、PC 控制、运动控制及 SCADA 的编程系统事实上的标准。对于符合这一标准的控制器，即使它们由不同制造商生产，其编程语言也是相同的，其使用方法也是类似的，因此，工程师们可以做到"一次学习、到处使用"，从而减少了企业在人员培训、技术咨询、系统调试和软件维护等方面的成本。

IEC 61131-3 中规定了控制逻辑编程中的语法、语义和显示，然后从现有编程语言中挑选了 5 种，并对其进行了部分修改，使其成为目前通用的语言。在这 5 种语言中，有 3 种是图形化语言，2 种是文本化语言。图形化语言有梯形图（Ladder Diagram, LD）、顺序功能图（Sequential Function Chart, SFC）、功能块图（Function Block Diagram, FBD），文本化语言有指令表（Instruction List, IL）和结构文本（Structured Text, ST）。IEC 并不要求每种产品都能运行这 5 种语言，可以只运行其中的一种或几种，但均必须符合标准。在实际组态时，可以在同一项目中运用多种编程语言，相互嵌套，以供用户选择最简单的方式生成控制策略。以下只介绍梯形图和指令表。

3.2.3 梯形图语言

梯形图是 IEC 61131-3 的三种图形化编程语言中的一种，它可被用来描述功能、功能块和程序（即程序组织单元）的行为，也可用来描述顺序功能图中的行为和转移。

梯形图在形式上类似于继电器控制电路图，简单、直观、易读、好懂，是 PLC 中普遍采用、应用最多的一种编程语言。梯形图中沿用了继电器电路的一些图形符号，这些图形符号被称为编程元件，每一个编程元件对应一个编号。不同厂家的 PLC 编程元件的多少、符号和编号方法不尽相同，但基本的元件及功能相差不大。对于同一控制功能，继电控制原理图和梯形图的输入/输出信号基本相同，控制过程等效，但是又有本质的区别：继电控制原理图使用的是硬件继电器和定时器等，靠硬件连接组成控制电路；而 PLC 梯形图使用的是内部软继电器、定时器等，靠软件实现控制，因此 PLC 的使用具有更高的灵活性，修改控制过程非常方便。

如图 3-3 所示，梯形图有如下特点：

1）梯形图按行从上至下，每行从左到右的顺序编写。

2）梯形图左、右边垂直线称为母线（右母线可省略）。以左母线为起点，可分行向右放置接点或其逻辑组合。梯形图接点有两种，常开接点和常闭接点。这些接点可以是 PLC 的输入/输出继电器接点或内部继电器接点，也可以是其他各种编程元件的接点。

3）梯形图的最右侧（紧靠右母线）必须放置输出元素。PLC 的输出元素用圆圈或矩形框表示：圆圈可以表示内部继电器、输出继电器线圈等；而矩形框一般表示定时/计数器的逻辑运算结果。输出元素的逻辑动作只有在线圈接通后，对应的接点才动作。

4）梯形图中的接点可以任意串并联，而输出线圈只能并联不能串联。

5）输出线圈只对应输出映像存储器相应位，不能直接驱动现场设备，该位的状态只有在程序执行周期结束后，才对输出刷新。刷新后的控制信号经 I/O 接口对应的输出模块驱动负载工作。

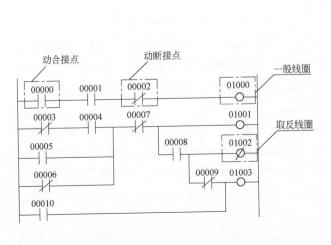

a)

地址	指令	操作数
00001	LD	00000
00002	AND	00001
00003	AND NOT	00002
00004	OUT	01000
00005	LD NOT	00003
00006	AND	00004
00007	OR	00005
00008	OR NOT	00006
00009	AND NOT	00007
00010	OUT	01001
00011	AND	00008
00012	OUT NOT	01002
00013	AND NOT	00009
00014	OR	00010
00015	OUT	01003

b)

图 3-3 OMRON PLC 梯形图程序示例

1. IEC 61131-3 中梯形图的图形符号

IEC 61131-3 中的梯形图语言是对各 PLC 厂家的梯形图语言合理地吸收、借鉴，语言中的各图形符号与各 PLC 厂家的基本一致。IEC 61131-3 中梯形图的图形符号主要包括以下几种。

（1）接点类　常开接点、常闭接点、正转换读出接点、负转换读出接点。

（2）线圈类　一般线圈、取反线圈、置位（锁存）线圈、复位（去锁）线圈、保持线圈、置位保持线圈、复位保持线圈、正转换读出线圈、负转换读出线圈。

（3）功能和功能块　包括标准的功能和功能块，以及用户自己定义的功能块。

部分图形符号如图 3-3a 所示。

2. IEC 61131-3 中梯形图的编程

（1）在梯形图中连接功能块　功能块能被连接在梯形图的梯级中，每一功能块有相应的布尔输入量和输出量。输入量可以被梯形图梯级直接驱动，输出量可以提供驱动线圈的功率流（虚拟能流）。每一个块上至少应有一个布尔输入和布尔输出以允许功率流通过这个块。功能块可以是标准库中的，也可以是自定义的。

（2）梯形图中连接功能　每一个功能有一个附加的布尔输入 EN 和布尔输出 ENO。EN 提供了流入功能的功率流信号；ENO 提供了可用来驱动其他功能和线圈的功率流。

（3）梯形图中有反馈回路　梯形图程序中可包含反馈回路，例如，在反馈回路中，一个或多个接点值被用作功能或功能块的输入的情况。

（4）梯形图中使用跳转和标注　使用梯形图的跳转功能使得梯形图程序可以从程序的一个部分跳转到由一个标识符标识的另一部分。

3. ST、FBD 及 LD 之间的可移植性

简单的主要包含"与"和"或"逻辑的梯形图程序可以与结构化文本程序转换；在大部分情况下，梯形图程序可以与功能块图程序进行转换；除简单的逻辑描述外，由结构化文本程序到梯形图程序的转换常常是不可能的。图 3-3a 和图 3-3b 可互相转化。

3.2.4　指令表（语句表）语言

IEC 61131-3 的指令表（Instruction List，IL）语言是一种低级语言，与汇编语言很相似，是在借鉴、吸收世界范围的 PLC 厂商指令表语言的基础上形成的一种标准语言，可以用来描述功能、功能块和程序的行为，还可以在顺序功能流程图中描述动作和转变的行为。

指令表语言能用于调用，如有条件和无条件地调用功能块和功能，还能执行赋值以及在区段内执行有条件或无条件的转移。指令表语言不但简单易学，而且非常容易实现，可不通过编译和连编就可以下载到 PLC。IEC 61131-3 的其他语言，如功能块图、结构化文本等都可以转换为指令表语言。

1. 指令表语言的结构

指令表语言是由一系列指令组成的语言。每条指令占一行，指令由操作符和紧随其后的操作数组成，操作数是指在 IEC 61131-3 的"公共元素"中定义的变量和常量，如

图 3-3b 所示。有些操作符可带若干个操作数，这时各个操作数用逗号隔开。指令前可加标号，后面跟冒号，在操作数之后可加注释。

指令表语言是所谓面向累加器（Accu）的语言，即每条指令使用或改变当前 Accu 内容。IEC 61131-3 将这一 Accu 标记为"结果"。通常，指令总是以操作符 LD（"装入 Accu 命令"）开始的。

2. 指令表操作符

IEC 61131-3 指令表包括三类操作符：一般操作符、运算及比较操作符、跳转及调用操作符。

（1）一般操作符 指令表的一般操作符是指在程序中经常会用到的操作符：

装入指令：LD N 等。

逻辑指令：AND N（与指令）、OR N（或指令）、XOR N（异或指令）等。

（2）运算及比较操作符 常用运算及比较操作符如下：

算术指令：ADD（加指令）、SUB（减指令）、MUL（乘指令）、DIV（除指令）、MOD（取模指令）等。

比较指令：GT（大于）、GE（大于或等于）、EQ（等于）、NE（不等于）、LE（小于或等于）、LT（小于）等。

（3）跳转及调用操作符 常用跳转及调用操作符如下：

跳转指令：JMP C，N（跳转操作符）等。

调用指令：CALL C，N（调用操作符）等。

3. 在指令表中调用功能及功能块

在 IEC 61131-3 指令表的程序中，可以直接调用功能块和功能。详细的调用可见 IEC 61131-3 标准。

4. 用指令表定义功能及功能块

指令表可用于定义功能块和功能。当用指令表定义功能时，功能的返回值是结果寄存器内的最新值；当用指令表定义功能块时，指令表引用功能块的输入参数（VAR_IN-PUT），并且把值写到输出参数（VAR_OUPUT）中。

5. 指令表与其他语言的移植性

指令表语言转换为其他语言是非常困难的，除非指令表操作符的使用范围及书写格式受到严格的限制，才有可能实现转换。IEC 61131-3 的其他语言较容易转换为指令表。

3.3 欧姆龙 C 系列 PLC 及其指令系统

OMRON 公司生产的 SYSMAC C 系列 PLC 是一种产品品种丰富、系列齐全、功能完善、能满足各种层次需求的 PLC 家族产品。由于其优良的品质、较低的价格，因此多年来受到国内用户的广泛欢迎，成为目前在国内市场上应用比较广泛的机型。下面我们对该系列产品中的一种——CPM1A 做较详细的介绍。

3.3.1 CPM1A 的特点与功能概述

（1）CPM1A 的结构 CPM1A 采用箱式结构，分为 CPU 单元（基本单元）和扩展 I/O 单元。根据 I/O 点数 CPU 单元分为 10 点、20 点、30 点和 40 点 4 种；扩展 I/O 单元为 20 点。其规格和型号见表 3-1。

表 3-1 CPU 单元和扩展 I/O 单元的规格和型号表

类型	I/O 点数		型号	
	总数	输入/输出	继电器输出型	晶体管输出型
CPU 单元	10	6/4	CPM1A-10CDR-A（AC 电源）	CPM1A-10CDT-D（NPN）
			CPM1A-10CDR-D（DC 电源）	CPM1A-10CDT1-D（PNP）
	20	12/8	CPM1A-20CDR-A（AC 电源）	CPM1A-20CDT-D（NPN）
			CPM1A-20CDR-D（DC 电源）	CPM1A-20CDT1-D（PNP）
	30	18/12	CPM1A-30CDR-A（AC 电源）	CPM1A-30CDT-D（NPN）
			CPM1A-30CDR-D（DC 电源）	CPM1A-30CDT1-D（PNP）
	40	24/16	CPM1A-40CDR-A（AC 电源）	CPM1A-40CDT-D（NPN）
			CPM1A-40CDR-D（DC 电源）	CPM1A-40CDT1-D（PNP）
扩展 I/O 单元	20	12/8	CPM1A-20EDR	CPM1A-20EDT（NPN）
				CPM1A-20EDT1（PNP）
	8	0/8	CPM1A-8ER	CPM1A-8ET（NPN）
				CPM1A-8ET1（PNP）
	8	8/0	CPM1A-8ED	

（2）易于扩充 当 I/O 点数不能满足需求时，对于 30 点和 40 点的 CPU 单元，可通过扩展 I/O 单元扩容，每台 CPU 单元最多可连接 3 台扩展 I/O 单元。

（3）输入滤波时间常数可调 为防止因输入接点抖动以及外部干扰而造成的误动作，同时又满足对响应速度的要求，输入端配备了滤波时间常数可调的滤波器，滤波时间常数可选为 1ms、2ms、4ms、8ms、16ms、32ms、64ms、128ms。

（4）维护简单 程序存储器采用快闪内存，无需电池、无需维护。

（5）外部输入中断功能 除 I/O 点数为 10 点的 CPU 单元拥有两个外，其余的 CPU 单元均有 4 个中断输入端。共有两种中断模式：输入中断模式——中断信号一产生就立即中止主程序转去执行相应的中断服务程序；计数中断模式——对外部信号进行高速计数（可达 1kHz），计数到设定值（0~65535）时产生中断，转去执行相应的中断服务程序。

（6）快速输入响应功能 可对脉宽窄到 0.2ms 的输入脉冲做出响应，无论它们出现在 PLC 扫描周期中的任何时刻。快速输入与中断输入使用相同的输入端子。

（7）间隔定时器中断功能 CPM1A 有一个高速间隔定时器，可设定 0.5~319968ms 的定时间隔。该间隔定时器可工作在单触发模式（只产生一个中断触发脉冲）和定时中断模式（以一定时间间隔重复产生中断脉冲）。

（8）高速计数器功能　有一个高速计数器，可工作在累加计数或可逆计数（加/减）模式。该高速计数器与中断输入信号配合可进行不受 PLC 扫描周期影响的目标值控制或区域比较控制。

（9）脉冲输出功能　晶体管输出的 CPM1A 可以产生 20Hz~2kHz 的单相脉冲输出。

（10）模拟设定功能　CPM1A 有两只用来对特定定时器/计数器的设定值进行手动模拟设定的电位器，旋转电位器就可将 0000~0200（BCD 码）的值送入特殊辅助继电器区域，为在现场调节指定定时器/计数器的设定值提供了方便。

（11）网络功能　CPM1A 可以实现下列组网：

1）上位链接。通过 RS-232C 或 RS-422 适配器，上位计算机可控制最多可达 32 台的 CPM1A。

2）1：1 链接。通过 RS-232C 适配器，CPM1A 之间或 CPM1A 与 OMRON 公司的其他 PLC 如 CQM1、SRM1、C200HS 等进行 1：1 链接通信。

3）NT 链接。通过 RS-232C 适配器，CPM1A 与 OMRON 公司的 PT（文本显示器）进行通信。

（12）编程工具丰富　对 CPM1A 的编程和调试，可以使用 OMRON 公司的简易编程器 CQM1-PRO01 或 C200H-PRO27，还可以使用 OMRON 公司开发的支持软件在通用计算机上来进行。

（13）扩展模块丰富　配有模拟 I/O 单元、温度控制单元、扩展存储器单元等可供用户需要时选择。

3.3.2　CPM1A 编程元件、功能及区域分配

以下是 CPM1A 的内部资源分配情况。

1. 存储区域分配

CPM1A 的编程元件及存储器区的结构见表 3-2。

表 3-2　CPM1A 的编程元件及存储器区的结构表

数据区		点数	地址区间	功　能
IR 区	输入继电器	160（10）	00000~00915	继电器号与外部的输入/输出端子相对应（没有使用的输入通道可用作内部继电器号使用）
	输出继电器	160（10）	01000~01915	
	内部辅助继电器	512（32）	20000~23115	在程序内可以自由使用的继电器
特殊辅助继电器（SR）		384（24）	23200~25507	分配有特定功能的继电器
暂存继电器（TR）		8	TR0~7	回路的分支点上暂时记忆 ON/OFF 的继电器
保持继电器（HR）		320（20）	HR0000~1915	在程序内可以自由使用且断电时也能保持断电前的 ON/OFF 状态的继电器
辅助记忆继电器（AR）		256（16）	AR0000~1515	作为动作异常、高速记数、脉冲输出动作状态标志、扫描周期存储等特定功能的辅助继电器
链接继电器（LR）		256（16）	LR0000~1515	1：1 链接的数据输入/输出用的继电器（也能用作内部辅助继电器）

（续）

数据区		点数	地址区间	功　能
定时器/计数器（T/C）		128	TIM/CNT000～127	定时器、计数器，它们的编号合用
数据存储器（DM）	可读/写	1002字	DM0000～0999 DM1022～1023	以字为单位（16位）使用，断电也能保持数据 在DM1000～1021不作故障记忆的场合可作为常规的DM使用 DM6144～6599、DM6600～6655不能用程序写入（只能用外部设备设定）
	故障履历存入区	22字	DM1000～1021	
	只读	456字	DM6144～6599	
	PLC系统设定区	56字	DM6600～6655	

从表中可以看出，CPM1A将内部存储器按功能需要划分成输入/输出/内部辅助继电器区、特殊辅助继电器区、暂存继电器区、保持继电器区、辅助记忆继电器区、链接继电器区、定时/计数器区以及数字存储区。地址一般采用通道（字）号+位号的表示方法，每个通道包含16个点。除数据存储器区可以通道为单位使用外，其余均按位来使用。

2. 各编程元件功能简介

（1）输入继电器　输入继电器可以把外部设备的信号直接取到PLC内部，反映外部输入接点的ON/OFF状态。它们的编号与接线端子的编号一致。图3-4所示为输入继电器的等效电路。当外部接点S闭合时，虚拟继电器（实际并不存在）得电，与之相应的常开/常闭接点动作。

编程时使用的是输入继电器的接点，理论上可以无限次地使用输入继电器的接点（受限于PLC的用户程序存储器的容量），这一点是物理继电器所不可比拟的，大大加强了编程的灵活性。

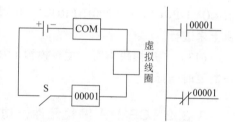

图3-4　输入继电器的等效电路

需要注意的是，输入继电器的"线圈"只能受PLC的输入端子上的外部接点信号的驱动，因此不能出现在梯形图中，也不能作为输出指令的操作对象。

（2）输出继电器　输出继电器把PLC内部程序的执行结果通过输出端子送到PLC的外部，它的编号与输出接线端子的编号一致。图3-5所示为输出继电器的等效电路。输出继电器拥有不受使用次数限制的常开/常闭接点以供内部编程时使用，这里所说的输出继电器，仍然是指建立在PLC内存区域的虚拟继电器，它反映的是程序对输出端子ON/OFF状态的控制关系。

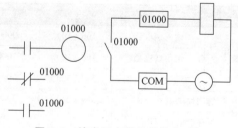

图3-5　输出继电器的等效电路

当PLC（含扩展单元）的输出点数较少时，没有端子对应的输出继电器可以作为内部辅助继电器使用。

（3）内部辅助继电器　内部辅助继电器与PLC的输入/输出端子没有直接联系，它的作用是像继电器控制系统中的中间继电器那样参与控制系统的逻辑运算，因此它的线圈只受程序控制，其接点可无限次供内部编程使用。

（4）特殊辅助继电器（SR） 特殊辅助继电器被用来监视系统的操作，暂存各种功能的设定值/现时值，产生时钟脉冲和指明错误类型等。CPM1A的几种主要的特殊辅助继电器的功能见表3-3。

表 3-3 几种主要的特殊辅助继电器的功能

通道号	继电器号	功 能
248~249	—	高速计数器的现时值区域（不使用高速计数器时，作内部辅助继电器使用）
252	00	高速计数器复位标志
	11	强制置位/复位的保持标志
253	09	扫描定时器到达时（扫描周期超过100ms）变为ON
	15	运行开始时1个扫描周期ON
254	00	1min 时钟脉冲（30s ON/30s OFF）
	01	0.02s 时钟脉冲（0.01s ON/0.01s OFF）
	07	STEP 指令中一个过程开始时仅一个扫描周期为ON的继电器
255	00	0.1s 时钟脉冲（0.05s ON/0.05s OFF）
	01	0.2s 时钟脉冲（0.1s ON/0.1s OFF）
	02	1.0s 时钟脉冲（0.5s ON/0.5s OFF）

（5）暂存继电器（TR） CPM1A提供8个暂存继电器，如果遇到复杂的梯形图电路难以用助记符描述时，暂存继电器对电路的分支点的ON/OFF状态做暂存。它只有继电器的点号，没有通道号。

（6）保持继电器（HR） 保持继电器是能在PLC电源切断或者PLC在程序运行停止时，保持原有ON/OFF状态的继电器。

（7）辅助记忆继电器（AR） 辅助记忆继电器用于记录CPM1A的某些特定运行状态，例如动作异常、高速计数、脉冲输出动作状态等。类似于保持继电器，它内部的内容也能在PLC断电、程序运行停止时保持不变。

（8）链接继电器（LR） 用多台PLC可以组成一个网络系统。当CPM1A与另外的PLC进行1对1的链接通信时，就要借助链接继电器来共享数据。当没有PLC之间的链接时，它可以用作内部辅助继电器。

（9）定时器/计数器（T/C） 定时器和计数器使用相同的编号，但每一个编号在用户程序中只能被定义一次，例如指定了TIM000，就不能再使用CNT000。

（10）数据存储区（DM） 数据存储区用于内部数据的存储和处理，并只能以16位的通道为单位来使用，其中的内容在PLC运行开始或停止时能保持不变。

3.3.3 CPM1A编程指令

CPM1A拥有丰富的各类指令可供选择使用，可满足各种情况下的需求，使得对复杂控制过程的编程变得十分容易。下面对其中最常用的部分指令进行较详细的介绍。

1. 编程指令的语句表格式

CPM1A 的编程可以采用梯形图符号或语句表。用梯形图符号编程可以获得直观、简明的且类似于电气原理图的 PLC 梯形图。使用图形编程器或在计算机中运行 OMRON 公司开发的编程支持软件，可以直接使用梯形图符号编程并输入到 PLC 中。如果要把编制好的梯形图通过简易编程器输入到 PLC，则必须把梯形图转换为助记符，助记符能提供和梯形图完全一样的信息。

指令的助记符采用如下的格式：

地址	指令	操作数

说明：地址——程序存储地址起始于 00000。每个地址包含一条指令及此指令所需的定义和操作数。地址是在编程器输入指令时自动生成的。根据地址可以方便地对程序进行查询和修改。

操作数——指令中涉及的通道号和继电器号，常用缩写词表示，它们的定义如下：

1）IR——I/O 和内部辅助继电器（IR 可以省略不写）。

2）SR——特殊辅助继电器。

3）HR——保持继电器。

4）TR——暂存继电器。

5）AR——辅助记忆继电器。

6）LR——链接继电器。

7）T/C——定时器/计数器。

8）DM——数据存储区。

9）*DM——间接指定数据存储区。

10）#——常数。

2. 基本指令介绍

（1）基本输入/输出指令　基本输入/输出指令共有 4 条，见表 3-4。

表 3-4　基本输入/输出指令表

梯形图符号	助记符		功　　能
	指令	操作数	
⊢├┤⊢	LD	IR；HR；AR；LR；T/C；TR0~7(TR 只能用于 LD)	逻辑开始时使用
⊢├/┤⊢	LD NOT		逻辑反相开始时使用
─○─	OUT	IR；HR；AR；LR；TR0~7（TR 只能用于 OUT，输入继电器不能用 OUT）	将逻辑运算结果送输出继电器
─⊘─	OUT NOT		将逻辑运算结果反相送输出继电器

在梯形图中，任一逻辑块的第一条指令是 LD 或 LD NOT，前者用于常开接点，后者用于常闭接点。OUT 和 OUT NOT 是线圈驱动指令，用 OUT 指令时，当执行条件为 ON 时，线圈状态为 ON（通电）；当执行条件为 OFF 时，线圈状态为 OFF（断电）；而用 OUT NOT 指令时，同样执行条件下线圈的状态与前述正好相反。

图 3-6 所示为基本输入/输出指令的应用。

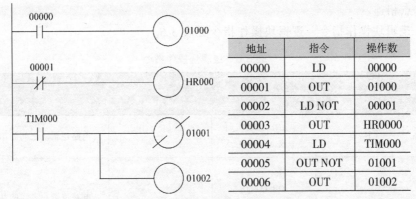

地址	指令	操作数
00000	LD	00000
00001	OUT	01000
00002	LD NOT	00001
00003	OUT	HR0000
00004	LD	TIM000
00005	OUT NOT	01001
00006	OUT	01002

图 3-6 基本输入/输出指令的应用

注意：

1）在梯形图中，信号的流动方向是从左到右的，最后到达继电器线圈，也就是说，继电器线圈的右端不能画有接点。另外，继电器线圈的左端也不能直接连到母线上，如确实需要某继器线圈常接通，可利用一个在程序中没被使用的内部辅助继电器的常闭接点或特殊辅助继电器 25313（程序运行就 ON）的常开接点实现虚拟的短路连接。

2）不同输出指令 OUT（或 OUT NOT）的操作数不能相同，即在一个程序中一个线圈编号只能使用一次。

（2）逻辑与/或指令 逻辑与/或指令见表 3-5。

表 3-5 逻辑与/或指令

梯形图符号	助记符		功　能
	指令	操作数	
----┤├----	AND	IR；SR；HR；AR；LR；T/C	串联单个常开接点
----┤╱├----	AND NOT		串联单个常闭接点
----┤├----	OR		并联单个常开接点
----┤╱├----	OR NOT		并联单个常闭接点

几点说明：

1）AND/AND NOT 指令用于单个接点的串联连接，该指令可以连续使用，不限制串联接点的数目。

2）在 OUT 指令后，通过串联接点再对其他线圈使用 OUT 指令称为连续输出。连续输出的次数不受限制。

3）OR/OR NOT 指令用于单个接点的并联连接，该指令可以连续使用，不限制并联接点的数目。

4）OR/OR NOT 指令是将要并联的接点的左端与电路逻辑块（由 LD/LD NOT 指令产生）左端点相连。

（3）逻辑块操作指令　逻辑块操作指令见表 3-6。

表 3-6　逻辑块操作指令

梯形图符号	助记符		功　　能
	指令	操作数	
A　B	AND LOAD 或 AND LD	—	电路逻辑块之间的串联
A / B	OR LOAD 或 OR LD	—	电路逻辑块之间的并联

图 3-7 中的梯形图 a 可以等效变换为梯形图 c，梯形图 c 中等效接点 A（或 B）的状态由若干个接点状态的逻辑组合决定，称之为电路逻辑块。电路逻辑块的左端点由指令 LD 或 LD NOT 产生。指令 AND LD 用于将两个电路逻辑块进行串联连接。

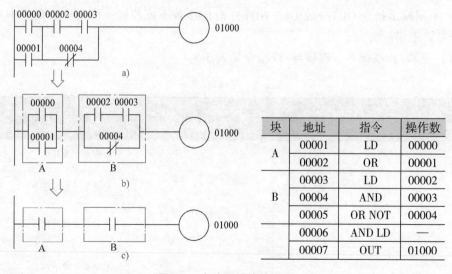

块	地址	指令	操作数
A	00001	LD	00000
	00002	OR	00001
B	00003	LD	00002
	00004	AND	00003
	00005	OR NOT	00004
	00006	AND LD	—
	00007	OUT	01000

图 3-7　电路逻辑块的串联

使用 AND LD 时应注意：

1）AND LD 指令中没有操作数。

2）AND LD 指令可连续使用，也可分散使用，但连续使用的次数不能超过 8 次，分散使用的次数则无限制。

电路逻辑块还可进行并联，此时就要使用电路逻辑块并联指令 OR LD，如图 3-8 所示。

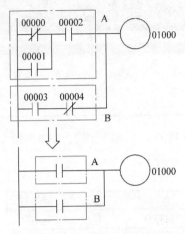

块	地址	指令	操作数
A	00000	LD NOT	00000
	00001	OR	00001
	00002	AND	00002
B	00003	LD	00003
	00004	AND NOT	00004
	00005	OR LD	—
	00006	OUT	01000

图 3-8 OR LD 的应用

同指令 AND LD 类似，指令 OR LD 也没有操作数，连续使用的次数也不得超过 8 次。

（4）置位/复位指令 置位/复位指令见表 3-7。

表 3-7 置位/复位指令

梯形图符号	助记符		功　能
	指令	操作数	
SET B	SET	B：IR、SR、AR、HR、LR	使指定继电器 ON
RSET B	RSET		使指定继电器 OFF

用法说明：

1）SET 和 RSET 指令要成对使用，它们在程序中的位置和顺序并无特殊要求。

2）SET、RSET 指令适用于短信号操作，当两者的执行条件同时有效时，RSET 指令优先。SET、RSET 指令应用实例及时序图如图 3-9 所示。

（5）保持指令 保持指令只有一条，见表 3-8。

用法说明：

1）KEEP 的动作就像一个由 S 置位、R

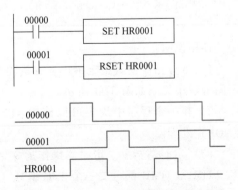

图 3-9 SET、RSET 指令应用实例及时序图

复位的锁存继电器。当 S 端执行条件为 ON 时，B 指定的继电器为 ON；当 R 端执行条件为 ON 时，B 指定的继电器为 OFF；当 S 端和 R 端的输入同时为 ON 时，R 端优先。

表 3-8 保持指令

梯形图符号	助记符		功　能
	指令	操作数	
S — KEEP B — R	KEEP	B：IR、SR、AR、HR、LR	使指定继电器置"1"或置"0"

2）编写程序时，置位条件在前，复位条件在后，最后编写 KEEP 指令，如图 3-10 所示。

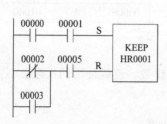

地址	指令	操作数
00000	LD	00000
00001	AND	00001
00002	LD NOT	00002
00003	OR	00003
00004	AND	00005
00005	KEEP	HR0001

图 3-10　KEEP 指令编程

（6）微分指令　微分指令见表 3-9。

表 3-9　微分指令

梯形图符号	助记符		功　能
	指令	操作数	
DIFU B	DIFU	B：IR、S、AR、HR、LR	检测到输入为 OFF→ON（上升沿）跳变信号时，使指定继电器 B ON 一个扫描周期
DIFD B	DIFD		检测到输入为 ON→OFF（下降沿）跳变信号时，使指定继电器 B ON 一个扫描周期

使用说明：

1）微分指令使其指定继电器在满足执行条件时只持续 ON 一个扫描周期。输入、输出间的时序关系如图 3-11 所示。

2）在一个程序中最多可以使用 512 对 DIFU 和 DIFD，超出的将被作为空操作指令（NOP）处理。

（7）定时器指令　定时器操作指令见表 3-10。

TIM 和 TIMH 都需要一个 T/C 编号（N）和一个设定值（SV）。任意一个 T/C 编号只能定义一次。设定值（SV）应是 000.0~999.9 之间的四位 BCD 码（小数点不必输入），

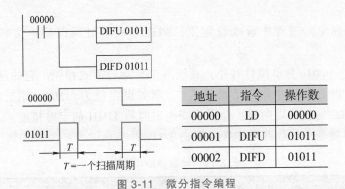

图 3-11 微分指令编程

表 3-10 定时器操作指令

梯形图符号	助记符		功 能
	指令	操作数	
TIM N SV	TIM	N：TC 号（000～127） SV：设定值（字，BCD） IR、SR、AR、HR、LR、DM、#	通电延时定时器，设定时间 0～999.9s（以 0.1s 为单位）
TIMH N SV	TIMH		通电延时高速定时器，设定时间 0～99.99s（以 0.01s 为单位）

可以用常数（#立即数）给出，也可以是 IR、SR 等通道中的数据。当定时器的执行条件为 OFF 时，它被复位到设定值；当执行条件为 ON 时，定时器启动，从设定值以定时单位为步长做递减计数，直到定时时间到，输出为 ON。图 3-12 所示是定时器的应用实例。

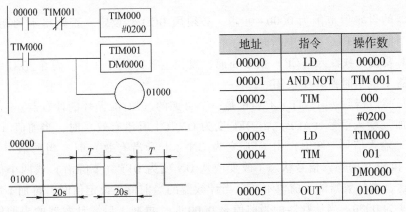

地址	指令	操作数
00000	LD	00000
00001	AND NOT	TIM 001
00002	TIM	000
		#0200
00003	LD	TIM000
00004	TIM	001
		DM0000
00005	OUT	01000

图 3-12 定时器应用实例

图 3-12 中利用两个定时器 TIM000 和 TIM001 组成可控振荡器，门控信号由接点 00000 发出，从 01000 得到振荡器输出。接点 00000 ON 后，振荡器波形的波谷宽度（01000 OFF 时间）为 TIM000 的设定值 20s，而波峰宽度 T 可变，因为它由 TIM001 的设定值决定，而 TIM001 的设定值取自数据存储器 DM0000，改变 DM0000 中的数值就调节

了波峰宽度 T。

注意：如果在定时过程中改变设定值，则在上次定时到以后才按新的设定值开始定时。

TIMH 除了以 0.01s 为单位计时外，其他与 TIM 运行方式相同。它的设定值（SV）范围是 00.00~99.99 之间（小数点不必输入）。例如设定值为#1503，则定时值为 15.03s。当设定值小于 PLC 的扫描周期时，会影响高速定时器 TIMH 的定时精度。

（8）计数器指令　计数器操作指令见表 3-11。

表 3-11　计数器操作指令

梯形图符号	助记符		功　能
	指令	操作数	
CP ─ CNT N SV ─ R	CNT	N:T/C 号（000~127） SV:设定值（字,BCD） IR、SR、AR、HR、LR、DM、#	减法计数器,设定值（SV）0~9999 次
ACP ─ CNTR N SV SCP ─ R	CNTR		可逆（加、减）计数器,设定值（SV）0~9999 次

1）减法计数器——CNT：CNT 是边沿触发递减计数器。每当计数输入信号（CP）由 OFF 变为 ON（上升沿有效）时，它的当前计数值（PV）就减 1。当计数器的当前计数值减为 0000 时，计数器为 ON。当复位端（R）为 ON 时，将计数器复位为 OFF，并恢复计数器的设定值（SV）到当前计数值（PV）中。复位信号的优先权高于计数输入信号。

计数器的设定值范围为 0000~9999，必须用 BCD 码设定，否则得不到期望的结果。计数器的当前值在 PLC 电源中断时保持不变。

编程时要使计数输入（CP）信号在前，复位（R）信号在后。每个 T/C 编号只能在一个计数器（或定时器）中使用。

2）可逆计数器——CNTR：CNTR 是一个可逆的、加/减循环的计数器。

当"加"输入信号（ACP）由 OFF 变为 ON（上升沿有效）时，当前值（PV）加 1；而当"减"输入信号（SCP）由 OFF 变为 ON（上升沿有效）时，当前值（PV）减 1。如果 ACP 和 SCP 的输入信号状态不改变或从 ON 变为 OFF（下降沿）或两个信号的上升沿同时到达，则计数器的当前值不变。当计数器的当前值是设定值时，再加 1 后，计数器的当前值变为 0000；当计数器的当前值是 0000 时，再减 1 后，计数器的当前值就变为设定值。

当复位信号（R）是 ON 时，当前值（PV）变为 0000 并且不再接收输入信号。图 3-13 中给出了应用 CNTR 的梯形图、编程方法和信号时序关系。注意：当可逆计数器的当前值（PV）由设定值变为 0000 或由 0000 变到设定值时，其输出为 ON。

（9）联锁/联锁清除指令　联锁/联锁清除指令见表 3-12。

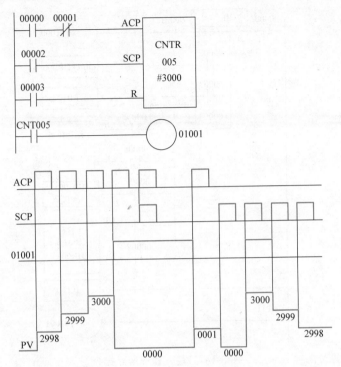

图 3-13　可逆计数器的应用

表 3-12　联锁/联锁清除指令

梯形图符号	助记符		功　能
	指令	操作数	
IL	IL	—	联锁开始
ILC	ILC		联锁结束

联锁指令（IL）要和联锁清除指令（ILC）一起使用，它们的作用是在梯形图中引导和结束分支，如图 3-14 所示。

使用 IL/ILC 指令时要注意以下几点：

1) 一个 ILC 指令前必须有至少一个以上的 IL 指令，即可以采用组合形式（"IL—IL…—IL—ILC"），但不许把 IL/ILC 嵌套起来（"IL—IL—ILC—ILC"）使用。

2) 当 IL 的执行条件为 ON（即从 IL 到左母线之间接点的逻辑组合为逻辑"1"）时，它后面的各元件状态由各自相应的执行条件决定。

3) 当 IL 的执行条件为 OFF 时，那么 IL—ILC 间的那一部分程序就不执行，这部分程序中的元件状态按表 3-13 所示操作。

注意：多分支回路的梯形图，如不能使用 IL/ILC 编程时，要使用暂存继电器（TR）。暂存继电器（TR）用来记忆多分支回路分支点的状态。共有 8 个暂存继电器，编号为

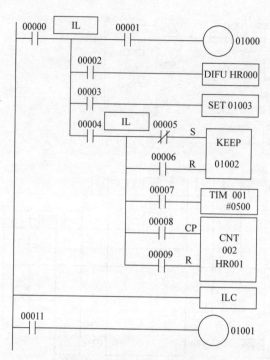

图 3-14 联锁/联锁清除指令

表 3-13 IL/ILC 指令使用时有关编程元件的状态

指　令	操　作
OUT、OUT NOT	指定的继电器转为 OFF
TIM、TIMH	复位
CNT、CNTR	保持当前值
KEEP	状态保持
DIFU、DIFD	不执行
所有其他指令	指令不执行,所有作为操作数写进指令的 IR、AR、LR、HR 和 SR 置为 OFF

TR0～TR7。在全部程序中，暂存继电器可以多次使用；但在同一程序段中，不能重复使用同一个暂存继电器。因此，一程序段中最多只能有 8 个使用 TR 暂存的分支点。TR 不是独立的编程指令，它必须和 LD 或 OUT 等指令一起使用。应该指出，通过重新构造梯形图常常可以减少程序所用的指令数，避免使用 TR，使程序变得更易理解，两者比较，应尽量使用 IL/ILC 指令而少用暂存继电器，因为后一种方法需使用 LD TR 指令，占用较多的存储地址，程序不简练。

（10）跳转/跳转结束指令　跳转/跳转结束指令见表 3-14，应用如图 3-15 所示。

JMP 要与 JME 联合使用以产生跳转。当 JMP 的执行条件为 ON 时，不产生跳转，程序如所编写的那样执行。当 JMP 的执行条件为 OFF 时，将跳转到具有同样跳转号的 JME，并接着执行 JME 后面的指令。

表 3-14 跳转/跳转结束指令

梯形图符号	助记符		功　能
	指令	操作数	
JMP N	JMP	N:跳转号 #(00~49)	至 JME 指令为止的程序由本指令前面的条件决定是否执行
—— JME N	JME		解除跳转指令

如果一段程序中有多对 JMP/JME 指令时，则用跳转号 N 来区分，N 可以是 00~49 之间的任意数。要注意 N = 00 时的特殊性，当 JMP00 和 JME00 之间的指令被跳转时，这些指令还是要被扫描的，只是不执行而已，因此需要占用扫描时间。跳转号不是 00 的 JMP 和 JME 之间的指令则在跳转时完全被跳转，不需要扫描时间。

在程序中，JMP00/JME00 可被使用任意次，但 N ≠ 00 的 JMP/JME 则只能使用一次。

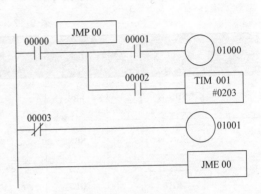

图 3-15　JMP/JME 应用实例

由于 JMP 和 JME 分支起作用时，I/O 位、计时器等的状态被保持。所以 JMP/JME 用于控制时需要一个持续输出的设备（如气动或液压装置）。与此相反，IL/ILC 分支可用于控制不需要持续输出的设备（如电子仪器）。

（11）空操作指令（NOP）　空操作指令见表 3-15。

表 3-15 空操作指令

梯形图符号	助记符		功　能
	指令	操作数	
—	NOP	—	无

空操作指令（NOP）没有实质性操作，在梯形图中不会出现，因此它没有梯形图符号。在程序中遇到 NOP 时，什么也不执行，程序跳转到下一条指令继续执行。当在编程前清除程序存储器时，所有的程序存储单元都被写入 NOP。

对程序做修改时，使用 NOP 指令可以保持程序中各指令地址不变。当保存了原程序的程序清单时，这样对分析程序会有一定帮助。

NOP 指令不仅需要占用程序的存储空间，而且还要占用程序执行时间（1μs/指令），所以在程序调试完成后最好去掉程序中的 NOP 指令。

（12）结束指令　程序结束指令见表 3-16。

END 必须作为程序的最后一条指令。写在 END 后面的指令将不会被执行。利用这一特点，在程序调试时常将 END 指令暂时插在程序的适当地方，先暂时去掉一部分程序，然后逐步扩大调试范围，以保证调试工作安全、有序地进行。

表 3-16 程序结束指令

梯形图符号	助记符		功 能
	指令	操作数	
END	END	—	程序结束

如果程序中没有 END 指令，PLC 将不会执行任何用户程序，并给出错误信息。

（13）子程序指令 子程序指令见表 3-17。

表 3-17 子程序指令

梯形图符号	助记符		功 能
	指令	操作数	
SBS N	SBS	N:子程序编号 000～049	调用 N 号子程序
SBN N	SBN		N 号子程序的开始点
RET	RET	—	表示指定的子程序结束

子程序调用功能允许用户把一个大的控制任务划分为一些小任务，分别放在子程序中来编程。当主程序调用一个子程序时，CPU 转去执行被调用的子程序中的指令，当被调用的子程序中所有的指令执行完毕后，CPU 转回主程序，从调用子程序指令的下一条指令开始执行。

使用子程序指令时应注意下列几点：

1）所有的子程序必须在主程序的结束处编程，即置于主程序的指令之后，END 之前。CPU 扫描工作时，遇到第一个 SBN 时，就认为已经遇到了主程序的结束符号，并返回到下一循环的起始地址 00000。

2）相同的子程序可以在主程序中不同的地方不受限制地调用。这样，当系统需多次重复某些操作时可以大大减少程序量。

3）子程序可嵌套，最多可嵌套 16 层。但子程序不能调用自己。

4）各子程序的编号只能被 SBN 使用一次。

5）若将 DIFU 或 DIFD 置于一个子程序中，当 DIFU 或 DIFD 满足执行条件使其操作位为 ON 后，在再次调用子程序之前，DIFU 或 DIFD 操作位将不会返回 OFF，即操作数位可能停留在 ON 状态超过正常的扫描周期。

（14）步进指令 步进指令见表 3-18。

有许多生产过程可以分解成若干个清晰的持续阶段，这些阶段被称为"步"，每步要求一定的执行机构动作，上下步之间的转换由转步信号（或称转换条件）控制，当转步信号得到满足时，转换得以实现；所有步依次顺序执行，完成工作循环，称为顺序控制。设 S_i 为转步信号，假如系统正工作在第 2 步，则当 S_2 有效时，第 2 步工作结束，开始第

表 3-18 步进指令

梯形图符号	助记符		功　能
	指令	操作数	
─┤ SNXT S ├─	SNXT	S:00000~01915 20000~25215 HR、AR、LR	转步控制
─┤ STEP S ├─	STEP		某一步进程序段的开始
─┤ STEP ├─	STEP	—	步进控制结束,该指令后为常规控制梯形图程序

3 步工作。所以转步信号对上一步来说是停止信号,对下一步来说则是启动信号。转步信号只在该步工作期间内有效,否则不起任何作用。如在第 2 步工作期间,若转步信号 S_4 出现,系统不会做出任何反应,仍然继续第 2 步的工作。这是顺序工作的特点,它避免了电气控制系统的自锁、联锁和互锁等设计方面的困难。CPM1A 的步进指令就是实现这种控制过程的专用指令。

　　当被控系统的工作为顺序工作时,使用步进指令可使编程工作变得十分容易,程序结构简明清晰。这时候,把整个系统的控制程序划分为一系列的程序段,每个程序段对应于工艺过程的一步。用步进指令可以按顺序分别执行各个程序段,必须在前一段程序执行完以后才能执行下一段。步进程序段内部的编程同普通程序编程方法一样,只是有些指令不能用在步进程序段内(如 IL/ILC 和 JMP/JME 指令)。

　　使用步进指令时要注意下面几点:

　　1) 程序段编号 S 其实是一个位地址号,这个位号用作各个程序段的顺序控制,所有的位地址号必须在同一个字中且必须连续。如果使用 HR 或 AR 区,则可以掉电保护。

　　2) 步进指令 SNXT 和 STEP 要一起使用。每个步进程序段必须由 SNXT S 开头,并且紧跟其后用一条 STEP S 指令,其中 S 值相同,然后才是该程序段的指令集。各步进程序段可顺序编排。在最后一个程序段的后面也要跟一条 SNXT S 指令,但这条指令中的 S 值已无任何意义,可用任何未被系统用过的位号,要注意的是,该条指令之后要用不带操作数的 STEP 指令来标志这一系列步进程序段的结束。

　　3) 指令 SNXT S 的执行条件就是转步信号。CPU 执行 SNXT S 指令时,首先要复位前面程序段中的定时器和清除数据区。

　　不同生产过程的工艺流程变化多样,但主要可以划分为以下几种类型,下面就不同情况说明步进指令的用法:

　　1) 单序列。其特点是由一系列相继执行的步组成,每个步后面仅接一个转换条件;每一转换条件之后仅有一步。

　　2) 选择序列。从多个分支序列中选择某一个分支,称为选择序列,同一时刻只允许选择一个分支。

　　3) 并行序列。满足某个转换条件后若使得几个序列同时动作时,则这些序列称为并行序列。

限于篇幅，这里仅介绍了 CPM1A 的基本指令，CPM1A 还有应用指令近 90 条，事实上每条应用指令相当于一条功能独立的子程序，当编程需要时，可按相应的规定进行调用。这些功能指令可对数据进行传送、转换、比较及各种运算，也可完成高速计数器的使用及管理，在联网控制时，有些功能指令用于通信。有关内容请参阅其他参考书或相应产品手册。

3.4 三菱 FX_{2N} 系列 PLC 及其基本指令

3.4.1 FX_{2N} 系列 PLC 的基本组成

三菱公司是日本生产 PLC 的主要厂家之一，其先后推出的小型、超小型 PLC 有 F、F_1、F_2、FX_1、FX_2、FX_{2C}、FX_{2N} 等系列。其中，F 系列已停产，取而代之的是 FX_2 系列机型，此属于高性能叠装式机型，是三菱公司的典型产品。

FX_{2N} 系列 PLC 的主机称为基本单元，包括 CPU、存储器、输入/输出口及电源，是 PLC 的主要部分。为主机备有扩展其输入/输出的扩展单元、扩展模块及特殊功能模块单元。扩展单元是用于增加 I/O 点数的装置，内部设有电源。扩展模块用于增加 I/O 点数及改变 I/O 比例，内部无电源，由基本单元或扩展单元供电。扩展单元及扩展模块无 CPU，必须与基本单元一起使用。特殊功能模块单元是一些专门用途的装置，如温度控制模块、高速计数器模块、位置控制模块、模拟量控制模块、计算机通信模块等。

1. FX_{2N} 系列 PLC 型号名称体系及其种类

FX_{2N} 系列 PLC 型号名称组成符号的说明如下：

1）输入/输出点数是指基本单元、扩展单元或扩展模块的输入/输出总点数。

2）基本单元、扩展单元输出形式：

① R：表示继电器输出，有接点，交、直流负载两用。

② S：表示三端双向晶闸管输出，无接点，交流负载用。

③ T：表示晶体管输出，无接点，直流负载用。

3）扩展模块输入/输出形式：

① R：表示 DC 输入，继电器输出。

② X：表示输入专用，无输出。

③ YR：表示继电器输出专用，无输入。

④ YT：表示晶体管输出专用，无输入。

⑤ YS：表示三端双向晶闸管输出专用，无输入。

4）其他区分：一般无符号，表示 AC100V/200V 电源，DC24V 输入。

2. 基本单元型号名称组成及种类

基本单元包括内部电源、输入/输出接口、CPU 及存储器。基本单元共有 16 种，见表 3-19。

表 3-19 基本单元一览表

输入/输出 总点数	输入 点数	输出 点数	FX$_{2N}$ 系列		
			AC 电源,DC 输入		
			继电器输出	晶闸管输出	晶体管输出
16	8	8	FX$_{2N}$-16MR-001	—	FX$_{2N}$-16MT-001
32	16	16	FX$_{2N}$-32MR-001	FX$_{2N}$-32MS-001	FX$_{2N}$-32MT-001
48	24	24	FX$_{2N}$-48MR-001	FX$_{2N}$-48MS-001	FX$_{2N}$-48MT-001
64	32	32	FX$_{2N}$-64MR-001	FX$_{2N}$-64MS-001	FX$_{2N}$-64MT-001
80	40	40	FX$_{2N}$-80MR-001	FX$_{2N}$-80MS-001	FX$_{2N}$-80MT-001
128	64	64	FX$_{2N}$-128MR-001	—	FX$_{2N}$-128MT-001

FX$_{2N}$ 系列 PLC 除了基本单元与扩展单元外,还有可供选择的特殊功能扩展模块,扩展模块见表 3-20。

表 3-20 扩展模块一览表

输入/输出 总点数	输入 点数	输出 点数	继电器输出	输入	晶体管输出	晶闸管输出	输入信 号电压
8(16)	4(8)	4(8)	FX$_{0N}$-8ER		—	—	DC24V
8	8	0	—	FX$_{0N}$-8EX	—		DC24V
8	0	8	FX$_{0N}$-8EYR	—	FX$_{0N}$-8EYT		—
16	16	0		FX$_{0N}$-16EX	—		DC24V
16	0	16	FX$_{0N}$-16EYR	—	FX$_{0N}$-16EYT		—
16	16	0		FX$_{2N}$-16EX	—		DC24V
16	0	16	FX$_{2N}$-16EYR	—	FX$_{2N}$-16EYT	FX$_{2N}$-16EYS	—

3.4.2 FX$_{2N}$ 系列 PLC 的编程元件

FX$_{2N}$ 系列 PLC 具有数十种编程元件。FX$_{2N}$ 系列 PLC 编程元件的编号分为两个部分:第一部分是代表功能的字母,如输入继电器用"X"表示、输出继电器用"Y"表示;第二部分为数字,数字为该类器件的序号,FX$_{2N}$ 系列 PLC 中输入继电器及输出继电器的序号为八进制,其余器件的序号为十进制。从元件的最大序号可以了解可编程序控制器可能具有的某类器件的最大数量。例如输入继电器的编号范围为 X0~X177,为八进制编号,可计算出 FX$_{2N}$ 系列 PLC 可能接入的最大输入信号数为 128 点(这是以 CPU 所能接入的最大输入信号数量标示的,并不是一台具体的基本单元或扩展单元所安装的输入口的数量)。以下对编程元件的功能和作用做介绍。

1. 输入/输出继电器

FX$_{2N}$ 系列 PLC 的输入继电器(X)和输出继电器(Y)的编号是由基本单元固有地址号和按照与这些地址号相连的顺序给扩展设备分配的地址号组成的。这些地址号使用八进制数。FX_{2N} 系列 PLC 的输入/输出继电器地址分配见表 3-21。

表 3-21 FX_{2N} 系列 PLC 的输入/输出继电器地址分配表

型号	FX_{2N}-16M	FX_{2N}-32M	FX_{2N}-48M	FX_{2N}-64M	FX_{2N}-80M	FX_{2N}-128M	扩展时
输入	X000~X007 8 点	X000~X017 16 点	X000~X027 24 点	X000~X037 32 点	X000~X047 40 点	X000~X077 64 点	X000~X267 184 点
输出	Y000~Y007 8 点	Y000~Y017 16 点	Y000~Y027 24 点	Y000~Y037 32 点	Y000~Y047 40 点	Y000~Y077 64 点	Y000~Y267 184 点

2. 辅助继电器

PLC 内有许多辅助继电器，这类辅助继电器的线圈与输出继电器一样，由 PLC 内的各种软元件的接点驱动。辅助继电器也有无数的动合和动断触点，在 PLC 内可随意使用。但是，该接点不能直接驱动外部负载，外部负载的驱动要通过输出继电器进行。

FX_{2N} 系列 PLC 的辅助继电器（M）分为一般用（M0~M499）、停电保持用（M500~M3071）和特殊用途（M8000~M8255）辅助继电器。

特殊辅助继电器（M8000~M8255）按照使用方式可以分为两类。

（1）接点利用型特殊辅助继电器 其线圈由 PLC 自动驱动，用户只可使用其接点。这类特殊辅助继电器常用作时基、状态标志或专用控制元件出现在程序中。例如

M8000：运行监视，PLC 运行时监控接通。

M8002：初始脉冲，只在 PLC 开始运行的第一个扫描周期接通。

M8011、M8012、M8013、M8014：分别为 10ms、100ms、1s 和 1min 时钟。

M8020、M8021、M8022：分别为零标志、借位标志和进位标志。

（2）线圈驱动型特殊辅助继电器 用户程序驱动其线圈后，PLC 做特定的动作，其中存在驱动时有效和 END 指令执行后有效两种情况。例如

M8030：关电池灯指示，熄灭锂电池欠电压指示灯。

M8033：停止时存储保存，PLC 进入 STOP 状态后，输出继电器状态保持不变。

M8034：全输出禁止，禁止所有的输出。

M8039：恒定扫描方式，PLC 按 D8039 寄存器中指定的扫描周期运行（以 ms 为单位）。

3. 状态器

状态器是对工序步进控制简易编程的重要软元件，经常与步进梯形指令结合使用。状态器与辅助继电器一样，有无数的动合和动断触点，在顺控程序内可随意使用。此外，在不用于步进梯形指令时，状态器也可与辅助继电器一样在一般的顺控中使用。

FX_{2N} 系列 PLC 的状态器（S）分为一般用（S0~S499）、停电保持用（S500~S899）和报警用（S900~S999）状态器。其中，S0~S9 一般用于步进梯形图的初始状态，S10~S19 一般用作返回原点的状态。供信号报警器用的状态器也属于停电保持用状态器，它还可以作为诊断外部故障用的输出。通过外部设备参数的设定，可以改变一般用和停电保持用状态器的分配。

4. 定时器

FX_{2N} 系列 PLC 的定时器（T）有以下 4 种类型。

1）100ms 定时器：T0~T199，200 点。定时范围为 0.1~3276.7s。

2）10ms 定时器：T200~T245，46 点。定时范围为 0.01~327.67s。

3）1ms 累积型定时器：T246~T249，4 点，执行中断保持。定时范围为 0.001~32.767s。

4）100ms 累积型定时器：T250~T255，6 点，定时中断保持，定时范围为 0.1~3276.7s。

FX$_{2N}$ 系列 PLC 的定时器设定值可以采用程序存储器内的常数（K）直接指定，也可以用数据寄存器（D）的内容间接指定。使用数据寄存器设定定时器设定值时，一般使用具有掉电保持功能的数据寄存器，这样在断电时不会丢失数据。

在子程序与中断程序内，采用 T192~T199 定时器。这种定时器在执行线圈指令或执行 END 指令时计时。如果计时达到设定值，则在执行线圈指令或 END 指令时，输出接点动作。普通的定时器只是在执行线圈指令时计时，因此，在某种条件下，线圈指令用于执行中的子程序或中断程序时不计时，不能正常动作。如果在子程序或中断程序内采用 1ms 累积型定时器，则在其达到设定值后，必须注意在执行最初的线圈指令时，输出接点动作。

除了中断执行型的定时器外，在线圈驱动后，定时器开始计时。在计时完成后的最初的线圈指令执行时，输出接点动作。

5. 计数器

FX$_{2N}$ 系列 PLC 的计数器（C）分为 16 位增计数器（一般用：C0~C99；停电保持用：C100~C199）、32 位增/减双向计数器（停电保持用：C200~C219；特殊用：C220~C234）以及 32 位增/减双向高速计数器（停电保持用 C235~C255 中的 6 点）。一般计数器和停电保持型计数器的分配可通过外部设备的参数设定进行调整。不用作计数器的计数器编号，可以用作数值存储用数据寄存器。

（1）16 位增计数器 16 位是指其设定值及当前值寄存器为二进制 16 位寄存器，其设定值在 K1~K32767 范围内有效。设定值 K0 与 K1 意义相同，均在第一次计数时，其接点动作。如果 PLC 断电，则一般用计数器的计数值被清除，而停电保持用计数器则可存储停电前的计数值，恢复电源后，计数器可按上一次数值累计计数。

图 3-16 所示为 16 位计数器在梯形图中的使用情况。计数输入 X011 每驱动 C0 线圈一

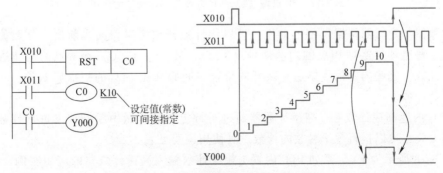

图 3-16　16 位计数器在梯形图中的使用

次，计数器的当前值就增加 1，在执行第 10 次的线圈指令时，输出接点动作，以后即使计数输入 X011 再动作，计数器的当前值不变。如果复位输入 X010 为 ON，则执行 RST 指令，计数器的当前值为 0，输出接点复位。计数器的设定值，除用常数 K 设定外，还可由数据寄存器指定。若以 MOV 等指令将设定值以上的数据写入当前值寄存器，则在下次输入时，输出线圈接通，当前值寄存器变为设定值。

(2) 32 位增/减双向计数器　32 位增/减双向计数器的设定值有效范围为 −2147483648 ∼ +2147483647。利用特殊辅助继电器 M8200 ∼ M8234 指定对应计数器的增/减计数方向。

图 3-17 所示为 32 位增/减双向计数器在梯形图中的使用情况。如果驱动 M8200，则计数器 C200 为减计数；不驱动时，则为增计数。根据常数 K 或数据寄存器（D）的内容，设定值可正可负，将连号的数据寄存器内容视为一对，作为 32 位的数据处理。利用计数输入 X014 驱动 C200 线圈，可增计数或减计数。在计数器的当前值由 −6→−5 增加时，输出接点置位；在由 −5→−6 减少时，输出接点复位。当前值的增减与输出接点的动作无关，但是如果从 2147483647 开始增计数，则成为 −2147483648；同样，如果从 −2147483648 开始减计数，则成为 2147483647，形成循环计数。如果复位输入 X013 为 ON，则执行 RST 指令，计数器当前值变为 0，输出接点也复位。使用停电保持用计数器时，计数器的当前值、输出接点动作与复位状态停电保持。32 位计数器也可作为 32 位数据寄存器使用，但是，32 位计数器不能作为 16 位应用指令中的软元件。若以 D-MOV 指令等把设定值以上的数据写入当前值数据寄存器时，则在以后的计数输入时可继续计数，接点也不变化。

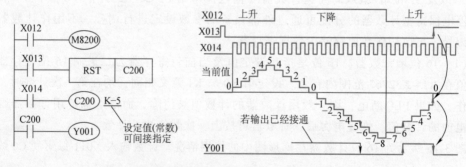

图 3-17　32 位增/减双向计数器在梯形图中的使用

计数器与定时器根据设定值动作，可以将计数器或定时器的当前值作为数值数据用于控制。普通计数器对 PLC 的内部信号（X、Y、M、S、T、C）等接点的动作进行循环扫描并计数，这些内部信号接通和断开的持续时间必须比 PLC 的扫描周期长，才能保证准确可靠计数。

(3) 内置高速计数器　高速计数器通过对特定的输入做中断处理来进行计数，与扫描周期无关，可以执行数千赫兹的计数。其使用说明见表 3-22。

图 3-18 所示为 FX$_{2N}$ 系列 PLC 内置 1 相 2 计数输入高速计数器的应用实例。C249 在 X012 为 ON 时，如果 X006 也为 ON，则立即开始计数，增计数的计数输入为 X000，减计

表3-22 FX$_{2N}$系列PLC内置高速计数器的使用说明

项目	1相1计数输入	1相2计数输入	2相2计数输入
计数方向指定方法	根据M8235~M8245的启动与否,相应的计数器C235~C245做增/减计数	对应于增/减计数输入的动作,计数器自动增/减计数	A相输入ON的同时,B相输入为OFF→ON时,增计数动作;ON→OFF时减计数动作
计数方向监控	—	通过监控M8246~M8255,可以知道相应计数器增/减计数的情况	

数的计数输入为X001,可以通过顺控程序上的X011执行复位。另外,当X002闭合,C249也可立即复位,不需要该程序。

图3-19所示为FX$_{2N}$系列PLC内置2相2计数输入高速计数器的两个应用实例。这种计数器在A相接通的同时,B相输入为OFF→ON时则为增计数,ON→OFF时为减计数,如图3-19a所示。在图3-19b中,X012为ON时,C251通过中断,对A相输入X000、B相输入X001的动作计数。如果X011为ON,则执行复位指令(RST)。如果当前值超过设定值,则Y002为ON;如果当前值小于设定值,则为OFF。根据不同的计数方向,Y003接通(增计数)或断开(减计数)。在图3-19c中,X012为ON时,如果X006也为ON,则C254立即开始对A相输入X000、B相输入X001的动作计数。可以通过顺控程序上的X011执行复位,另外,当X002闭合时,C254也可立即复位。如果当前值超过设定值(D1,D0),则Y004为ON;如果当前值小于设定值,则为OFF。根据不同的计数方向,Y005接通(增计数)或断开(减计数)。

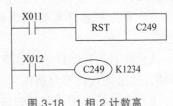

图3-18 1相2计数高速计数器的使用

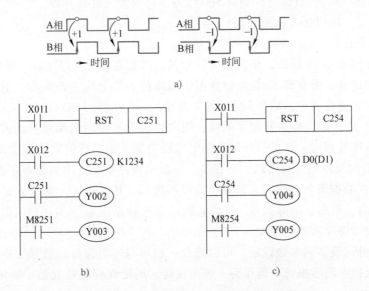

a)

b) c)

图3-19 2相2计数输入高速计数器的使用

a) 2相2计数输入计数器计数方式 b) C251应用举例 c) C254应用举例

高速计数器的当前值达到设定值时，若要求立即输出，则要采用高速计数器专用比较指令。另外，使用高速计数器时，还需要注意以下问题：

1）高速计数器线圈驱动用接点，在高速计数时，应采用一直接通的接点。

2）如果利用模拟开关等有接点的设备进行高速计数，则需注意由于开关振动等原因造成的计数器计数错误。

3）如果对高速计数器的线圈编程，则与其对应的输入继电器的输入滤波器会自动变为 $20\mu s$（X000，X001）或 $50\mu s$（X002~X005），不需要采用应用指令或特殊的数据寄存器 D8020 调整。不作为高速计数器输入使用的输入继电器的输入滤波器维持初始值 10ms。

4）作为高速计数器输入使用的输入继电器不能与采用同样输入的其他指令一起使用。

5）所有的高速计数器，即使以当前值＝设定值的状态执行指令，只要不给计数输入脉冲，输出接点就不会动作。

6）通过让高速计数器的输出线圈接通/断开，就可以执行计数开始/停止，但该输出线圈要在主程序上编程。如果在步进梯形图回路内、子程序内或中断程序内编程，则直到执行这些程序，高速计数器的计数与停止才能执行。

7）向高速计数器输入信号时，其所用频率要低于规定的频率，否则就会发生监视定时器（WDT）错误，而且并联链接不能正常工作。

6. 数据寄存器

FX_{2N} 系列 PLC 的数据寄存器（D）分为以下几种类型：

1）一般用：D0~D199，200 点，通过参数设定可以变更为停电保持型。

2）停电保持用：D200~D511，312 点，通过参数设定可以变更为非停电保持型。

3）停电保持专用：D512~D7999，7488 点，无法变更其停电保持特性。根据参数设定可以将 D1000 以后的数据寄存器以 500 点为单位设置文件寄存器。

4）特殊用：D8000~D8255，256 点。

5）变址寄存器：V0~V7，Z0~Z7，16 点。

这些寄存器都是 16 位的，最高位为符号位，数值范围为 $-32768 \sim +32767$。将相邻两个数据寄存器组合，可存储 32 位数值数据，最高位为符号位（高位为大的号码，低位为小的号码。变址寄存器中，V 为高位，Z 为低位），可处理 $-2147483648 \sim +2147483647$ 的数值。在指定 32 位时，如果制定了低位，则高位为继其之后的编号自动占用。低位可以用奇数或偶数编号指定，考虑到外部设备的监视功能，建议低位采用偶数编号。

（1）一般用及停电保持用数据寄存器 一般用及停电保持用数据寄存器的主要作用：

1）一旦在数据寄存器中写入数据，只要不再写入其他数据，就不会变化。在 RUN→STOP 或停电时，数据被清除为 0，但如果驱动特殊辅助继电器 M8033，则可以保持，与停电保持用数据寄存器功能类似。

2）利用外部设备的参数设定，可以改变一般用与停电保持用数据寄存器的分配。而对于将停电保持专用数据寄存器作为一般用途时，则要在程序的起始步采用 RST 或 ZRST 指令清除其内容。

3）在使用 PC 间简易链接或并联链接的情况下，一部分数据寄存器被链接所占用。

(2) 特殊用途数据寄存器 特殊用途数据寄存器的主要作用：

1) 特殊用途数据寄存器是指写入特定目的的数据，或已事先写入特定内容的数据寄存器，其内容在电源接通时被置于初始值。一般初始值为零，需要设置时，则利用系统ROM 将其写入。例如，监视定时器的时间是通过系统 ROM 在 D8000 中进行初始设定的，需要将其改变时，可利用传送指令（FNC12 MOV）在 D8000 中写入目标时间。

2) 其他特殊用途数据寄存器的种类及功能说明参见有关说明书。

(3) 变址寄存器 FX$_{2N}$ 系列 PLC 的变址寄存器（V 与 Z）同普通的数据寄存器一样，是进行数值数据的读入/写出的 16 位数据寄存器，V0～V7、Z0～Z7 共有 16 个。这种变址寄存器除了和普通的数据寄存器有同样的使用方法外，在应用指令的操作数中，还可以同其他软元件编号或数值组合使用，在程序中改变软元件编号或数值内容，是一个特殊的数据寄存器。例如：

1) 对于十进制数的软元件、数值（M、S、T、C、D、KnM、KnS、P、K），若 V0 =
K5，执行 D20V0 时，被执行的软元件编号为 D25【D（20+5）】；指定 K30V0 时，被执行的是十进制数值 K35【K（30+5）】。

2) 对于八进制软元件（X、Y、KnX、KnY），变址时，V、Z 的内容要换算成八进制数，然后做加法运算。例如，若 Z1 = K8，执行 X0Z1 时，则被执行的软元件编号为 X10【X（0+8）：八进制加法】。

3) 对于十六进制的数值（H），若以 V5 = K30 指定常数 H30V5，则被认为是 H4E【H 30+K30】。

此外还需要注意，FX$_{2N}$ 系列 PLC 的基本顺控指令或步进梯形指令的软元件编号不能同变址寄存器组合使用。

(4) 文件寄存器 FX$_{2N}$ 系列 PLC 的数据寄存器 D1000～D7999 是普通停电保持用数据寄存器，通过参数设定可以 500 为单位指定 1～14 个块作为最大 7000 点的文件寄存器，未被设为文件寄存器的剩余部分可以作为普通停电保持用数据寄存器使用。文件寄存器的处理方法如下：

1) 当 PLC 从 STOP→RUN 时，在内置可选内存中设定的文件寄存器区域，被批次传送至主系统 RAM 中的数据存储区域。随后，在程序中使用的软元件编号以及除 FNC15（BMOV）指令之外的应用指令中的操作数的指定全部是针对数据寄存器区域工作的。

2) 在外部设备上对文件寄存器进行监视时，将数据存储器中对应的数据寄存器区域读出。从外部设备进行的文件寄存器元件"当前值变更""强制复位"或"PC 内存全部清除"等情况，是对程序存储区内的文件寄存器区域进行修改，随后向对应的数据寄存器区域自动传送。因此，对文件寄存器软元件进行改写的程序存储器，需要将内置内存（可选 RAM 或 EEPROM 内存）的保护开关置为 OFF 状态。

3) 使用除 FNC15（BMOV）指令以外的一般应用指令处理文件寄存器编号时，对数据存储器内对应的数据寄存器进行与一般数据寄存器相同的读出/写入处理。由于在 PLC的系统 RAM 设置了该区域，因而可以不受可选内存形式的限制而随意修改内容。与此相对应，FNC15（BMOV）指令对文件寄存器具有特殊功能。将 FNC15（BMOV）指令的目标指定为文件寄存器软元件时，可向程序存储区内的文件寄存器区域直接写入。

7. 指针

FX$_{2N}$ 系列 PLC 的指针包括分支用指针（P）和中断用指针（I）。分支用指针的编号为 P0~P127，用作程序跳转和子程序调用的编号，其中 P63 专门用于结束跳转。中断用指针与应用指令 FNC03（IRET）中断返回、FNC04（EI）开中断和 FNC03（DI）关中断一起使用，有以下 3 种类型：

1）输入中断用。与输入 X000~X005 对应编号为 I00□~I05□，6 点。接收来自特定输入编号的输入信号，不受 PLC 扫描周期的影响，触发该输入型号，执行中断子程序。通过输入中断可以处理比扫描周期更短的信号，因而可在顺控程序中作为必要的优先处理或短时脉冲处理控制中使用。

2）定时器中断。编号为 I6□□、I7□□、I8□□，3 点。在各指定的中断循环时间（10~99ms）执行中断子程序。在需要有别于 PLC 运算周期的循环中断处理控制中使用。

3）计数器中断。编号为 I010~I060，6 点。根据 PLC 内置高速计数器的比较结果，执行中断子程序，用于利用高速计数器优先处理计数结果的控制。

3.4.3　FX$_{2N}$ 系列 PLC 的基本指令

FX$_{2N}$ 系列 PLC 有基本指令 27 条，步进梯形指令 2 条，应用指令 128 种（298 条）。本书只介绍其基本顺控指令。

由于同为日系流派，三菱公司的 PLC 产品与欧姆龙公司的有许多地方相同或相似。在以下基本顺序指令的介绍中，如与 CPM1A 相同的指令只做简单说明。

（1）LD、LDI、OUT 指令　这三条指令与 CPM1A 的 LD、LD NOT、OUT 相对应，含义及用法相同。

（2）AND、ANI 指令　这两条指令与 CPM1A 的 AND、AND NOT 相对应，含义及用法相同。

（3）OR、ORI 指令　这两条指令与 CPM1A 的 OR、OR NOT 相对应，含义及用法相同。

（4）ORB、ANB 指令　这两条指令与 CPM1A 的 OR LD、AND LD 相对应，含义及用法相同。

（5）LDP、LDF、ANDP、ANDF、ORP、ORF 指令　LDP、LDF、ANDP、ANDF、ORP、ORF 指令的助记符、名称、功能、梯形图表示、可用软元件及所占程序步数见表 3-23。LDP、ANDP、ORP 指令是进行上升沿检出的接点指令，仅在指定位元件的上升沿时（OFF→ON 变化时）接通一个扫描周期。LDF、ANDF、ORF 指令是进行下降沿检出的接点指令，仅在指定位元件的下降沿时（ON→OFF 变化时）接通一个扫描周期，如图 3-20 所示。

（6）MPS、MRD、MPP 指令　FX$_{2N}$ 系列 PLC 中有 11 个被称为堆栈的记忆运算中间结果的存储器，如图 3-21 所示。使用一次 MPS 指令，就将此时刻的运算结果送入堆栈的第一段存储；再使用 MPS 指令，又将中间结果送入第一段存储；而将先前送入存储的数据依次移到堆栈的下一段。使用 MPP 指令，各数据按顺序向上移动，将最上端的数据读

表 3-23 LDP、LDF、ANDP、ANDF、ORP、ORF 指令

助记符,名称	功能	梯形图表示和可用软元件	程序步
LDP,取脉冲上升沿	上升沿检出运算开始	X,Y,M,S,T,C	2
LDF,取脉冲下降沿	下降沿检出运算开始	X,Y,M,S,T,C	2
ANDP,与脉冲上升沿	上升沿检出串联连接	X,Y,M,S,T,C	2
ANDF,与脉冲下降沿	下降沿检出串联连接	X,Y,M,S,T,C	2
ORP,或脉冲上升沿	上升沿检出并联连接	X,Y,M,S,T,C	2
ORF,或脉冲下降沿	下降沿检出并联连接	X,Y,M,S,T,C	2

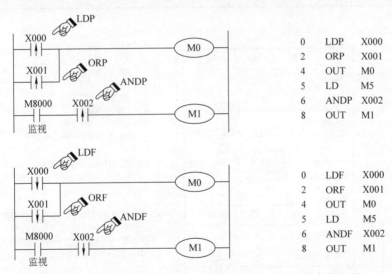

图 3-20 LDP、LDF、ANDP、ANDF、ORP、ORF 指令的使用

出,同时该数据就从堆栈中消失。MRD 指令是读出最上端所存数据的专用指令,堆栈内的数据不发生移动。这些指令都是不带软元件编号的独立指令,是进行分支多重输出回路编程的方便指令。MPS 指令与 MPP 指令必须成对使用,连续使用的次数应小于 11。MRD 指令可以多次使用,但最终输出回路必须采用 MPP 指令,从而在读出存储数据的同时将它复位。

(7)MC、MCR 指令 MC、MCR 指令的助记符、名称、功能、梯形图表示、可用软

元件及所占程序步数见表3-24。

MC为主控指令，用于公共串联接点的连接，MCR为主控复位指令，即MC的复位指令。编程时，经常遇到多个线圈同时受一个或一组接点控制。若在每个线圈的控制电路中都串入同样的接点，将多占存储单元。应用主控接点可以解决这一问题。它在梯形图中与一般的接点垂直，它是与母线相连的常开接点，是控制一组电路的总开关。MC、MCR指令的使用如图3-22所示。

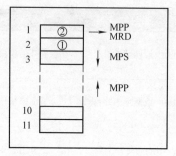

图3-21 堆栈示意图

输入X000接通时，执行从MC到MCR之间的指令，累计定时器、计数器和用置位/复位指令驱动的软元件保持现状；而非累计定时器、计数器和OUT指令驱动的软元件断开。

表3-24 MC、MCR指令

助记符,名称	功能	梯形图表示和可用软元件	程序步
MC,主控	公共串联触点的连接	─┤├─── MC N Y,M M除特殊辅助继电器以外	3
MCR,主控复位	公共串联触点的清除	─┤├─ MCR N	2

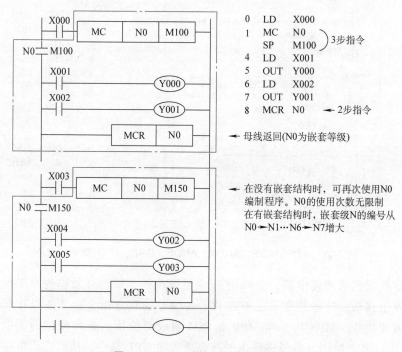

图3-22 MC、MCR指令的使用

执行MC指令后，母线（LD、LDI）向MC接点后移动，将其返回到原母线的指令为

MCR。通过更改软元件号（Y、M）可以多次使用主控指令（MC）。但是，如果使用同一软元件号，将同 OUT 指令一样，会出现双线圈输出。在 MC 指令内采用 MC 指令实现嵌套时，嵌套级 N 的编号按顺序增大（N0→N7）。在采用 MCR 指令将该指令返回时，则从编号大的嵌套级开始消除（N7→N0）。嵌套级最大为 8 级。

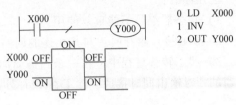

图 3-23 INV 指令的使用

（8）INV 指令 INV 指令的助记符、名称、功能、梯形图表示、可用软元件及所占程序步数见表 3-25。其功能是将 INV 指令执行之前的运算结果取反，不需要指定软元件号，其使用如图 3-23 所示。

表 3-25 INV 指令

助记符,名称	功 能	梯形图表示和可用软元件	程序步
INV,取反	运算结果的取反	软元件：无	1

在梯形图中，只能在能输入 AND 或 ANI、ANDP、ANDF 指令步的相同位置处，才可编写 INV 指令，而不能像 LD、LDI、LDP、LDF 那样与母线直接相连，也不能像 OR、ORI、ORP、ORF 指令那样单独使用。

（9）PLS、PLF 指令 这两条指令与 CPM1A 的前沿微分指令 DIFU 及后沿微分指令 DUFD 相对应，含义及用法相同。

（10）SET、RST 指令 这两条指令与 CPM1A 的完全相同。

（11）NOP、END 指令 这两条指令与 CPM1A 的完全相同。

3.4.4 步进梯形指令及其应用

FX$_{2N}$ 系列 PLC 的步进梯形指令是采用步进梯形图编制顺序控制状态转移图程序的指令，它包括 STL 和 RET 两条指令。其中，步进梯形指令 STL 是利用内部状态软元件，在顺控程序上进行工序步进控制的指令；返回 RET 指令是表示状态流程结束，用于返回主程序的指令。其助记符、名称、功能、梯形图表示、可用软元件及所占程序步数见表 3-26。

表 3-26 STL、RET 指令

助记符,名称	功能	梯形图表示和可用软元件	程序步
STL,步进梯形指令	步进梯形图开始	S STL	1
RET,返回	步进梯形图结束	RET	1

每个状态提供了 3 个功能：驱动处理、转移条件和相继状态。STL 指令用于状态器（S）的接点。

应用注意：

1）状态器编号不能重复使用。

2）STL 接点断开时，与其相连的回路不动作，一个扫描周期后不再执行 STL 指令。

3）状态转移过程中，在一个扫描周期内两种状态同时接通，因此为了避免不能同时接通的一对输出同时接通，除了在 PLC 外部设置互锁外，在相应的程序上也应设置互锁。

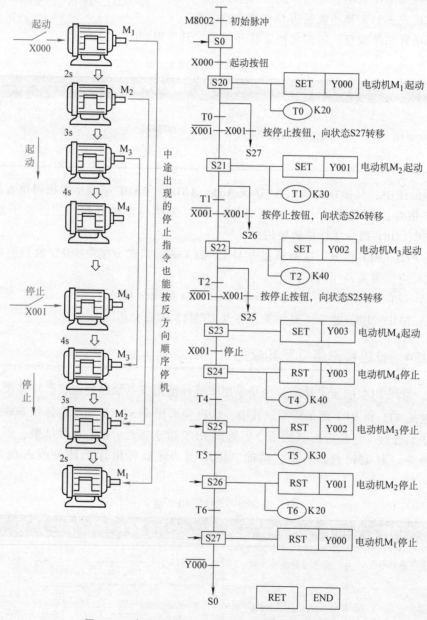

图 3-24　电动机 $M_1 \sim M_4$ 顺序控制及状态流程图

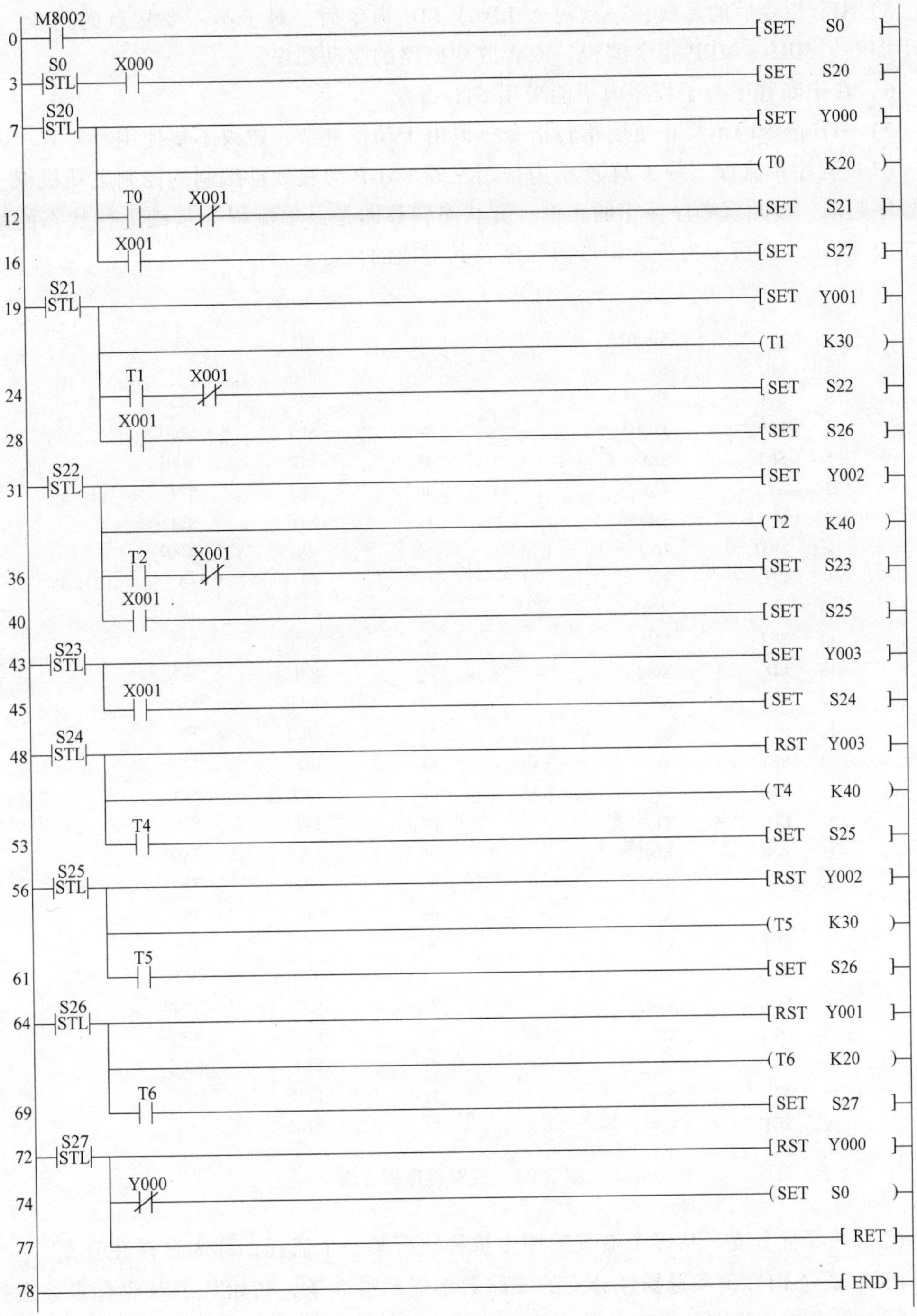

```
         M8002                                                    ┤SET  S0   ├
    0  ──┤├─────────────────────────────────────────────────────┤
         S0   X000                                                ┤SET  S20  ├
    3  ──┤STL├──┤├──────────────────────────────────────────────┤
         S20                                                      ┤SET  Y000 ├
    7  ──┤STL├───┬─────────────────────────────────────────────┤
                 │                                                ─(T0   K20 )─
                 │   T0    X001                                   ┤SET  S21  ├
   12            ├──┤├───┤/├────────────────────────────────────┤
                 │   X001                                         ┤SET  S27  ├
   16            └──┤├─────────────────────────────────────────┤
         S21                                                      ┤SET  Y001 ├
   19  ──┤STL├───┬─────────────────────────────────────────────┤
                 │                                                ─(T1   K30 )─
                 │   T1    X001                                   ┤SET  S22  ├
   24            ├──┤├───┤/├────────────────────────────────────┤
                 │   X001                                         ┤SET  S26  ├
   28            └──┤├─────────────────────────────────────────┤
         S22                                                      ┤SET  Y002 ├
   31  ──┤STL├───┬─────────────────────────────────────────────┤
                 │                                                ─(T2   K40 )─
                 │   T2    X001                                   ┤SET  S23  ├
   36            ├──┤├───┤/├────────────────────────────────────┤
                 │   X001                                         ┤SET  S25  ├
   40            └──┤├─────────────────────────────────────────┤
         S23                                                      ┤SET  Y003 ├
   43  ──┤STL├───┬─────────────────────────────────────────────┤
                 │   X001                                         ┤SET  S24  ├
   45            └──┤├─────────────────────────────────────────┤
         S24                                                      ┤RST  Y003 ├
   48  ──┤STL├───┬─────────────────────────────────────────────┤
                 │                                                ─(T4   K40 )─
                 │   T4                                           ┤SET  S25  ├
   53            └──┤├─────────────────────────────────────────┤
         S25                                                      ┤RST  Y002 ├
   56  ──┤STL├───┬─────────────────────────────────────────────┤
                 │                                                ─(T5   K30 )─
                 │   T5                                           ┤SET  S26  ├
   61            └──┤├─────────────────────────────────────────┤
         S26                                                      ┤RST  Y001 ├
   64  ──┤STL├───┬─────────────────────────────────────────────┤
                 │                                                ─(T6   K20 )─
                 │   T6                                           ┤SET  S27  ├
   69            └──┤├─────────────────────────────────────────┤
         S27                                                      ┤RST  Y000 ├
   72  ──┤STL├───┬─────────────────────────────────────────────┤
                 │   Y000                                         ─(SET  S0  )─
   74            └──┤/├─────────────────────────────────────────┤
   77                                                             ┤ RET ├
   78                                                             ┤ END ├
```

图 3-25 步进梯形图程序

4）定时器线圈与输出线圈一样，也可在不同状态间对同一定时器软元件编程，但是，如果在相邻状态下对同一定时器编程时，则状态转移时定时器线圈不断开，当前值不能复位，因此需要注意在相邻状态不要对同一定时器编程。

5）STL 指令后的母线，一旦写入 LD 或 LDI 指令后，对于不需要接点的指令，必须采用 MPS、MRD、MPP 指令编程，或者改变回路的驱动顺序。

6）在中断程序与子程序内不能采用 STL 指令。

7）STL 指令内不禁止使用跳转指令，但由于动作复杂，建议不要使用。

（1）程序单流程　图 3-24 所示为采用三菱 FXGP 编程软件编制的控制电动机 $M_1 \sim M_4$ 按顺序起动、以相反顺序停止的实例，其状态转移图是以单流程为基础进行状态的跳转。图 3-25 和图 3-26 所示为步进梯形图程序及其对应的指令表。

0	LD	M8002		40	LD	X001	
1	SET	S0		41	SET	S25	
3	STL	S0		43	STL	S23	
4	LD	X000		44	SET	Y003	
5	SET	S20		45	LD	X001	
7	STL	S20		46	SET	S24	
8	SET	Y000		48	STL	S24	
9	OUT	T0	K20	49	RST	Y003	
12	LD	T0		50	OUT	T4	K40
13	ANI	X001		53	LD	T4	
14	SET	S21		54	SET	S25	
16	LD	X001		56	STL	S25	
17	SET	S27		57	RST	Y002	
19	STL	S21		58	OUT	T5	K30
20	SET	Y001		61	LD	T5	
21	OUT	T1	K30	62	SET	S26	
24	LD	T1		64	STL	S26	
25	ANI	X001		65	RST	Y001	
26	SET	S22		66	OUT	T6	K20
28	LD	X001		69	LD	T6	
29	SET	S26		70	SET	S27	
31	STL	S22		72	STL	S27	
32	SET	Y002		73	RST	Y000	
33	OUT	T2	K40	74	LDI	Y000	
36	LD	T2		75	SET	S0	
37	ANI	X001		77	RET		
38	SET	S23		78	END		

图 3-26　控制程序指令表

（2）选择性分支　从多个流程顺序中选择执行某一个流程，称为选择性分支。

FX_{2N} 系列 PLC 一条选择性分支的支路数不能超过 8 条，初始状态对应有多条选择性分支时，每个初始状态的支路总数不能超过 16 条。

（3）并行分支　多个分支流程可以同时执行的分支流程，称为并行分支。

FX_{2N} 系列 PLC 并行分支的支路数不能超过 8 条，初始状态对应有多条并行分支时，每个初始状态的支路总数不能超过 16 条。

3.5 西门子 S7-1200 PLC 及其指令系统

西门子控制器系列是一个完整的产品组合，包括从高性能 PLC 的书本型迷你控制器 LOGO！到基于 PC 的控制器。西门子 S7-1200 PLC 安装简单方便、端子可拆卸、结构紧凑，可充分满足中小型自动化的系统需求。该系列 PLC 充分考虑系统、控制器、人机界面和软件的无缝整合和高效协调的需求，集成了 PROFINET 接口、强大的集成工艺功能和灵活的可扩展性能，为各种工艺任务提供了简单的通信和有效的解决方案，尤其能满足多种应用中完全不同的自动化需求。

3.5.1 S7-1200CN 系列 PLC 硬件

1. CPU 模块

S7-1200CN 系列 PLC 有四种基本型号的 CPU，它们具有以下特点和功能。

（1）电源/输入/输出类型 每一系列 CPU 均有 AC/DC/RLY、DC/DC/RLY、DC/DC/DC 三种类型，且只有重量、功耗、输入/输出通道等参数稍有不同。

（2）集成的 PROFINET 接口 接口用于编程、HMI 通信和 PLC 间的通信。此外它还通过开放的以太网协议支持与第三方设备的通信。该接口带一个具有自动交叉网线（auto-cross-over）功能的 RJ45 连接器，提供 10/100Mbit/s 的数据传输速率，支持 TCP/IP native、ISO-on-TCP 和 S7 通信协议。硬件版本 V1.0 的 CPU 模块最多连接 15 台设备，其中，3 个连接用于 HMI 与 CPU 的通信（见图 3-27），1 个连接用于编程设备（PG）与 CPU 的通信（见图 3-28），8 个连接用于 Open IE（TCP、ISO-on-TCP）的编程通信，使用 T-block 指令来实现，可用于 S7-1200 PLC 之间的通信，S7-1200 PLC 与 S7-300/400 PLC 的通信。3 个连接用于 S7 通信的服务器端连接，可以实现与 S7-200 PLC、S7-300/400 PLC 的以太网 S7 通信。

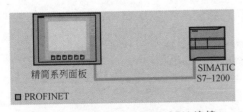

图 3-27 HMI 与 S7-1200 CPU 连接

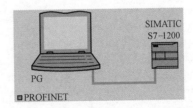

图 3-28 PG 与 S7-1200 CPU 的连接

（3）存储器 为用户指令和数据提供高达 50KB 的共用工作内存。同时还提供了高达 2MB 的集成装载内存和 2KB 的掉电保持内存。SIMATIC 存储卡可选，通过不同的设置可用作编程卡、传送卡和硬件更新卡 3 种功能。通过它们可以方便地将程序传输至多个 CPU。该卡还可以用来存储各种文件或更新控制器系统的固件。

（4）集成工艺 SIMATIC S7-1200 PLC 集成了多达 6 个高速计数器。其中，3 个输入为 100kHz，3 个输入为 30kHz，用于计数和测量。集成了两个 100kHz 的高速脉冲输出，用于步进电动机或伺服驱动器的速度和位置控制。

（5）PID 控制　SIMATIC S7-1200 PLC 中提供了多达 16 个带自动调节功能的 PID 控制回路，用于简单的闭环过程控制。

（6）扩展　可方便地进行数字量和模拟量模块扩展，最多可扩展 8 个模块。可用仿真器对 CPU 进行仿真，用来调试程序。

（7）速度和位置控制　PLCopen 运动控制指令是一个国际性的运动控制标准；支持绝对、相对运动和在线改变速度的运动；支持找原点和爬坡控制；用于步进或伺服电动机的简单起动和试运行；提供在线检测。

较常用 3 种 CPU 参数见表 3-27。

表 3-27　CPU 参数

型　号	CPU 1211C	CPU 1212C	CPU 1214C
3CPUs	DC/DC/DC，AC/DC/RLY，DC/DC/RLY		
物理尺寸（mm×mm×mm）	90×100×75		110×100×75
用户存储器 ·工作存储器 ·装载存储器 ·保持性存储器	·25KB ·1MB ·2KB		·50KB ·2MB ·2KB
本体集成 I/O ·数字量 ·模拟量	·6 点输入/4 点输出 ·2 路输入	·8 点输入/6 点输出 ·2 路输入	·14 点输入/10 点输出 ·2 路输入
过程映像大小	1024KB 输入（I）和 1024KB 输出（Q）		
位存储器（M）	4096KB		8192KB
信号模块扩展	0	2	8
信号板	1		
最大本地 I/O-数字量	14	82	284
最大本地 I/O-模拟量	3	15	51
通信模块	3（左侧扩展）		
高速计数器 ·单相 ·正交相位	3 ·3 个，100kHz ·3 个，80kHz	4 ·3 个，100kHz；1 个，30kHz ·3 个，80kHz；1 个，20kHz	6 ·3 个，100kHz；3 个，30kHz ·3 个，80kHz；3 个，20kHz
脉冲输出	2		
存储卡	SIMATIC 存储卡（选件）		
实时时钟保持时间	通常为 10 天/40℃时最少 6 天		
PROFINET	1 个以太网通信端口		
实数数学运算执行速度	18μs/指令		
布尔运算执行速度	0.1μs/指令		

2. DI/DO、AI/AO 信号板和信号模块

S7-1200 系列 PLC 有 2 种信号板和 5 种信号模块。1 个信号板可以连接至所有的 CPU。

多达 8 个信号模块可连接到扩展能力最高的 CPU，以支持更多的数字量和模拟量输入/输出信号连接。详细参数见表 3-28~表 3-34。

表 3-28 SB1223 DI/DO 模块参数

型　号	SB1223 DI 2×24V DC,DQ 2×24V DC
功耗	1.0W
电流消耗(SM 总线)	50mA
电流消耗(DC 24V)	所用的每点输入 4mA
输入点数	2
类型	IEC1 类漏型
额定电压	4mA 时 DC 24V(额定值)
允许的连续电压	最大 DC 30V
浪涌电压	DC 35V,持续 0.5s
逻辑 1 信号(最小)	2.5mA 时,DC 15V
逻辑 0 信号(最大)	1mA 时,DC 5V
HSC 时钟输入频率(最大)	20kHz(DC 15~30V);30kHz(DC 15~26V)
隔离(现场侧与逻辑侧)	AC 500V,持续 1min
隔离组	1
滤波时间	0.2ms、0.4ms、0.8ms、1.6ms、3.2ms、6.4ms 和 12.8ms 可选择,2 个为一组
同时接通的输入数	2
电缆长度/m	500(屏蔽);300(非屏蔽)
输出点数	2
输出类型	固态-MOSFET
电压范围	DC 20.4~28.8V
最大电流时的逻辑 1 信号	最小 DC 20V
具有 10kΩ 负载时的逻辑 0 信号	最大 DC 0.1V
电流(最大)	0.5A
灯负载	5W
通态触点电阻	最大 0.6Ω
每点的漏泄电流	最大 10μA
脉冲串输出频率	最大 20kHz,最小 2Hz
浪涌电流	5A,最长持续 100ms
过载保护	无
隔离(现场侧与逻辑侧)	AC 500V,持续 1min
隔离组	1
每个公共端的电流	1A
电感钳位电压	L+-48V,1W 损耗
开关延迟	断开到接通最长为 2μs;接通到断开最长为 10μs
RUN-STOP 时的行为	上一个值或替换值(默认值为 0)
同时接通的输出数	2
电缆长度/m	500(屏蔽);150(非屏蔽)

表 3-29　SM1221 DI 模块技术参数

型　号	SM1221 DI 8×24V DC	SM 1221 DI 16×24V DC
功耗	1.5W	2.5W
电流消耗(SM 总线)	105mA	130mA
电流消耗(DC 24V)	所用的每点输入 4mA	所用的每点输入 4mA
输入点数	8	16
类型	漏型/源型(IEC1 类漏型)	
额定电压	4mA 时,DC 24V(额定值)	
允许的连续电压	最大 DC 30V	
浪涌电压	DC 35V,持续 0.5s	
逻辑 1 信号(最小)	2.5mA 时,DC 15V	
逻辑 0 信号(最大)	1mA 时,DC 5V	
隔离(现场侧与逻辑侧)	AC 500V,持续 1min	
隔离组	2	4
滤波时间	0.2ms、0.4ms、0.8ms、1.6ms、3.2ms、6.4ms 和 12.8ms(可选择,4 个为一组)	
同时接通的输入数	8	16
电缆长度/m	500(屏蔽);300(非屏蔽)	

表 3-30　SM1222 DO 模块技术参数

型　号	SM1222 DQ 8×继电器	SM1222 DQ 16×继电器	SM1222 DQ 8×24V DC	SM1222 DQ 16×24V DC
功耗	4.5W	8.5W	1.5W	2.5W
电流消耗(SM 总线)	120mA	135mA	120mA	140mA
电流消耗(DC 24V)	所用的每个继电器线圈 11mA		—	
输出点数	8	16	8	16
类型	继电器,干触点		固态-MOSFET	
电压范围	DC 5~30V 或 AC 5~250V		DC 20.4~28.8V	
最大电流时的逻辑 1 信号	—		DC 最小 20V	
具有 10kΩ 负载时的逻辑 0 信号	—		DC 最大 0.1V	
电流(最大)	2.0A		0.5A	
灯负载	DC 30W/AC 200W		5W	
通态触点电阻	新设备最大为 0.2Ω		最大 0.6Ω	
每点的漏泄电流	—		最大 10μA	
浪涌电流	触点闭合时为 7A		8A,最长持续 100ms	
过载保护	无			
隔离(现场侧与逻辑侧)	AC 1500V,1min(线圈与触点),(绝缘测试电压 AC 1500V 时持续 1min,后续描述类同)		AC 500V,持续 1min	

（续）

型　号	SM1222 DQ 8×继电器	SM1222 DQ 16×继电器	SM1222 DQ 8×24V DC	SM1222 DQ 16×24V DC
隔离电阻	新设备最小为 100MΩ		—	
断开触点间的绝缘	AC 750V,持续 1min		—	
隔离组	2	4	1	1
每个公共端的电流(最大)	10A		4A	8A
电感钳位电压	—		L+-48V,1W 损耗	
开关延迟	最长 10ms		断开到接通最长为 50μs 接通到断开最长为 200μs	
机械寿命(无负载)	10000000 个断开/闭合周期		—	
额定负载下的触点寿命	100000 个断开/闭合周期			
RUN-STOP 时的行为	上一个值或替换值(默认值为 0)			
同时接通的输出数	8	16	8	16
电缆长度/m	500(屏蔽); 150(非屏蔽)			

表 3-31　SM1223 DI/DO 模块技术规范

型　号	SM1223 DI 8×24V DC, DQ 8×继电器	SM1223 DI 16×24V DC, DQ 16×继电器	SM1223 DI 8×24V DC, DQ 8×24V DC	SM1223 DI 16×24V DC, DQ 16×24V DC
功耗	5.5W	10W	2.5W	4.5W
电流消耗(SM 总线)	145mA	180mA	145mA	185mA
电流消耗(DC 24V)	所用的每点输入 4mA 所用的每个继电器线圈 11mA		所用的每点输入 4mA	
输入点数	8	16	8	16
类型	漏型/源型(IEC1 类漏型)			
额定电压	4mA 时,DC 24V,额定值			
允许的连续电压	最大 DC 30V			
浪涌电压	DC 35V,持续 0.5s			
逻辑 1 信号(最小)	2.5mA 时,DC 15V			
逻辑 0 信号(最大)	1mA 时,DC 5V			
隔离(现场侧与逻辑侧)	AC 500V,持续 1min			
隔离组	2	2	2	2
滤波时间	0.2ms、0.4ms、0.8ms、1.6ms、3.2ms、6.4ms 和 12.8ms(可选择,4 个为一组)			
同时接通的输入数	8	16	8	16
电缆长度/m	500(屏蔽);300(非屏蔽)			

（续）

型　号	SM1223 DI 8×24V DC, DQ 8×继电器	SM1223 DI 16×24V DC, DQ 16×继电器	SM1223 DI 8×24V DC, DQ 8×24V DC	SM1223 DI 16×24V DC, DQ 16×24V DC
	数字输出			
输出点数	8	16	8	16
类型	继电器,干触点		固态-MOSFET	
电压范围	DC 5~30V 或 AC 5~250V		DC 20.4~28.8V	
最大电流时的逻辑 1 信号	—		最小 DC 20V	
具有 10kΩ 负载时的逻辑 0 信号	—		最大 DC 0.1V	
电流(最大)	2.0A		0.5A	
灯负载	DC 30W/AC 200W		5W	
通态触点电阻	新设备最大为 0.2Ω		最大 0.6Ω	
每点的漏泄电流	—		最大 10μA	
浪涌电流	触点闭合时为 7A		8A,最长持续 100ms	
过载保护	无			
隔离(现场侧与逻辑侧)	AC 1500V,1min(线圈与触点), (绝缘测试电压 AC 1500V 时持续 1min,后续描述类同)		AC 500V,持续 1min	
隔离电阻	新设备最小为 100MΩ		—	
断开触点间的绝缘	AC 750V,持续 1min		—	
隔离组	2	4	1	1
每个公共端的电流	10A	8A	4A	8A
电感钳位电压	—		L+-48V,1W 损耗	
开关延迟	最长 10ms		断开到接通最长为 50μs 接通到断开最长为 200μs	
机械寿命(无负载)	10000000 个断开/闭合周期		—	
额定负载下的触点寿命	100000 个断开/闭合周期		—	
RUN-STOP 时的行为	上一个值或替换值(默认值为 0)			
同时接通的输出数	8	16	8	16
电缆长度/m	500(屏蔽),150(非屏蔽)			

表 3-32　SB1232 AO 信号板技术参数

型　号	SB1223 AQ 1×12 位
功耗	1.5W
电流消耗(SM 总线)	15mA

（续）

型　号	SB1223 AQ 1×12 位
电流消耗（DC 24V）	40mA（无负载）
模拟输出路数	1
类型	电压或电流
范围	±10V 或 0~20mA
精度	电压：12 位；电流：11 位
型号	SB 1223 AQ 1×12 位
满量程范围（数据字）	电压：−27648~27648 电流：0~27648
精度（25℃/0~55℃）	满量程的±0.5%/±1%
稳定时间（新值的 95%）	电压：300μs（R）、750μs（1μF）；电流：600μs（1mH）、2ms（10mH）
负载阻抗	电压：≥1000Ω；电流：≤600Ω
RUN-STOP 时的行为	上一个值或替换值（默认值为 0）
隔离（现场侧与逻辑侧）	无
电缆长度	10m，屏蔽双绞线
诊断：上溢/下溢	有
对地短路（仅限电压模式）	有
断路（仅限电流模式）	有

表 3-33　SM1231 AI 模块、SM1234 AI/AO 模块技术参数

型　号	SM1231 AI 4×13 位	SM1231 AI 8×13 位	SM1234 AI 4×13 位 AQ 2×14 位
功耗	1.5W	1.5W	2.0W
电流消耗（SM 总线）	80mA	90mA	80mA
电流消耗（DC 24V）	45mA	45mA	60mA（无负载）
模拟输入路数	4	8	4
类型	电压或电流（差动）：可 2 个选为一组		
范围	±10V、±5V、±2.5V 或 0~20mA		
满量程范围（数据字）	−27648~27648		
过冲/下冲范围（数据字）	电压：32511~27649/−27649~−32512；电流：32511~27649/0~−4864		
上溢/下溢（数据字）	电压：32767~32512/−32513~−32768；电流：32767~32512/−4865~−32768		
精度	12 位+符号位		
最大耐压/耐流	±35V/±40mA		
平滑	无、弱、中或强		
噪声抑制	400Hz、60Hz、50Hz 或 10Hz		
阻抗	≥9MΩ（电压）/250Ω（电流）		
隔离（现场侧与逻辑侧）	无		
精度（25℃/0~55℃）	满量程的±0.1%/±0.2%		

（续）

型 号	SM1231 AI 4×13 位	SM1231 AI 8×13 位	SM1234 AI 4×13 位 AQ 2×14 位
模数转换时间	625μs（400Hz 抑制）		
共模抑制	40dB，DC-60Hz		
工作信号范围	信号加共模电压必须小于+12V 且大于-12V		
电缆长度	100m，屏蔽双绞线		
诊断：上溢/下溢	有①	有①	有①
对地短路（仅限电压模式）	不适用	不适用	输出端有
断路（仅限电流模式）	不适用	不适用	输出端有
DC 24V 低压	有	有	有

① 如果对输入端施加大于 DC 30V 或小于 DC -15V 的电压，则结果值将是未知的，因此相应的上溢或下溢可能不会激活。

表 3-34　SM1232 AO 模块、SM1234 AI/AO 模块技术参数

型 号	SM1232 AQ 2×14 位	SM1232 AQ 4×14 位	SM1234 AI 4×13 位 AQ 2×14 位
功耗	1.5W	1.5W	2.0W
电流消耗（SM 总线）	80mA	80mA	80mA
电流消耗（DC 24V）	45mA（无负载）	45mA（无负载）	60mA（无负载）
模拟输出路数	2	4	2
类型	电压或电流		
范围	±10V 或 0~20mA		
精度	电压：14 位；电流：13 位		
满量程范围（数据字）	电压：-27648~27648；电流：0~27648		
精度（25℃/0~55℃）	满量程的±0.3%/±0.6%		
稳定时间（新值的95%）	电压：300μs(R)、750μs(1μF)；电流：600μs(1mH)、2ms(10mH)		
负载阻抗	电压：≥1000Ω；电流：≤600Ω		
RUN-STOP 时的行为	上一个值或替换值（默认值为 0）		
隔离（现场侧与逻辑侧）	无		
电缆长度/m	100m，屏蔽双绞线		
诊断：上溢/下溢	有①	有①	有①
对地短路（仅限电压模式）	有	有	输出端有
断路（仅限电流模式）	有	有	输出端有
DC 24V 低压	有	有	有

① 如果对输入端施加大于 DC30V 或小于 DC -15V 的电压，则结果值将是未知的，因此相应的上溢或下溢可能不会激活。

3. 通信模块

SIMATIC S7-1200 PLC 配备了不同的通信机制，一种是采用集成的 PROFINET 接口或紧凑型交换机模块 CSM1277，另一种是通过通信模块 CM 1241 实现点对点连接。S7-1200 CPU 最多可以添加 3 个通信模块。

CSM1277 模块是一款结构紧凑、模块化设计的工业以太网非托管交换机，应用自检测（Autosensing）和交叉自适应（Autocrossover）功能实现数据传输速率的自动检测，允许使用非交叉连接电缆，使用时不需要进行组态配置。CSM1277 模块有 4 个用于连接到工业以太网的 RJ-45 插口和用于工业以太网端口诊断和状态显示的 LED。能够以线形、树形或星形拓扑结构将 SIMATIC S7-1200 系列设备连接到工业以太网，实现低成本的自动化网络，如图 3-29 所示。CSM1277 的技术规范见表 3-35。

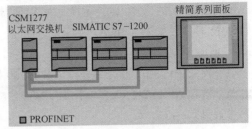

图 3-29　通过 CSM1277 交换机的多设备的连接

表 3-35　CSM1277 技术规范

连接器	CSM1277
通过双绞线连接终端设备或网络组件	采用 MDI-X 接法的 4×RJ-45 插孔，10/100Mbit/s（半/全双工），浮地
电源接头	3 针插入式接线端子
电源	电源 DC 24V（限制：DC 19.2~28.8V） 安全超低电压（SELV）；功能性接地
DC 24V 时的功耗	1.6W
额定电压时的电流消耗	70mA
输入端的过电压保护	PTC 自恢复熔断器（0.5A/60V）
允许的电缆长度	
通过工业以太网 FCTP 电缆连接 0~100m	带有 IEFCRJ-45plug180 的工业以太网 FCTP 标准电缆，或者 通过工业以太网 FCoutletRJ-45 连接 0~90m 工业以太网 FCTP 标准电缆+10mTP 软线
0~85m	带有 IEFCRJ-45plug180 的工业以太网 FCTP 船用/拖拽电缆，或者 0~75m 工业以太网 FCTP 船用/拖拽电缆+10mTP 软线
老化时间	280s
允许的环境条件	
工作温度	0~60℃
存储/运输温度	−40~70℃
工作时的相对湿度	<95%（无结露）
工作时海拔	环境温度最高 56℃时为 2000m；环境温度最高 50℃时为 3000m
抗扰性	EN61000-6-2
发射	EN61000-6-4
防护等级	IP20
MTBF	273 年

CM 1241 通信模块有 RS485 和 RS232 两种技术规格，可直接执行 ASCII、USS drive protocol 和 Modbus RTU 协议。CM 1241 通信模块用于执行强大的点到点高速串行通信，可使用于 SIMATIC S7 自动化系统及其他制造商的系统，可与打印机、机械手控制、调制

解调器、扫描仪、条形码扫描器等设备构成工业网络系统，如图 3-30 所示。组态软件 STEP 7 Basic 中集成了 CM1241 的参数设定环境，使用便捷。CM1241 的技术参数见表 3-36。

4. 电源模块

电源模块 PM 1207 可为 SIMATIC S7-1200 提供稳定电源，输入 AC 120/230V，输出 DC 24V/2.5A。其技术参数见表 3-37。

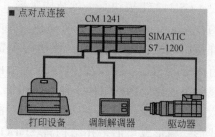

图 3-30　通过 CM1241 的点对点连接

表 3-36　CM1241 的技术参数

CM1241 RS485	CM1241 RS232
发送器和接收器	
共模电压范围:-7~12V,1s,3VRMS 连续	发送器输出电压:R_L = 3kΩ 时最小+/-5V
发送器差动输出电压:R_L = 100Ω 时最小 2V,R_L = 54Ω 时最小 1.5V	传送输出电压:最大 DC +/-15V
终端和偏置:B 上 10kΩ 对+5V,PROFIBUS 针 3 A 上 10kΩ 对 GND,PROFIBUS 针 8	接收器输入阻抗:最小 3kΩ
接收器输入阻抗:最小 5.4kΩ,包括终端	接收器阈值/灵敏度:最低 0.8V,最高 2.4V　典型滞后 0.5V
接收器阈值/灵敏度:最低+/-0.2V,典型滞后 60mV	接收器输入电压:最大 DC +/-30V
隔离:AC 500V,1min RS485 信号与外壳接地 RS485 信号与 CPU 逻辑公共端	隔离:AC 500V,1min RS232 信号与外壳接地 RS232 信号与 CPU 逻辑公共端
电缆长度,屏蔽电缆:最长 1000m	电缆长度,屏蔽电缆:最长 10m
电源规范	
功率损失(损耗):1.1W	
DC +5V 电流:220mA	

表 3-37　PM1207 技术参数

型　　号	PM1207
输入电压,额定值 ·范围	AC 120/230V(自动调整范围) AC 85~132V/176~264V
电源缓冲	>20ms(当 U_e = 93/187V)
电源频率额定值 ·范围	50/60Hz Range47~63Hz
输入电流,额定值	1.2/0.67A
开启电流(25℃)	<13A
推荐使用微型断路器	16A 特征曲线 B,10A 特征曲线 C
输出电压,额定值	DC 24V
偏差	±3%
残余波纹	<150mVpp(毫伏峰峰值)

（续）

型　号	PM1207
调整范围	无
输出电流,额定值	2.5A
额定值下效率近似值	83%
并联以提高性能	是,2个装置
电气短路保护	能,自动重启
无线电干扰抑制等级(EN55022)	B级
状态显示	24V时,LED为绿色,OK
电源谐波限制(EN61000-3-2)	不适用
防护等级	IP20
安全等级	1级
电流隔离	SELV输出电压,符合EN60950及EN50178
工作环境温度	0~60℃
运输/存储温度	0~60℃

S7-1200 PLC系列主要设备见表3-38。

表3-38　S7-1200 PLC系列主要设备

CPU	CPU 1211C	1211 CPU AC/DC/Rly　1211 CPU DC/DC/DC　1211 CPU DC/DC/Rly
	CPU 1212C	1212 CPU AC/DC/Rly　1212 CPU DC/DC/DC　1212 CPU DC/DC/Rly
	CPU 1214C	1214 CPU AC/DC/Rly　1214 CPU DC/DC/DC　1214 CPU DC/DC/Rly
数字量扩展模块	SM 1222	8×继电器输出
	SM 1222	8×24V DC输出
	SM 1223	8×24V DC输入/8×继电器输出
	SM 1223	8×24V DC输入/8×24V DC输出
	SM 1221	8×24V DC输入
	SM 1222	16×继电器输出
	SM 1222	16×24V DC输出
	SM 1223	16×24V DC输入/16×继电器输出
	SM 1223	16×24V DC输入/16×24V DC输出
	SM 1221	16×24V DC输入
模拟量扩展模块	SM 1234	4×模拟量输入/2×模拟量输出
	SM 1231	4×模拟量输入
	SM 1231	8×模拟量输入
	SM 1232	2×模拟量输出
	SM 1232	4×模拟量输出
	SM 1231	4×16位热电阻模拟量输入
	SM 1231	4×16位热电偶模拟量输入
通信扩展模块	CM 1241	RS485
	CM 1241	RS232
信号板数字量/模拟量	SB 1223	2×24V DC输入/2×24V DC输出
	SB 1232	1×模拟量输出
其他硬件	PM1207	CSM1277以太网交换机-4端口

3.5.2 S7-1200 系列 PLC 的存储器及数据类型

1. CPU 存储器

CPU 提供了以下用于存储用户程序、数据和组态的存储区。

（1）装载存储器 用于非易失性地存储用户程序、数据和组态。将项目下载到 CPU 后，CPU 会先将程序存储在装载存储区中。该存储区位于存储卡（如存在）或 CPU 中。CPU 能够在断电后继续保持该非易失性存储区。存储卡支持的存储空间比 CPU 内置的存储空间更大。

（2）工作存储器 易失性存储器用于在执行用户程序时存储用户项目的某些内容。CPU 会将一些项目内容从装载存储器复制到工作存储器中。该易失性存储区将在断电后丢失，而在恢复供电时由 CPU 恢复。

（3）保持性存储器 用于非易失性地存储限量的工作存储器值。断电过程中，CPU 使用保持性存储区存储所选用户存储单元的值。如果发生断电或掉电，CPU 将在上电时恢复这些保持性值。CPU 允许在组态软件中对位存储器 M、函数块 FB 的变量和全局数据块的变量进行保持性设置。

2. 系统和时钟存储器

使用 CPU 属性设置可将 M 存储器的一个字节分配给"系统存储器"或"时钟存储器"，并可在程序中通过该 M 存储器名称来引用它们的各个位。

1）将 M 存储器的一个字节分配给系统存储器。系统存储器字节提供表 3-39 所示 4 个状态信息位。

表 3-39 系统存储器

7~4	3	2	1	0
保留值 0	始终为 0	始终为 1	诊断状态指示 ·1:CPU 记录了诊断事件后的一个扫描周期内 ·0:除上述之外	首次扫描指示 ·1:启动 OB 完成后第一个扫描周期内 ·0:不是首次扫描周期

2）将 M 存储器的一个字节分配给时钟存储器。被分配给时钟存储器的字节中的每一位均可生成方波脉冲，共有 8 种频率，其范围为 0.5~10Hz，见表 3-40。

表 3-40 时钟存储器

位号	7	6	5	4	3	2	1	0
变量名称	—	—	—	—	—	—	—	—
周期/s	2.0	1.6	1.0	0.8	0.5	0.4	0.2	0.1
频率/Hz	0.5	0.625	1	1.25	2	2.5	5	10

3. 诊断缓冲区

CPU 支持的诊断缓冲区包含有与诊断事件一一对应的条目。每个条目都包含了事件发生的日期和时间、事件类别及事件描述。条目按时间顺序显示，最新发生的事件位于最上面。此日志最多可提供 50 个最近发生的事件。掉电时，将保存事件。诊断缓冲区中记录以下事件类型：

1）所有系统诊断事件。例如，CPU 错误和模块错误。

2）CPU 的每次状态切换（每次上电、每次切换到 STOP 模式、每次切换到 RUN 模式）必须在线访问诊断缓冲区。

4. 日时钟

CPU 支持日时钟。在 CPU 断电期间，超级电容器提供系统时钟继续运行所需的电能，时长高达 20 天。STEP 7 将时钟设置为系统时间，若要使用日时钟，必须进行时间设置。诊断缓冲区条目、数据日志文件和数据日志条目的时间戳都是基于系统时间的。

5. S7-1200 PLC 的数据

STEP 7 简化了符号编程。通常，可在 PLC 变量表、数据块中创建变量，也可在 OB、FC 或 FB 的接口中创建变量。这些变量包括名称、数据类型、偏移量和注释。此外，在数据块中，还可设定起始值。在编程时，在指令参数中输入变量名称既可使用这些变量，也可在指令参数中输入绝对操作数（存储区、大小和偏移量），见表 3-41。

表 3-41 存储区

存储区	说　明	强　制	保持性
I 过程映像输入 I_:P1（物理输入）	在扫描周期开始时从物理输入复制 立即读取 CPU、SB 和 SM 上的物理输入点	无 支持	无 无
Q 过程映像输出 Q_:P1（物理输出）	在扫描周期开始时复制到物理输出 立即写入 CPU、SB 和 SM 上的物理输出点	无 支持	无 无
M 位存储器	控制和数据存储器	无	支持（可选）
L 临时存储器	存储块的临时数据，这些数据仅在该块的本地范围内有效	无	无
DB 数据块	数据存储器，同时也是 FB 的参数存储器	无	是（可选）

对 PLC 变量所引用的"绝对"寻址进行说明。

（1）全局储存器　CPU 提供了各种专用存储区，其中包括输入（I）、输出（Q）和位存储器（M）。所有代码块可以无限制地访问该储存器。

（2）PLC 变量表　在 STEP 7 PLC 变量表中，可以输入特定存储单元的符号名称。这些变量在 STEP 7 程序中为全局变量，并允许用户对其进行命名。

（3）数据块（DB）　用以存储代码块的数据。从相关代码块开始执行一直到结束，存储的数据始终存在。"全局"DB 存储所有代码块均可使用的数据，而背景 DB 存储特定 FB 的数据并且由 FB 的参数进行构造。

（4）临时存储器　只要调用代码块，CPU 的操作系统就会分配要在执行块期间使用的临时或本地存储器（L）。代码块执行完成后，CPU 将重新分配本地存储器，以用于执行其他代码块。

每个存储单元都有唯一的地址。用户程序利用这些地址访问存储单元中的信息。绝对地址由存储区标识符（如 I、Q 或 M）、要访问的数据的大小（"B"表示 Byte、"W"表示 Word、"D"表示 DWord）和数据的起始地址（如字节 3 或字 3）组成。对输入

（I）或输出（Q）存储区（例如 I0.3 或 Q1.7）的引用会访问过程映像。要立即访问物理输入或输出，请在引用后面添加"：P"（例如，I0.3：P、Q1.7：P 或"Stop：P"）。

可以按位、字节、字或双字访问 I（输入过程映像）和 Q（输出过程映像），输入过程映像通常为只读；输出过程映像允许读写访问。I/Q 存储器的绝对地址见表 3-42。

表 3-42 I/Q 存储器的绝对地址

位	I[字节地址].[位地址]	I0.1
字节、字或双字	I[大小][起始字节地址]	IB4、IW5 或 ID12
位	Q[字节地址].[位地址]	Q1.1
字节、字或双字	Q[大小][起始字节地址]	QB5、QW10、QD40

通过在地址后面添加"：P"，可以立即读取 CPU、SB、SM 或分布式模块的数字量和模拟量的物理输入和输出。使用 I_：P 访问直接从被访问点而非输入过程映像获得数据。这种 I_：P 访问称为"立即读"访问。使用 I_：P 访问不会影响存储在输入过程映像中的相应值。

Q_：P 除了将数据写入输出过程映像外，还直接将数据写入被访问点（写入两个位置）。这种 Q_：P 访问有时称为"立即写"访问。因为物理输出点直接控制与其连接的现场设备，所以不允许对这些点进行读访问，即 Q_：P 访问为只写访问。I/Q 存储器的绝对地址（立即）见表 3-43。

表 3-43 I/Q 存储器的绝对地址（立即）

位	I[字节地址].[位地址]：P	I0.1：P
字节、字或双字	I[大小][起始字节地址]：P	IB4：P、IW5：P 或 ID12：P
位	Q[字节地址].[位地址]：P	Q1.1：P
字节、字或双字	Q[大小][起始字节地址]：P	QB5：P、QW10：P 或 QD40：P

位存储区（M）：针对控制继电器及数据的位存储区（M 存储器），用于存储程序的中间状态或其他控制信息，可以按位、字节、字或双字访问位存储区。M 存储器允许读写访问。

表 3-44 M 存储器的绝对地址

位	M[字节地址].[位地址]	M26.7
字节、字或双字	M[大小][起始字节地址]	MB20、MW30、MD50

临时存储器：CPU 根据需要分配临时存储器。启动代码块（对于 OB）或调用代码块（对于 FC 或 FB）时，CPU 将为代码块分配临时存储器并将存储单元初始化为 0。

临时存储器与 M 存储器类似，但有一个主要的区别：M 存储器在"全局"范围内有效，而临时存储器在"局部"范围内有效：

1）M 存储器：任何 OB、FC 或 FB 均可访问 M 存储器中的数据，也就是说这些数据可以全局性地用于用户程序中的所有元素。

2）临时存储器：CPU 限定只有创建或声明了临时存储单元的 OB、FC 或 FB 才可以访问临时存储器中的数据。临时存储单元是局部有效的，并且其他代码块不会共享临时存储器，即使在代码块调用其他代码块时也是如此。例如，当 OB 调用 FC 时，FC 无法访问对其进行调用的 OB 的临时存储器。

CPU 为每个 OB 优先级都提供了临时（本地）存储器：

1）16KB 用于启动和程序循环（包括相关的 FB 和 FC）。

2）6KB 用于每次额外的中断事件线程，包括相关的 FB 和 FC。

只能通过符号寻址的方式访问临时存储器，临时（本地）存储器空间的大小可查。

DB（数据块）：DB 存储器用于存储各种类型的数据，其中包括操作的中间状态或 FB 的其他控制信息参数，以及许多指令（如定时器和计数器）所需的数据结构。可以按位、字节、字或双字访问数据块存储器。读/写数据块允许读访问和写访问，只读数据块只允许读访问。DB 存储器的绝对地址见表 3-45。

表 3-45　DB 存储器的绝对地址

位	DB[数据块编号].DBX[字节地址].[位地址]	DB1.DBX2.3
字节、字或双字	DB[数据块编号].DB[大小][起始字节地址]	DB1.DBB4、DB10.DBW2、DB20.DBD8

6. 模拟值的处理

模拟量信号模块可以提供输入信号，或等待表示电压范围或电流范围的输出值。这些范围是 ±10V、±5V、±2.5V 或 0～20mA。模块返回的值是整数值，其中，0～27648 表示电流的额定范围，−27648～27648 表示电压的额定范围。任何该范围之外的值即表示上溢或下溢。

7. 数据类型

数据类型用于指定数据元素的大小以及如何解释数据。每个指令参数至少支持一种数据类型，而有些参数支持多种类型。

形参指的是指令上标记该指令要使用的数据位置的标识符（如 ADD 指令的 IN1 输入）。实参指的是包含指令要使用的数据的存储单元（含"%"字符前缀）或常量（如%MD400 "Number_of_Widgets"）。用户指定的实参的数据类型必须与指令指定的形参所支持的数据类型之一匹配。

指定实参时，必须指定变量（符号）或者绝对（直接）存储器地址。变量将符号名（变量名）与数据类型、存储区、存储器偏移量和注释关联在一起，并且可以在 PLC 变量编辑器或块（OB、FC、FB 和 DB）的接口编辑器中进行创建。如果输入一个没有关联变量的绝对地址，使用的地址大小必须与所支持的数据类型相匹配，而默认变量将在输入时创建。

除了 String、Struct、Array 和 DTL，其他所有数据类型都可以在 PLC 变量编辑器和块接口编辑器中使用。String、Struct、Array 和 DTL 只可在块接口编辑器中使用，还可以为许多输入参数输入常数值。

- 位和位序列：Bool（布尔或位值）、Byte（8 位字节值）、Word（16 位值）、DWord（32 位双字值）
- 整型

—USInt（无符号 8 位整数）、SInt（有符号 8 位整数）

—UInt（无符号 16 位整数）、Int（有符号 16 位整数）

—UDInt（无符号 32 位整数）、DInt（有符号 32 位整数）

● 浮点实数：Real（32 位实数或浮点值）、LReal（64 位实数或浮点值）

● 时间和日期：Time（32 位 IEC 时间值）、Date（16 位日期值）、TOD（32 位时间值）、DTL（12 字节日期和时间结构）

● 字符和字符串：Char（8 位单字符）、String（最长 254 个字符的可变长度字符串）

● 数组

● 数据结构：Struct

● PLC 数据类型

● Variant 数据类型

尽管表 3-46 中的 BCD 格式不能用作数据类型，但它们受转换指令支持。

表 3-46　BCD 格式的大小和数字范围

格式	大小（位）	数字范围	常量输入示例
BCD16	16	-999 ～ 999	123，-123
BCD32	32	-9999999 ～ 9999999	1234567，-1234567

（1）Bool、Byte、Word 和 DWord 数据类型（见表 3-47）

表 3-47　位和位序列数据类型

数据类型	位大小	数值类型	数值范围	常数示例	地址示例
Bool	1	布尔运算 二进制 八进制 十六进制	FALSE 或 TRUE 0 或 1 8#0 或 8#1 16#0 或 16#1	TRUE、1 0，2#0 8#1 16#1	I1.0 Q0.1 M50.7 DB1.DBX2.3 Tag_name
Byte	8	二进制 无符号整数 八进制 十六进制	2#0 ～ 2#11111111 0 ～ 255 8#0 ～ 8#377 B#16#0 ～ B#16#FF	2#00001111 15 8#17 B#16#F、16#F	IB2 MB10 DB1.DBB4 Tag_name
Word	16	二进制 无符号整数 八进制 十六进制	2#0 ～ 2#1111111111111111 0 ～ 65535 8#0 ～ 8#177777 W#16#0 ～ W#16#FFFF、 16#0 ～ 16#FFFF	2#1110000011110000 61680 8#170360 W#16#F0F0、16#F0F0	MW10 DB1.DBW2 Tag_name
DWord	32	二进制 无符号整数 八进制 十六进制	2#0 ～ 2#11111111111111111111111111111111 0 ～ 4294967295 8#0 ～ 8#37777777777 DW#16#0000_0000 ～ DW#16#FFFF_FFFF、 16#0000_0000 ～ 16#FFFF_FFFF	2#111100001111111 100001111 15793935 8#74177417 DW#16#F0FF0F、 16#F0FF0F	MD10 DB1.DBD8 Tag_name

（2）整数数据类型（见表 3-48）

（3）浮点型实数数据类型（见表 3-49）

ANSI/IEEE 754-1985 标准规定，实（或浮点）数以 32 位单精度数（Real）或 64 位

表 3-48　整型数据类型（U=无符号，S=短，D=双）

数据类型	位大小	数值范围	常数示例	地址示例
USInt	8	0~255	78,2#01001110	MB0、DB1.DBB4、Tag_name
SInt	8	−128~127	+50,16#50	
UInt	16	0~65535	65295,0	MW2、DB1.DBW2、Tag_name
Int	16	−32768~32767	30000,+30000	
UDInt	32	0~4294967295	4042322160	MD6、DB1.DBD8、Tag_name
DInt	32	−2147483648~2147483647	−2131754992	

表 3-49　浮点型实数数据类型（L=长浮点型）

数据类型	位大小	数值范围	常数示例	地址示例
Real	32	−3.402823e+38~−1.175495e-38、±0、+1.175495e-38~+3.402823e+38	123.456,−3.4,1.0e-5	MD100、DB1.DBD8、Tag_name
LReal	64	−1.7976931348623158e+308~−2.2250738585072014e-308、±0、+2.2250738585072014e-308~+1.7976931348623158e+308	12345.123456789e40、1.2E+40	DB_name.var_name 规则： ・不支持直接寻址 ・可在OB、FB或FC块接口数组中进行分配

双精度数（LReal）表示。单精度浮点数的精度最高为 6 位有效数字，而双精度浮点数的精度最高为 15 位有效数字。

在输入浮点常数时，最多可以指定 6 位（Real）或 15 位（LReal）有效数字来保持精度。

当计算涉及非常大和非常小数字的一长串数值时，计算结果可能不准确。

如果数字相差 10 的 x 次方，其中 $x>6$（Real）或 15（LReal），则会发生上述情况。例如（Real）：100000000+1=100000000。

（4）时间和日期数据类型（见表 3-50）

表 3-50　时间和日期数据类型

数据类型	大小	范　围	常量输入示例
Time	32 位	T#-24d_20h_31m_23s_648ms~T#24d_20h_31m_23s_647ms 存储形式：−2147483648ms~+2147483647ms	T#5m_30s,T#1d_2h_15m_30s_45ms TIME#10d20h30m20s630ms 500h10000ms,10d20h30m20s630ms
日期	16 位	D#1990-1-1~D#2168-12-31	D#2009-12-31,DATE#2009-12-31,2009-12-31
Time_of_Day	32 位	TOD#0:0:0.0~TOD#23:59:59.999	TOD#10:20:30.400,TIME_OF_DAY#10:20:30.400,23:10:1
DTL（长格式日期和时间）	12 个字节	最小：DTL#1970-01-01-00:00:00.0 最大：DTL#2262-04-11:23:47:16.854775807	DTL#2008-12-16-20:30:20.250

TIME 数据作为有符号双整数存储，单位为 ms。编辑器格式可以使用日期（d）、小时（h）、分钟（m）、秒（s）和毫秒（ms）信息，不需要指定全部时间单位。例如，T#5h10s 和 500h 均有效。所有指定单位值的组合值不能超出以 ms 表示的时间日期类型的范围（-2147483648～+2147483647ms）。

DATE 数据作为无符号整数值存储，被解释为添加到基础日期 1990 年 1 月 1 日的天数，用以获取指定日期。编辑器格式必须指定年、月和日。

TOD（TIME_OF_DAY）数据作为无符号双整数值存储，被解释为自指定日期的凌晨算起的毫秒数（凌晨=0ms）。必须指定小时（24 小时/天）、分钟和秒。可以选择指定小数秒格式。

DTL（日期和时间长型）数据类型使用 12 个字节的结构保存日期和时间信息，可以在块的临时存储器或者 DB 中定义 DTL 数据。DTL 的大小和范围见表 3-51。

表 3-51　DTL 的大小和范围

长度（字节）	格　式	值范围	值输入的示例
12	时钟和日历 年-月-日：时：分：秒. 纳秒	最小：DTL#1970-01-01-00：00：00.0 最大：DTL#2554-12-31-23：59：59.999999999	DTL#2008-12-16-20：30：20. 250

DTL 的每一部分均包含不同的数据类型和值范围。

指定值的数据类型必须与相应部分的数据类型相一致。DTL 结构的元素见表 3-52。

表 3-52　DTL 结构的元素

Byte	组　件	数据类型	值范围
0	年	UINT	1970～2554
1		USINT	
2	月	USINT	1～12
3	日	USINT	1～31
4	工作日[①]	USINT	1（星期日）～7（星期六）[①]
5	小时	USINT	0～23
6	分	USINT	0～59
7	秒	USINT	0～59
8～11	纳秒	UDINT	0～999999999

① 年-月-日：时：分：秒. 纳秒格式中不包括星期。

（5）字符和字符串数据类型（见表 3-53）

Char 在存储器中占 1 个字节，可以存储以 ASCII 格式（包括扩展 ASCII 字符代码）编码的单个字符。WChar 在存储器中占 1 个字的空间，可包含任意双字节字符表示形式。编辑器语法在字符的前面和后面各使用 1 个单引号字符。可以使用可见字符和控制字符。

CPU 支持使用 String 数据类型存储一串单字节字符。String 数据类型包含总字符数（字符串中的字符数）和当前字符数。String 类型提供了多达 256 个字节，用于在字符串中存储最大总字符数（1 个字节）、当前字符数（1 个字节）以及最多 254 个字节。String 数据类型中的每个字节都可以是 16#00～16#FF 的任意值。

表 3-53　字符和字符串数据类型

数据类型	大小	范围	常量输入示例
Char	8 位	16#00 ~ 16#FF	'A','t','@','ä','Σ'
WChar	16 位	16#0000 ~ 16#FFFF	'A','t','@','ä','Σ'，亚洲字符、西里尔字符以及其他字符
String	$n+2$ 字节	$n = (0 \sim 254$ 字节$)$	"ABC"
WString	$n+2$ 个字	$n = (0 \sim 65534$ 个字$)$	ä123@ XYZ. COM

WString 数据类型支持单字（双字节）值的较长字符串：第一个字包含最大总字符数；下一个字包含总字符数，接下来的字符串可包含多达 65534 个字。WString 数据类型中的每个字都可以是 16#0000 ~ 16#FFFF 的任意值。

可以对 IN 类型的指令参数使用带单引号的文字串（常量）。例如，'ABC'是由 3 个字符组成的字符串，可用作 S_CONV 指令中 IN 参数的输入。还可通过在 OB、FC、FB 和 DB 的块接口编辑器中选择"String"或"WString"数据类型来创建字符串变量。无法在 PLC 变量编辑器中创建字符串，可从数据类型下拉列表中选择一种数据类型，输入关键字"String"或"WString"，然后在方括号中以字节（String）或字（WString）为单位指定最大字符串大小。例如，"MyStringString［10］"指定 MyString 的最大长度为 10 个字节。如果不包含带有最大长度的方括号，则假定字符串的最大长度为 254，并假定 WString 的最大长度为 65534。"MyWStringWString［1000］"可指定一个 1000 字的 WString。

表 3-54 定义了一个最大字符数为 10 而当前字符数为 3 的 String。这表示该 String 当前包含 3 个单字节字符，但可以扩展到包含最多 10 个单字节字符。

表 3-54　String 数据类型示例

总字符数	当前字符数	字符 1	字符 2	字符 3	…	字符 10
10	3	'C'（16#43）	'A'（16#41）	'T'（16#54）	…	—
字节 0	字节 1	字节 2	字节 3	字节 4	…	字节 11

表 3-55 定义了一个最大字符数为 500 而当前字符数为 300 的 WString。这表示该 String 当前包含 300 个单字字符，但可以扩展到包含最多 500 个单字字符。

表 3-55　WString 数据类型示例

总字符数	当前字符数	字符 1	字符 2 ~ 299	字符 300	…	字符 500
500	300	'ä'（16#0084）	ASCII 字符字	'M'（16#004D）	…	—
字 0	字 1	字 2	字 3 ~ 300	字 301	…	字 501

ASCⅡ控制字符可用于 Char、Wchar、String 和 WString 数据中。控制字符语法见表 3-56。

（6）数组数据类型

数组包含多个相同数据类型的元素。数组可以在 OB、FC、FB 和 DB 的块接口编辑器中创建，无法在 PLC 变量编辑器中创建数组。

表 3-56 ASCⅡ 控制字符

控制字符	ASCⅡ十六进制值(Char)	ASCⅡ十六进制值(WChar)	控制功能	示例
$ L 或 $ l	16#0A	16#000A	换行	'$ LText'、'$ 0AText'
$ N 或 $ n	16#0A 和 16#0D	16#000A 和 16#000D	线路中断,新行显示字符串中的两个字符	'$ NText'、'$ 0A $ 0DText'
$ P 或 $ p	16#0C	16#000C	换页	'$ PText'、'$ 0CText'
$ R 或 $ r	16#0D	16#000D	回车(CR)	'$ RText'、'$ 0DText'
$ T 或 $ t	16#09	16#0009	制表符	'$ TText'、'$ 09Text'
$ $	16#24	16#0024	美元符号	'100 $ $'、'100 $ 24'
$ '	16#27	16#0027	单引号	'$'Text $"、'$ 27Text $ 27'

要在块接口编辑器中创建数组,需为数组命名并选择数据类型"Array [lo..hi] of-type",然后根据如下说明编辑"lo""hi"和"type":

1) lo——数组的起始(最低)下标。

2) hi——数组的结束(最高)下标。

3) type——数据类型之一,例如 BOOL、SINT、UDINT。

表 3-57 ARRAY 数据类型规则

数据类型	数组语法		
ARRAY	Name[index1_min..index1_max,index2_min..index2_max]of<数据类型> · 全部数组元素必须是同一数据类型 · 索引可以为负,但下限必须小于或等于上限 · 数组可以是一维到六维数组 · 用逗点字符分隔多维索引的最小最大值声明 · 不允许使用嵌套数组或数组的数组 · 数组的存储器大小=(1 个元素的大小×数组中的元素的总数)		
	数组索引	有效索引数据类型	数组索引规则
	常量或变量	USInt,SInt,UInt,Int,UDInt,DInt	· 限值:-32768 到+32767 · 有效:常量和变量混合 · 有效:常量表达式 · 无效:变量表达式

示例:数组声明　ARRAY [1..20] of REAL 一维,20 个元素

ARRAY [-5..5] of INT 一维,11 个元素

ARRAY [1..2, 3..4] of CHAR 二维,4 个元素

示例:数组地址　ARRAY1 [0] ARRAY1 元素 0

ARRAY2 [1, 2] ARRAY2 元素 [1, 2]

ARRAY3 [i, j] 如果 i=3 且 j=4,则对 ARRAY3 的元素 [3, 4]

进行寻址

（7）数据结构数据类型

可以用数据类型"Struct"来定义包含其他数据类型的数据结构。Struct 数据类型可用来以单个数据单元方式处理一组相关过程数据。

在数据块编辑器或块接口编辑器中命名 Struct 数据类型并声明内部数据结构，数组和结构还可以集中到更大结构中，一套结构可嵌套八层。例如，可以创建包含数组的多个结构组成的结构。

（8）PLC 数据类型

PLC 数据类型可用来定义可以在程序中多次使用的数据结构，可应用于：

1）PLC 数据类型可直接用作代码块接口或数据块中的数据类型。

2）PLC 数据类型可用作模板，以创建多个使用相同数据结构的全局数据块。

例如，PLC 数据类型可能是混合颜色的配方，用户可以将该 PLC 数据类型分配给多个数据块；之后，每个数据块都会调节变量，以创建特定颜色。

（9）Variant 指针数据类型（见表 3-58）

Variant 数据类型可以指向不同数据类型的变量或参数，Variant 指针可以指向结构和单独的结构元素，Variant 指针不会占用存储器的任何空间。

表 3-58 Variant 指针数据类型

长度（字节）	表示方式	格　式	示例输入
0	符号	操作数	MyTag
		DB_name. Struct_name. element_name	MyDB. Struct1. pressure1
	绝对	操作数	%MW10
		DB_number. OperandTypeLength	P#DB10. DBX10. 0INT12

（10）访问一个变量数据类型的"片段"

可以根据数据的大小按位、字节或字级别访问 PLC 变量和数据块变量，访问语法如下所示：

- "<PLC 变量名称>". xn（按位访问）
- "<PLC 变量名称>". bn（按字节访问）
- "<PLC 变量名称>". wn（按字访问）
- "<数据块名称>". <变量名称>. xn（按访问）
- "<数据块名称>". <变量名称>. bn（按字节访问）
- "<数据块名称>". <变量名称>. wn（按字访问）

双字大小的变量可按位 0~31、字节 0~3 或字 0~1 访问。1 个字大小的变量可按位 0~15、字节 0~1 或字 0 访问。字节大小的变量则可按位 0~7 或字节 0 访问。当预期操作数为位、字节或字时，则可使用位、字节和字片段访问方式。

可以按片段访问的有效数据类型：Byte、Char、Conn_Any、Date、DInt、DWord、Event_Any、Event_Att、Hw_Any、Hw_Device、HW_Interface、Hw_Io、Hw_Pwm、Hw_Sub-Module、Int、OB_Any、OB_Att、OB_Cyclic、OB_Delay、OB_WHINT、OB_PCYCLE、OB_STARTUP、OB_TIMEER、ROR、OB_Tod、Port、Rtm、SInt、Time、Time_Of_Day、UDInt、

UInt、USInt 和 Word。Real 类型的 PLC 变量可以按片段访问，但 Real 类型的数据块变量则不行。数据示意图如图 3-31 所示。

			BYTE
		WORD	
DWORD			
x31 x30 x29 x28 x27 x26 x25 x24	x23 x22 x21 x20 x19 x18 x17 x16	x15 x14 x13 x12 x11 x10 x9 x8	x7 x6 x5 x4 x3 x2 x1 x0
B3	B2	B1	B0
W1		W0	

图 3-31　数据示意图

在 PLC 变量表中，"DW" 是一个声明为 DWORD 类型的变量。表 3-59 显示了按位、字节和字片段的访问方式。

表 3-59　访问方式

方式	LAD	FBD	SCL
按位访问	"DW".x11	"DW".x11　&	IF"DW". x11THEN … END_IF;
按字节访问	"DW".b2 == Byte "DW".b3	Byte "DW".b2 IN1 "DW".b3 IN2	IF"DW". b2 = "DW". b3 THEN … END_IF;
按字片段访问	AND Word EN　ENO "DW".w0 IN1　OUT "DW".w1 IN2	AND Word … EN "DW".w0 IN1　OUT "DW".w1 IN2　ENO	out: = "DW". w0AND "DW". w1;

除了可访问变量数据类型的"片段"外，还可以访问带有 AT 覆盖的变量。

3.5.3　S7-1200PLC 的编程语言及程序结构

1. S7-1200PLC 的编程语言

创建程序或代码块时，需要选择编程语言。用户程序可以使用由任意或所有编程语言创建的程序块。S7-1200PLC 有 3 种标准编程语言：梯形图编程语言（Ladder，LAD），即基于电路图的图形化编程语言；功能块图编程语言（Function Block Diagram，FBD），即基于布尔代数的图形化编程语言；结构化控制语言（Structured Control Language，SCL），即基于文本的高级编程语言。

（1）LAD　编程元件（如动断触点、动合触点和线圈）相互连接构成程序段，如图 3-32 所示。

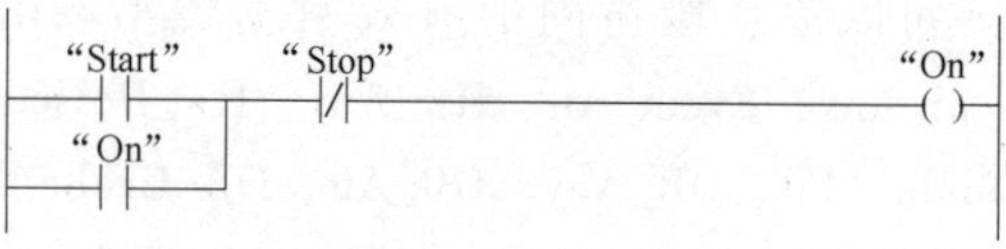

要创建复杂运算逻辑，可插入分支以

"Start"　"Stop"　"On"
"On"

图 3-32　LAD 程序示例

创建并行电路的逻辑，并行分支向下打开或直接连接到电源线，用户可向上终止分支。LAD 还向多种功能（如数学、定时器、计数器和移动）提供"功能框"指令。

LAD 程序形象直观，便于理解和掌握，但编程时需注意以下几条规则：

1）每个 LAD 程序段都必须使用线圈或功能框指令来终止。

2）不能创建可能导致反向能流的分支，如图 3-33a 所示。

3）不能创建可能导致短路的分支，如图 3-33b 所示。

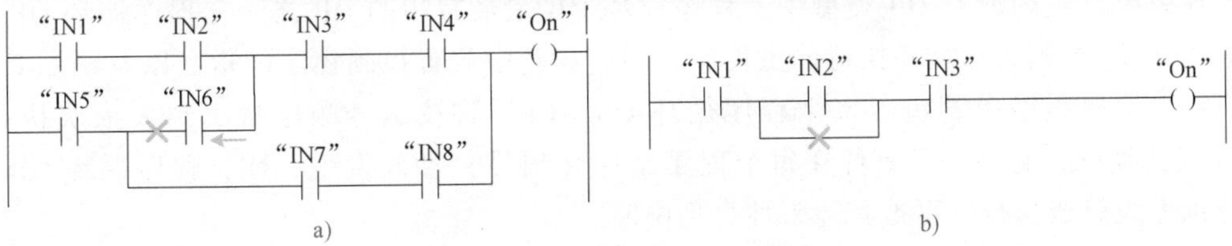

图 3-33 LAD 程序错误示例

（2）FBD　FBD 以布尔代数中使用的图形逻辑符号为基础。要创建复杂运算的逻辑，在功能框之间插入并行分支。算术功能和其他复杂功能可直接结合逻辑框表示，如图 3-34 所示。

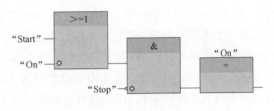

图 3-34 FBD 程序示例

（3）SCL　SCL 是一种基于 PAS-CAL 的高级编程语言。PASCAL 中的语法和指令均可应用于 SCL 编程。SCL 指令可使用标准编程运算符，例如，赋值、数学运算、比较、位逻辑运算等，构建用于计算值的公式。SCL 也可以使用标准的 PASCAL 程序控制操作，如 IF-THEN-ELSE、CASE、REPEAT-UNTIL、GOTO 和 RETURN，实现对程序流的控制。许多其他的 SCL 指令（如定时器和计数器）与 LAD 和 FBD 指令匹配。SCL 提供 PEEK 和 POKE 指令，用来从数据块、I/O 或存储器中读取内容或是向其中写入内容。

（4）EN 和 ENO　特定指令（如数学和移动指令）为 EN 和 ENO 提供参数。这些参数与 LAD 或 FBD 中的能流有关，并确定在该扫描期间是否执行指令。SCL 还允许用户为代码块设置 ENO 参数。

1）EN（使能输入）是布尔输入。要执行功能框指令，能流必须出现在此输入端（EN=1）。如果 LAD 框的 EN 输入直接连接到左侧电源线，将始终执行该指令。

2）ENO（使能输出）是布尔输出。如果该功能框在 EN 输入端有能流且正确执行了其功能，则 ENO 输出会将能流传递到下一个元素（ENO=1）；如果执行功能框指令时检测到错误，则在产生该错误的功能框指令处终止该能流（ENO=0）。

2. S7-1200PLC 的代码块

为了创建有效的用户程序，CPU 支持 4 种类型的代码块：组织块（OB）用来定义程序的结构或预定义行为和启动事件或用户自定义启动事件等；功能（FC）和功能块（FB）包含与特定任务或参数组合相对应的程序代码；数据块（DB）存储程序块可以使用的数据。

（1）组织块（OB）　组织块（OB）为程序提供结构，充当操作系统和用户程序之间的接口。OB 是由事件驱动的。事件（如诊断中断或时间间隔）会使 CPU 执行 OB。某些 OB 预定义了起始事件和行为。用户程序中可包含多个不同类型的 OB，CPU 按优先等级处理 OB，即先执行优先级较高的 OB，然后执行优先级较低的 OB。最低优先等级为 1（对应主程序循环），最高优先等级为 26。

在系统设定的所有 OB 类型中，程序循环 OB 是最常用的 OB 之一。程序循环 OB 是 CPU 处于 RUN 模式时循环执行的主程序，用户在其中放置控制程序的指令以及调用其他用户块。用户程序中若包含多个程序循环 OB，CPU 将按编号顺序从小到大依次执行。RUN 模式期间，程序循环事件在每个程序循环（扫描）期间发生一次，程序循环 OB 以最低优先级等级执行，可被其他事件类型中断。

除程序循环 OB 外，可根据用户需求创建其他 OB 以执行特定的功能，如启动 OB。启动 OB 在 CPU 的操作模式从 STOP 切换到 RUN 时执行一次，之后将开始执行主程序循环 OB。可为启动事件组态多个 OB：启动 OB 按编号顺序执行，中断 OB 用于处理中断和错误或用于以特定的时间间隔执行特定程序代码。发生中断事件时，CPU 会中断程序循环 OB 的执行并调用已组态用于处理该事件的 OB；完成中断 OB 的执行后，CPU 会在中断点继续执行用户程序。CPU 按优先级确定处理中断事件的顺序。中断 OB 包括延时中断 OB、循环中断 OB、硬件中断 OB、执行时间错误中断 OB、诊断错误中断 OB、拔出或插入模块 OB、机架或站故障 OB、时钟 OB、状态 OB、更新 OB、配置文件 OB 等。在使用闭环控制时，还会用到只读 MC 伺服和 MC 插补器 OB。

（2）功能（FC）　功能（FC）是用于对一组输入值执行特定运算的代码块。FC 将此运算结果存储在存储器位置。例如，可使用 FC 执行标准运算和可重复使用的运算（例如数学计算）或者执行工艺功能（如使用位逻辑运算执行独立的控制）。FC 可在程序中的不同位置多次调用。

FC 不具有相关的背景数据块（DB）。对于用于计算该运算的临时数据，FC 采用了局部数据堆栈，不保存临时数据。要长期存储数据，可将输出值赋给全局存储器位置，如 M 存储器或全局 DB。

（3）功能块（FB）　功能块（FB）是使用背景数据块保存其参数和静态数据的代码块。FB 具有位于背景 DB 中的变量存储器。背景 DB 提供与 FB 的实例（或调用）关联的一块存储区并在 FB 完成后存储数据，可将不同的背景 DB 与 FB 的不同调用进行关联。通过背景 DB 可使用一个通用 FB 控制多个设备。

如图 3-35 所示，一个通用 FB 可以控制多个相似的设备（如电动机），方法是在每次调用时为各设备分配不同的背景数据块，每个背景 DB 存储单个设备的

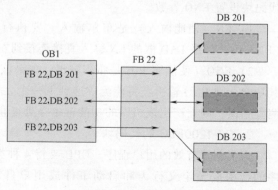

图 3-35　FB 调用 DB 示意图

数据（如速度、加速时间和总运行时间）。此例中，FB22 控制 3 个独立的设备，其中，DB201、DB202、DB203 分别存储第一、二、三台设备的运行数据。

（4）数据块（DB） 在用户程序中创建数据块（DB）以存储代码块的数据，相关代码块执行完成后，DB 中存储的数据不会被删除。有两种类型的 DB：

1）全局 DB。存储程序中代码块的数据。任何 OB、FB 或 FC 都可访问全局 DB 中的数据。

2）背景 DB。存储特定 FB 的数据。背景 DB 中数据的结构反映了 FB 的参数（Input、Output 和 InOut）和静态数据（FB 的临时存储器不存储在背景 DB 中）。

3. S7-1200 PLC 的程序结构

（1）CPU 的工作模式 CPU 有以下 3 种工作模式：STOP 模式、STARTUP 模式和 RUN 模式。

1）在 STOP 模式下，CPU 不执行程序，但可以下载项目。

2）在 STARTUP 模式下，执行一次启动 OB（如果存在）。在启动模式下，CPU 不会处理中断事件。

3）在 RUN 模式下，程序循环 OB 重复执行。可能发生中断事件，并在 RUN 模式中的任意点执行相应的中断事件 OB。RUN 模式下可下载项目的某些部分。CPU 支持通过暖启动进入 RUN 模式。

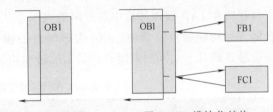

图 3-36　线性结构　　　　图 3-37　模块化结构

（2）S7-1200 PLC 的程序结构

根据应用需求，可选择创建线性结构或模块化结构的用户程序：

1）线性程序将所有程序指令都放入循环执行程序块 OB（OB1）中，按顺序逐条执行用于自动化任务的所有指令，如图 3-36 所示。

2）模块化程序调用可执行特定任务的特定代码块，如图 3-37 所示。

要创建模块化结构，需要将复杂的自动化任务分解为与过程的工艺功能相对应的更小的次级任务。每个代码块都为每个次级任务提供程序段。通过从另一个块中调用其中一个代码块来构建程序。

模块化编程策略可简化用户程序的结构、降低程序调试难度、缩短设计周期和后期的程序管理。

（3）程序块设计 通过设计 FB 和 FC 执行通用任务，可创建模块化代码块。然后可通过由其他代码块调用这些可重复使用的模块来构建程序。调用块将设备特定的参数传递给被调用块。当一个代码块调用另一个代码块时，CPU 会执行被调用块中的程序代码。执行完被调用块后，CPU 会继续执行调用块，继续执行该块调用之后的指令。图 3-38 中的 A 为调用块，B 为被调用（或中断）块，其顺序：①程序执行；②用于触发其他块执行的指令或事件；③程序执行；④块结束（返回到调用块）。

可嵌套块调用以实现更加模块化的结构。在以下示例中，嵌套深度为 3：程序循环 OB 加 3 层对代码块的调用。图 3-39 中，①为循环开始，②为嵌套深度。

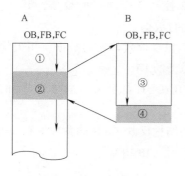

图 3-38 代码块调用示意图

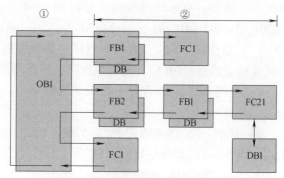

图 3-39 代码块嵌套调用示意图

3.5.4 S7-1200 系列 PLC 编程指令

1. 位逻辑指令

位逻辑指令是对 Bool（布尔或位值）数据逻辑运算指令的统称，主要包含以下几类。

（1）与（AND）、或（OR）、异或（XOR）逻辑指令

位逻辑在 LAD 编程环境中最常用的表示形式为触点，见表 3-60。位逻辑的触点包括动合触点和动断触点。其中，INn 为该触点的操作数（Bool 类型）。若 INn 被赋值为 0，则动合触点断开，动断触点闭合；若 INn 被赋值为 1，则动合触点闭合，动断触点断开。

表 3-60 AND、OR 和 XOR 指令

	AND	OR	XOR
FBD	"IN1" "IN2" &	"IN1" "IN2" >=1	"IN1" "IN2" X
LAD	"IN1" "IN2"	"IN1" / "IN2"	"IN1" "IN2" / "IN2" "IN1"
SCL	out: = in1ANDin2;	out: = in1ORin2;	out: = in1XORin2;
说明	所有输入都为1,输出才为1	有一个输入为1,输出就为1	奇数个输入为1,输出才为1

用户可将触点相互连接来创建所需的组合逻辑，如对触点进行串联、并联实现与（AND）、或（OR）、异或（XOR）逻辑。

在 FBD 编程中，LAD 触点程序段变为与（&）、或（>=1）和异或（X）功能框程序段。可在其中为功能框输入和输出指定位地址或位符号名称，也可以连接到其他逻辑框创建所需的逻辑组合。执行功能框指令时，当前输入状态会应用到二进制功能框逻辑，如果为真，功能框输出将为真。

（2）NOT 逻辑反相指令（见表 3-61） LAD 程序中，NOT 触点取反能流输入的逻辑状态。如果没有能流流入 NOT 触点，则会有能流流出；如果有能流流入 NOT 触点，则没有能流流出。

表 3-61　NOT 逻辑反相指令

	NOT
FBD	
LAD	—|NOT|—
SCL	NOT

（3）输出线圈和赋值功能框　线圈输出指令写入输出位的值（Bool 类型）。如果有能流通过输出线圈或启用了 FBD "＝" 功能框，则输出位设置为 1；如果没有能流通过输出线圈或未启用 FBD "＝" 赋值功能框，则输出位设置为 0；如果有能流通过反向输出线圈或启用了 FBD "／＝" 功能框，则输出位设置为 0；如果没有能流通过反向输出线圈或未启用 FBD "／＝" 功能框，则输出位设置为 1。赋值和赋值取反功能见表 3-62。

表 3-62　赋值和赋值取反

	＝	／＝
FBD		
LAD	"OUT" —( )—	"OUT" —(/)—
SCL	out：＝<布尔表达式>；	out：＝NOT<布尔表达式>；

（4）置位和复位指令　置位和复位指令包括位置位、位复位、位域置位、位域复位 4 个指令，见表 3-63。

位置位指令　S（置位）激活时，OUT 地址处的数据值置 1；S 未激活时，OUT 不变。

位复位指令　R（复位）激活时，OUT 地址处的数据值置 0；R 激活时，OUT 不变。

位域置位指令　SET_BF 激活时，从寻址变量 OUT 处开始的 "n" 位置 1；SET_BF 未激活时，OUT 不变。

位域复位指令　RESET_BF 激活时，从寻址变量 OUT 处开始的 "n" 位置 0；RESET_BF 未激活时，OUT 不变。

表 3-63　置位和复位指令

	S	R	SET_BF	RESET_BF
FBD				
LAD	"OUT" —(S)—	"OUT" —(R)—	"OUT" —| SET_BF |— "n"	"OUT" —| RESET_BF |— "n"
数据类型	IN，OUT：Bool		OUT：Bool 位域的起始元素（例如#MyArray[3]）n：常数（UInt）位数	

（5）RS 和 SR 指令　RS 和 SR 指令功能见表 3-64。

置位优先指令（RS）　置位优先锁存，其中置位优先。如果置位（S1）和复位（R）信号都为真，则地址 INOUT 的值将为 1。

复位优先指令（SR）　复位优先锁存，其中复位优先。如果置位（S）和复位（R1）信号都为真，则地址 INOUT 的值将为 0。

表 3-64　RS 和 SR 指令

	RS	SR
FBD	"INOUT" RS — R Q — S1	"INOUT" SR — S Q — R1
数据类型	S、S1、R、R1、INOUT、Q：Bool；1 表示优先	

INOUT 变量分配要置位或复位的位地址。可选输出 Q 遵循 INOUT 地址的信号状态。RS 和 SR 指令示例见表 3-65。

表 3-65　RS 和 SR 指令示例

指令	S1	R	INOUT 位	指令	S	R1	INOUT 位
RS	0	0	先前状态	SR	0	0	先前状态
	0	1	0		0	1	0
	1	0	1		1	0	1
	1	1	1		1	1	0

（6）上升沿和下降沿指令　上升沿和下降沿跳变检测见表 3-66。

表 3-66　上升沿和下降沿跳变检测

	P	N	P=	N=
LAD	"IN" —| P |— "M_BIT"	"IN" —| N |— "M_BIT"	"OUT" —(P)— "M_BIT"	"OUT" —(N)— "M_BIT"
FBD	"IN" P "M_BIT"	"IN" N "M_BIT"	"OUT" P= "M_BIT"	"OUT" N= "M_BIT"
参数类型及说明	M_BIT：Bool. 保存输入的前一个状态的存储器位 IN：Bool. 检测其跳变沿的输入位；OUT：Bool. 指示检测到跳变沿的输出位			

操作数上升沿检测　在分配的 IN 位上检测到正跳变（断到通）时，该触点的状态为 TRUE。

操作数下降沿检测　在分配的输入位上检测到负跳变（通到断）时，该触点的状态为 TRUE。

能流上升沿检测　在进入线圈/功能框的能流中检测到正跳变（断到通）时，分配的 OUT 位为 TRUE。

能流下降沿检测　在进入线圈/功能框的能流中检测到负跳变（通到断）时，分配的OUT 位为 TRUE。

扫描 RLO（逻辑运算结果）的信号上升沿　在 CLK 输入状态（FBD）或 CLK 能流输入（LAD）中检测到正跳变（断到通）时，Q 输出能流或逻辑状态为 TRUE（见表 3-67）。

扫描 RLO 的信号下降沿　在 CLK 输入状态（FBD）或 CLK 能流输入（LAD）中检测到负跳变（通到断）时，Q 输出能流或逻辑状态为 TRUE（见表 3-67）。

表 3-67　P_TRIG 和 N_TRIG

	P_TRIG	N_TRIG	R_TRIG	F_TRIG
LAD/FBD	P_TRIG —CLK　Q— "M_BIT"	N_TRIG —CLK　Q— "M_BIT"	"R_TRIG_DB" R_TRIG —EN　ENO— —CLK　Q—	"F_TRIG_DB_1" F_TRIG —EN　ENO— —CLK　Q—
SCL	无	无	"R_TRIG_DB"(CLK: = _in_, Q = >_bool_out_);	"F_TRIG_DB"(CLK: = _in_, Q = >_bool_out_);
参数类型及说明	CLK:Bool. 检测其跳变沿的能流或输入位；　Q:Bool. 指示检测到沿的输出			

在信号上升沿置位变量，分配的背景数据块用于存储 CLK 输入的前一状态。在 CLK 输入状态（FBD）或 CLK 能流输入（LAD）中检测到正跳变（断到通）时，Q 输出能流或逻辑状态为 TRUE。在 LAD 中，R_TRIG 指令不能放置在程序段的开头或结尾。在 FBD 中，R_TRIG 指令可以放置在除分支结尾外的任何位置。

在信号下降沿置位变量，分配的背景数据块用于存储 CLK 输入的前一状态。在 CLK 输入状态（FBD）或 CLK 能流输入（LAD）中检测到负跳变（通到断）时，Q 输出能流或逻辑状态为 TRUE。在 LAD 中，F_TRIG 指令不能放置在程序段的开头或结尾。在 FBD 中，F_TRIG 指令可以放置在除分支结尾外的任何位置。

所有的边沿指令都采用存储位（M_BIT：P/N 触点/线圈，P_TRIG/N_TRIG）或（背景数据块位：R_TRIG，F_TRIG）保存被监控输入信号的先前状态。通过将输入的状态与前一状态进行比较来检测沿。

如果状态指示在关注的方向上有输入变化，则会在输出写入 TRUE 来报告沿；否则，输出会写入 FALSE。

2. 定时器指令

S7-1200PLC 提供 4 种类型定时器（见表 3-68），均使用 16 字节的 IEC_Timer 数据类型的 DB 结构来存储定时器数据。当 IN 由 0 变为 1（FBD）或能流由断变为通（LAD）时，TP、TON、TONR 开始启用；当 IN 由 1 变为 0（FBD）或能流由通变为断（LAD）时，TOF 开始启用。

TP 定时器　脉冲定时器（见图 3-40），可生成具有预设宽度时间的脉冲。

TON 定时器　接通延时定时器（见图 3-41），在预设的延时过后将输出 Q 设置为 ON。

TOF 定时器　关断延时定时器（见图 3-42），在预设的延时过后将输出 Q 重置为 OFF。

表 3-68 定时器指令

FBD	LAD	SCL	参数类型及说明
IEC_Timer_0 TP Time IN Q PT ET	"TP_DB" —(TP)— "PRESET_Tag"	"IEC_Timer_0_DB".TP(IN:=_bool_in_,PT:=_time_in_, Q=>_bool_out_,ET=>_time_out_);	
IEC_Timer_1 TON Time IN Q PT ET	"TCN_DB" —(TCN)— "PRESET_Tag"	"IEC_Timer_0_DB".TON(IN:=_bool_in_,PT:=_time_in_, Q=>_bool_out_,ET=>_time_out_);	
IEC_Timer_2 TOF Time IN Q PT ET	"TCF_DB" —(TCF)— "PRESET_Tag"	"IEC_Timer_0_DB".TOF(IN:=_bool_in_,PT:=_time_in_, Q=>_bool_out_,ET=>_time_out_);	IN:bool PT、"PRESET_Tag":Time32 位设定值 R:Bool 复位输入 Q、DBdata.Q:定时器 DB 中 的 Q 位 ET、DBdata.ET:定时器 DB 中的当前值
IEC_Timer_3 TONR Time IN Q R ET PT	"TCNR_DB" —(TCNR)— "PRESET_Tag"	"IEC_Timer_0_DB".TONR(IN:=_bool_in_,R:=_bool_in_, PT:=_time_in_,Q=>_bool_out_, ET=>_time_out_);	
仅FBD: PT PT	"TCN_DB" —(PT)— "PRESET_Tag"	PRESET_TIMER(PT:=_time_in_,TIMER: =_iec_timer_in_);	
仅FBD: RT	"TCN_DB" —(RT)—	RESET_TIMER(_iec_timer_in_);	

TONR 定时器　累加型接通延时定时器（见图 3-43），在预设的延时过后将输出 Q 设置为 ON。在使用 R 输入重置经过的时间之前，会跨越多个定时时段一直累加经过的时间。当 R=1，将 ET 和 Q 位重置为 0。

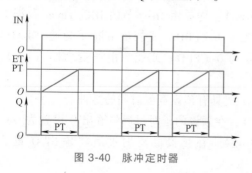

图 3-40　脉冲定时器

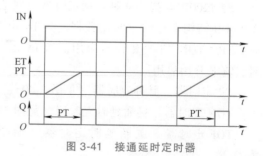

图 3-41　接通延时定时器

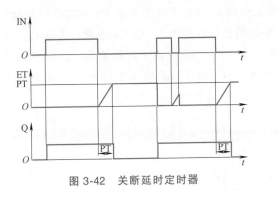

图 3-42 关断延时定时器

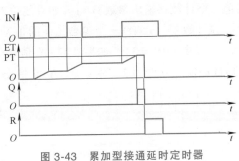

图 3-43 累加型接通延时定时器

PT（预设定时器）线圈　时间间隔值加载指定 IEC_TimerDB 数据中的 PRESET 元素。

ET（复位定时器）线圈　指定 IEC_TimerDB 数据中的 ELAPSED 时间元素将重置为 0。

PT（预设时间）和 ET（经过的时间）值以表示毫秒时间的有符号双精度整数形式存储在指定的 IEC_TIMERDB 数据中。TIME 数据使用 T#标识符，可以以简单时间单元（T# 200ms 或 200）和复合时间单元（如 T#2s_200ms）的形式输入。

3. 计数器操作

计数器指令（见表 3-69）对内部程序事件和外部过程事件进行计数。S7-1200 PLC 的计数器有加计数器（CTU）、减计数器（CTD）和加减计数器（CTUD）3 种。

表 3-69　计数器指令

FBD	SCL	参数类型及说明
"Counter name" CTU Int CU—Q R—CV PV	"IEC_Counter_0_DB".CTU (CU:=_bool_in,R:=_bool_in, PV:=_in,Q=>_bool_out, CV=>_out);	CU、CD:Bool,加计数或减计数,按加或减一计数 R(CTU,CTUD):Bool,将计数值重置为零 LD(CTD,CTUD):Bool,预设值的装载控制 PV:SInt,Int,DInt,USInt,UInt,UDInt,预设计数值 Q、QU:Bool,CV>=PV 时为真 QD:Bool,CV<=0 时为真 CV:SInt,Int,DInt,USInt,UInt,UDInt,当前计数值
"Counter name" CTD Int CD—Q LD—CV PV	"IEC_Counter_0_DB".CTD (CD:=_bool_in,LD:=_bool_in, PV:=_in,Q=>_bool_out, CV=>_out);	
"Counter name" CTUD Int CU—QU CD—QD R—CV LD PV	"IEC_Counter_0_DB".CTU D(CU:=_bool_in,CD:=_bool_in, R:=_bool_in,LD:=_bool_in, PV:=_in_,QU=>_bool_out, QD=>_bool_out,CV=>_out_);	

加计数器（CTU）　当参数 CU 的值从 0 变为 1 时，CTU 会使计数值加 1。如图 3-44 所

示（其中，PV＝3），如果参数 CV（当前计数值）的值大于或等于参数 PV（预设计数值）的值，则计数器输出参数 Q＝1；如果复位参数 R 的值从 0 变为 1，则 CV 值重置为 0。

　　减计数器（CTD）　当参数 CD 的值从 0 变为 1 时，CTD 会使计数值减 1。如图 3-45 所示（其中，PV＝3），如果参数 CV 值等于或小于 0，则计数器输出参数 Q＝1；如果参数 LOAD 的值从 0 变为 1，则参数 PV 值将作为新的 CV 值装载到计数器。

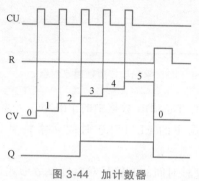

图 3-44　加计数器

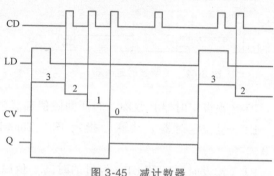

图 3-45　减计数器

　　加减计数器（CTUD）　当加计数（CU）输入或减计数（CD）输入从 0 转换为 1 时，CTUD 将加 1 或减 1。如图 3-46 所示（其中 PV＝4），如果参数 CV 的值大于等于参数 PV 的值，则计数器输出参数 QU＝1；如果参数 CV 的值小于或等于零，则计数器输出参数 QD＝1；如果参数 LOAD 的值从 0 变为 1，则参数 PV 的值将作为新的 CV 值装载到计数器；如果复位参数 R 的值从 0 变为 1，则当前计数值重置为 0。

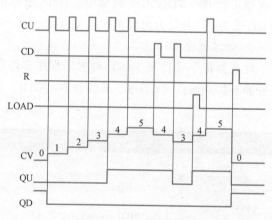

图 3-46　加减计数器

　　在计数过程中，如果计数值是无符号整型数，则可以减计数到零或加计数到范围限值；如果计数值是有符号整数，则可以减计数到负整数限值或加计数到正整数限值。

　　PV 值为 SInt 或 USInt 数据类型，计数器指令占用 3 个字节；PV 值为 Int 或 UInt 数据类型，计数器指令占用 6 个字节；PV 值为 Dint 或 UDInt 数据类型，计数器指令占用 12 个字节。

　　4. 比较运算指令

　　（1）比较值指令　比较数据类型相同的两个值。LAD 触点比较结果为 TRUE 时，则该触点会被激活；如果该 FBD 功能框比较结果为 TRUE，则功能框输出为 TRUE。比较值指令见表 3-70，比较说明见表 3-71。

　　（2）IN_Range（范围内值）和 OUT_Range（范围外值）指令　范围内值和范围外值指令（见表 3-72）用来测试输入值是在指定的值范围之内还是之外。如果比较结果为 TRUE，则功能框输出为 TRUE。

表 3-70 比较值指令

LAD	FBD	SCL	参数类型及说明
"IN1" == Byte "IN2"	Byte == "IN1"—IN1 "IN2"—IN2	out: = in1 = in2; orIFin1 = in2 THENout: = 1; ELSEout: = 0; END_IF;	IN1、IN2：Byte、Word、DWord、SInt、Int、DInt、USInt、UInt、UDInt、Real、LReal、String、WString、Char、Char、Time、Date、TOD、DTL、常数

表 3-71 比较说明

关系类型	满足以下条件时比较结果为真	关系类型	满足以下条件时比较结果为真
=	IN1 等于 IN2	<=	IN1 小于或等于 IN2
<>	IN1 不等于 IN2	>	IN1 大于 IN2
>=	IN1 大于或等于 IN2	<	IN1 小于 IN2

表 3-72 范围内值和范围外值指令

	IN_RANGE	OUT_RANGE
FBD/LAD	IN_RANGE ？？？ MIN VAL MAX	OUT_RANGE ？？？ MIN VAL MAX
SCL	out: = IN_RANGE(min, val, max);	out: = OUT_RANGE(min, val, max);
参数类型及说明	MIN、VAL、MAX：SInt、Int、DInt、USInt、UInt、UDInt、Real、LReal、常数	

- 满足以下条件时，IN_RANGE 比较结果为真：MIN <= VAL <= MAX。
- 满足以下条件时，OUT_RANGE 比较结果为真：VAL < MIN 或 VAL > MAX。

（3）OK（检查有效性）和 NOT_OK（检查无效性）指令 OK 和 NOT_OK 指令（见表 3-73）用来测试输入数据参考是否为符合 IEEE 规范 754（浮点数表示形式的统一标准）的有效实数。OK：输入值为有效实数时，测试结果为 TRUE。NOT_OK：输入值不是有效实数时，测试结果为 TRUE。

表 3-73 OK 和 NOT_OK 指令

LAD	FBD	SCL	参数类型及说明
"IN" OK	"IN" OK	不提供	IN：Real、LReal
"IN" NOT_OK	"IN" NOT OK	不提供	

（4）变型和数组比较指令 相关指令介绍如下：

1）相同和不同比较指令（见表 3-74）：

表 3-74　EQ_Type、NE_Type、EQ_ElemType、NE_ElemType 指令

	LAD	FBD	参数类型及说明
EQ_Type	#Operand1 ⊣ EQ_TYpe ⊢ "#Operand 2"	#Operand 1 EQ_Type "Operand 2"─IN2　OUT	Operand1：Variant Operand2：位字符串、整数、浮点数、定时器、日期和时间、字符串、ARRAY、PLC数据类型
NE_Type	#Operand 1 ⊣ NE_TYpe ⊢ "#Operand 2"	#Operand 1 NE_Type "Operand 2"─IN2　OUT	
EQ_ElemType	#Operand 1 ⊣EQ_ElemType⊢ "#Operand 2"	#Operand 1 EQ_Elemtype "Operand 2"─IN2　OUT	
NE_ElemType	#Operand 1 ⊣ NE_ElemType ⊢ "#Operand 2"	#Operand 1 NE_Elemtype "Operand 2"─IN2　OUT	

① EQ_Type 指令和 NE_Type 指令分别用于测试 Operand1 处的变型所指向的变量是否与 Operand2 处的变量具备相同或不同的数据类型。

② EQ_ElemType 指令和 NE_ElemType 指令分别用于测试 Operand1 处的变型所指向的数组元素是否与 Operand2 处的变量具备相同或不同的数据类型。

在这些指令中，将 Operand1 与 Operand2 进行比较。Operand1 的数据类型必须为 Variant。Operand2 可以是 PLC 数据类型的基本数据类型。如果通过相同或不同测试，则逻辑运算结果（RLO）为 1（TRUE），否则为 0（FALSE）。

2）空比较指令（见表 3-75）：IS_NULL 指令用来测试 Operand 的 Variant 所指向的变量是否为空，即不指向任何对象；NOT_NULL 指令用来测试 Operand 的 Variant 所指向的变量是否不为空，即指向一个对象。操作数 Operand 必须为 Variant 数据类型。

（5）IS_ARRAY（检查数组）　IS_ARRAY 指令（见表 3-75）用来测试 Operand 的 Variant 所指向的变量是否为数组。如果操作数是数组，则指令返回 1。

表 3-75　IS_NULL、NOT_NULL 和 IS_ARRAY 指令

	IS_NULL	NOT_NULL	IS_ARRAY
LAD	#Operand ⊣ IS_NULL ⊢	#Operand ⊣NOT_NULL⊢	#Operand ⊣ IS_ARRAY⊢
FBD	#Operand IS_NULL 　OUT	# Operand NOT_NULL 　OUT	# Operand IS_ARRAY 　OUT
SCL	无		IS_ARRAY（_variant_in_）
参数类型	Operand：Variant		

5. 数学函数

（1）CALCULATE（计算）指令　CALCULATE 指令（见表 3-76）可用于创建作用于多个输入上的数学函数（IN1，IN2，…，INn），并在 OUT 处生成结果，所有输入和输出的数据类型必须相同。当执行 CALCULATE 并成功完成计算中的所有单个运算时，ENO =

1，否则 ENO = 0。

（2）加减乘除指令　加法指令 ADD（IN1 + IN2 = OUT），减法指令 SUB（IN1 - IN2 = OUT），乘法指令 MUL（IN1 * IN2 = OUT），除法指令 DIV（IN1/IN2 = OUT，整数除法运算会截去商的小数部分以生成整数输出）。启用数学指令（EN = 1）后，指令会对输入值（IN1 和 IN2）执行指定的运算并将结果存储在通过输出参数（OUT）指定的存储器地址中。运算成功完成后，指令会设置 ENO = 1。

表 3-76　CALCULATE 和加减乘除指令

	CALCULATE	ADD/SUB/MUL/DIV			
FBD	CALCULATE ??? EN ENO OUT:=<???> IN1 IN2 OUT	ADD ??? EN ENO IN1 IN2 OUT	SUB ??? EN ENO IN1 IN2 OUT	MUL ??? EN ENO IN1 IN2 OUT	DIV ??? EN ENO IN1 IN2 OUT
SCL	使用标准 SCL 数学表达式创建等式	out：= in1+in2；　out：= in1-in2；out：= in1 * in2；　out：= in1/in2；			
参数类型及说明	IN1、IN2、…、INn、OUT：SInt、Int、DInt、USInt、UInt、UDInt、Real、LReal、Byte、Word、DWord	IN1、IN2：SInt、Int、DInt、USInt、UInt、UDInt、Real、LReal、常数OUT：SInt、Int、DInt、USInt、UInt、UDInt、Real、LReal			

（3）MOD（返回除法的余数，即求模）指令　MOD 指令（见表 3-77）用于返回整数除法运算的余数，即用输入 IN1 的值除以输入 IN2 的值，在输出 OUT 中返回余数。参数 IN1、IN2 和 OUT 的数据类型必须相同。ENO 为 1，则说明无错误；若 ENO 为 0，则说明值 IN2 = 0，OUT 被赋以零值。

（4）NEG（求二进制补码）指令　NEG 指令（见表 3-77）将参数 IN 的值的算术符号取反并将结果存储在参数 OUT 中。参数 IN 和 OUT 的数据类型必须相同。ENO 为 1，则说明无错误；若 ENO 为 0，则说明结果值超出所选数据类型的有效数值范围。以 SInt 为例，NEG（-128）的结果为 +128，超出该数据类型的最大值。

表 3-77　MOD、NEG、INC 和 DEC 指令

	MOD	NEG	INC	DEC
FBD	MOD ??? EN ENO IN1 IN2 OUT	NEG ??? EN ENO IN OUT	INC ??? EN ENO IN/OUT	DEC ??? EN ENO IN/OUT
SCL	out：= in1MODin2；	-(in)；	in_out：= in_out+1；	in_out：= in_out-1；
参数类型及说明	IN1、IN2：SInt、Int、DInt、USInt、UInt、UDInt、常数OUT：SInt、Int、DInt、USInt、UInt、UDInt	IN：SInt、Int、DInt、Real、LReal、ConstantOUT：SInt、Int、DInt、Real、LReal	IN/OUT：SInt、Int、DInt、USInt、UInt、UDInt	

（5）INC（递增）和 DEC（递减）指令　INC 指令表示递增有符号或无符号整数值；DEC 指令表示递减有符号或无符号整数值，见表 3-77。若 ENO 为 1，说明无错误；若 ENO 为 0，说明结果值超出所选数据类型的有效数值范围。以 SInt 为例，INC（+127）的结果为+128，超出该数据类型的最大值。

（6）ABS（计算绝对值）指令　ABS 指令（见表 3-78）计算参数 IN 的有符号整数或实数的绝对值并将结果存储在参数 OUT 中。参数 IN 和 OUT 的数据类型必须相同。若 ENO 为 1，说明无错误；若 ENO 为 0，说明数学运算结果值超出所选数据类型的有效数值范围。以 SInt 为例，ABS（-128）的结果为+128，超出该数据类型最大值。

表 3-78　ABS、MIN 和 MAX 指令

	ABS	MIN	MAX
FBD	ABS ??? —EN ENO— —IN OUT—	MIN ??? —EN ENO— —IN1 OUT— —IN2	MAX ??? —EN ENO— —IN1 OUT— —IN2
SCL	out：=ABS(in)；	out：=MIN(in1：=_variant_in_, in2：=_variant_in_[, …in32])；	out：=MAX(in1：=_variant_in_, in2：=_variant_in_[, …in32])；
参数类型及说明	IN、OUT：SInt、Int、DInt、Real、LReal	IN1、IN2［…IN32］：SInt、Int、DInt、USInt、UInt、UDInt、Real、LReal、Time、Date、TOD、常数、数学运算输入（最多 32 个输入） OUT：SInt、Int、DInt、USInt、UInt、UDInt、Real、LReal、Time、Date、TOD	

（7）MIN（获取最小值）和 MAX（获取最大值）指令　MIN 指令用于比较两个参数 IN1 和 IN2 的值并将最小（较小）值分配给参数 OUT，MAX 指令用于比较两个参数 IN1 和 IN2 的值并将最大（较大）值分配给参数 OUT，见表 3-78。IN1、IN2 和 OUT 参数的数据类型必须相同。若 ENO 为 1，说明无错误；若 ENO 为 0（仅适用于 Real 数据类型），说明至少一个输入不是实数（NaN）或结果 OUT 为+/-INF（无穷大）。

（8）LIMIT（设置限值）指令　LIMIT 指令（见表 3-79）用于判别参数 IN 的值是否在指定的范围内，若在范围内，则 IN 的值将存储在参数 OUT 中。如果 IN 值小于 MIN 值，则 OUT 值为参数 MIN 的值；如果 IN 值大于 MAX 值，则 OUT 值为参数 MAX 的值。参数 MIN、IN、MAX 和 OUT 的数据类型必须相同。

表 3-79　LIMIT 指令

FBD	SCL	参数类型及说明
LIMIT ??? —EN ENO— —MIN OUT— —IN2 —MX	LIMIT(MN：=_variant_in_, IN：=_variant_in_, MX：=_variant_in_, OUT：=_variant_out_)；	MIN、IN 和 MAX：SInt、Int、DInt、USInt、UInt、UDInt、Real、LReal、Time、Date、TOD、常数 OUT：SInt、Int、DInt、USInt、UInt、UDInt、Real、LReal、Time、Date、TOD

SCL 示例：

- MyVal：=LIMIT（MN：=10，IN：=53，MX：=40）；//结果：MyVal=40

- MyVal：=LIMIT（MN：=10，IN：=37，MX：=40）；//结果：MyVal=37
- MyVal：=LIMIT（MN：=10，IN：=8，MX：=40）；//结果：MyVal=10

（9）指数、对数及三角函数指令　使用浮点型数学运算指令（见表3-80）可编写使用 Real 或 LReal 数据类型的数学运算程序：

表 3-80　浮点型数学运算指令

	SQR	EXPT
FBD	SQR Real EN　ENO IN　OUT	EXPT Real..??? EN　ENO IN1　OUT IN2
SCL	out：=SQR(in)；或 out：=in * in；	out：=in1 * * in2；
数据类型及说明	IN、IN1：Real、LReal、Constant IN2：SInt、Int、DInt、USInt、UInt、UDInt、Real、LReal、Constant OUT：Real、LReal	

- SQR：计算二次方（$IN^2 = OUT$）
- SQRT：计算二次方根（$\sqrt{IN} = OUT$）
- LN：计算自然对数（LN（IN）= OUT）
- EXP：计算指数值（$e^{IN} = OUT$），其中，底数 e = 2.71828182845904523536
- EXPT：取幂（$IN1^{IN2} = OUT$）

EXPT 参数 IN1 和 OUT 的数据类型始终相同，必须为其选择 Real 或 LReal 类型。可以从众多数据类型中为指数参数 IN2 选择数据类型。

- FRAC：提取小数（浮点数 IN 的小数部分 = OUT）
- SIN：计算正弦值（sin（IN 弧度）= OUT）
- ASIN：计算反正弦值（arcsine（IN）= OUT 弧度），其中，sin（OUT 弧度）= IN
- COS：计算余弦值（cos（IN 弧度）= OUT）
- ACOS：计算反余弦值（arccos（IN）= OUT 弧度），其中，cos（OUT 弧度）= IN
- TAN：计算正切值（tan（IN 弧度）= OUT）
- ATAN：计算反正切值（arctan（IN）= OUT 弧度），其中，tan（OUT 弧度）= IN

6. 移动操作指令

（1）MOVE（移动值）、MOVE_BLK（移动块）、UMOVE_BLK（无中断移动块）和 MOVE_BLK_VARIANT（移动块）指令　移动指令（见表3-81）将数据元素复制到新的存储器地址并从一种数据类型转换为另一种数据类型。移动过程不会更改源数据。

MOVE 指令将单个数据元素从参数 IN 指定的源地址复制到参数 OUT 指定的目标地址（也可为多个地址）。

MOVE_BLK 指令将数据元素块复制到新地址的可中断移动。

UMOVE_BLK 指令将数据元素块复制到新地址的不可中断移动。

COUNT 指定要复制的数据元素个数。每个被复制元素的字节数取决于 PLC 变量表中分配给 IN 和 OUT 参数变量名称的数据类型。

表 3-81 MOVE、MOVE_BLK、UMOVE_BLK 和 MOVE_BLK_VARIANT 指令

FBD	SCL	数据类型及说明
MOVE —EN ENO— —IN OUT1—	out1 : = in ;	IN、OUT：SInt、Int、DInt、USInt、UInt、UDInt、Real、LReal、Byte、Word、DWord、Char、WChar、Array、Struct、DTL、Time、Date、TOD、IEC 数据类型、PLC 数据类型
MOVE_BLK —EN ENO— —IN OUT— —COUNT	MOVE_BLK(in : = _variant_in , count : = _uint_in , out = > _variant_out) ;	IN、OUT：SInt、Int、DInt、USInt、UInt、UDInt、Real、LReal Byte、Word、DWord、Time、Date、TOD、WChar COUNT：UInt
UMOVE_BLK —EN ENO— —IN OUT— —COUNT	UMOVE_BLK(in : = _variant_in , count : = _uint_in , out = > _variant_out) ;	
MOVE_BLK_VARIANT —EN ENO— —SRC Ret_Val— —COUNT DEST— —SRC_INDEX —DEST_INDEX	MOVE_BLK(SRC : = _variant_in , COUNT : = _udint_in , SRC_INDEX : = _dint_in , DEST_INDEX : = _dint_in , DEST = > _variant_out) ;	SRC：Variant（指向数组或单独的数组元素） COUNT：UDInt SRC_INDEX：DintSRC 数组的零基索引 DEST_INDEX：DintDEST 数组的零基索引 RET_VAL：Int 错误信息 DEST：Variant（指向数组或单独的数组元素）

　　MOVE_BLK_VARIANT 指令将源存储区域的内容移动到目标存储区域。可以将一个完整的数组或数组中的元素复制到另一个具有相同数据类型的数组中（源数组和目标数组的大小（元素数量）可以不同），可以复制数组中的多个或单个元素。源数组和目标数组都可以用 Variant 数据类型来指代。

　　（2）DESERIALIZE（取消序列化）指令　　DESERIALIZE 指令（见表 3-82）可将多个按顺序表达的 PLC 数据类型（UDT）（SRC_ARRAY）块转换回之前的 PLC 数据类型并填充所有内容。如果比较结果为 TRUE，则功能框输出为 TRUE。POS 为转换的 PLC 数据类型所使用的字节数，DEST_VARIABLE 为已转换的 PLC 数据类型（UDT）存储所在的变量，RET_VAL 为返回的错误信息。

表 3-82　DESERIALIZE 指令

FBD	SCL	参数类型及说明
DESERIALIZE —EN ENO— —SRC_ARRAY Ret_Val— —POS DEST_VARIABLE—	ret_val : = Deserialize(SRC_ARRAY : = _variant_in_ , DEST_VARIABLE = > _variant_out_ , POS : = _dint_inout_) ;	SRC_ARRAY：IN、Variant DEST_VARIABLE：INOUT、Variant POS：INOUT、Dint RET_VAL：OUT、Int

　　SRC_ARRAY 的存储区必须采用 Array of Byte 数据类型，并且必须为数据块声明标准

的访问方式，而不是优化访问方式，且转换前要确保有足够的存储空间。

如果只想转换一个按顺序表达的 PLC 数据类型（UDT），也可以使用指令 TRCV：通过通信连接接收数据。

（3）SERIALIZE 指令　SERIALIZE 指令（见表 3-83）可将多个 PLC 数据类型（UDT）（SRC_VARIABLE）转换成按顺序表达的版本，并且不丢失结构，保存至 DEST_ARRAY。POS 参数为已转换的 PLC 数据类型所占字节数的信息，RET_VAL 为返回错误信息。

表 3-83　SERIALIZE 指令

FBD	SCL	参数类型及说明
SERIALIZE EN　　ENO SRC_VARIABLE　Ret_Val POS　　DEST_ARRAY	ret_val: = Serialize(SRC_VARIABLE = >_variant_in_, DEST_ARRAY: = _variant_out_, POS: = _dint_inout_);	SRC_VARIABLE：IN、Variant DEST_ARRAY：INOUT、Variant POS：INOUT、Dint（计算出的 POS 参数是从零开始的） RET_VAL：OUT、Int

此指令可将程序中的多个结构化数据项暂时保存到缓冲区中（例如保存到全局数据块中），并发送给另一 CPU。存储已转换的 PLC 数据类型的存储区必须采用 ARRAY of BYTE 数据类型，并且已声明为标准访问方式。转换前要确保有足够的存储空间。

如果只想发送一个 PLC 数据类型（UDT），可以使用指令 TSEND：通过通信连接发送数据。

（4）FILL_BLK（填充块）和 UFILL_BLK（无中断填充块）指令　FILL_BLK 和 UFILL_BLK 指令（见表 3-84）用来使用指定数据元素的副本填充地址范围，即将源数据元素 IN 复制到通过参数 OUT 指定初始地址的目标中。复制过程不断重复并填充相邻的一组地址，直到副本数等于 COUNT 参数。FILL_BLK 和 UFILL_BLK 指令不能用于将数组填充到 I、Q 或 M 存储区。

表 3-84　FILL_BLK 和 UFILL_BLK 指令

FBD	SCL	参数类型及说明
FILL_BLK EN　　ENO IN　　OUT COUNT	FILL_BLK(in: = _variant_in, count: = int, out = >_variant_out);	IN、OUT：SInt、Int、DInt、USInt、UInt、UDInt、Real、LReal、Byte、Word、DWord、Time、Date、TOD、Char、WChar COUNT：UDint、USInt、UInt
UFILL_BLK EN　　ENO IN　　OUT COUNT	UFILL_BLK(in: = _variant_in, count: = int, out = >_variant_out);	

在 FILL_BLK 执行期间排队并处理中断事件。在中断 OB 子程序中未使用移动目标地址的数据时，或者虽然使用了该数据，但目标数据不必一致时，使用 FILL_BLK 指令。

在 UFILL_BLK 完成执行前排队但不处理中断事件。如果在执行中断 OB 子程序前移动操作必须完成且目标数据必须一致，则使用 UFILL_BLK 指令。

（5）SWAP（交换字节）指令　SWAP 指令（见表 3-85～表 3-87）用于反转 2 字节和

4 字节数据元素的字节顺序，但不改变每个字节中的位顺序。执行 SWAP 指令之后，ENO 始终为 TRUE。

表 3-85　SWAP 指令

FBD	SCL	数据类型及说明
SWAP ??? — EN　ENO — — IN　OUT —	out: = SWAP(in);	IN: Word、DWord OUT: Word、DWord

表 3-86　示例 1

示例 1	参数 IN = MB0(执行前)		参数 OUT = MB4(执行后)	
地址	MW0	MB1	MW4	MB5
W#16#1234	12	34	34	12
WORD	MSB	LSB	MSB	LSB

表 3-87　示例 2

示例 2	参数 IN = MB0(执行前)				参数 OUT = MB4(执行后)			
地址	MB0	MB1	MB2	MB3	MB4	MB5	MB6	MB7
DW#16#12345678	12	34	56	78	78	56	34	12
DWORD	MSB			LSB	MSB			LSB

（6）读/写存储器指令　读/写存储器指令如下：

1）PEEK 和 POKE 指令。SCL 提供的 PEEK 和 POKE 指令（示例见表 3-88），用来从数据块、I/O 或存储器中读取内容或是向其中写入内容。与数据块一起使用 PEEK 和 POKE 指令时，必须使用标准（未优化的）数据块。PEEK 和 POKE 指令仅用于传输数据，无法识别地址中的数据类型。

表 3-88　PEEK 和 POKE 指令示例

PEEK(area: =_in_, dbNumber: =_in_, byteOffset: =_in_);	读取引用数据块、I/O 或存储区中由 byteOffset 引用的字节 引用数据块示例:%MB100: =PEEK(area: =16#84, dbNumber: =1, byteOffset: =#i); 引用 IB3 输入示例:%MB100: = PEEK(area: = 16#81, dbNumber: = 0, byteOffset: = #i); //when#i = 3
PEEK_WORD(area: =_in_, dbNumber: =_in_, byteOffset: =_in_);	读取引用数据块、I/O 或存储区中由 byteOffset 引用的字 示例:%MW200: =PEEK_WORD(area: =16#84, dbNumber: =1, byteOffset: =#i)
PEEK_DWORD(area: =_in_, dbNumber: =_in_, byteOffset: =_in_);	读取引用数据块、I/O 或存储区中由 byteOffset 引用的双字 示例:%MD300: =PEEK_DWORD(area: =16#84, dbNumber: =1, byteOffset: =#i)
PEEK_BOOL(area: =_in_, dbNumber: =_in_, byteOffset: =_in_, bitOffset: =_in_);	读取引用数据块、I/O 或存储区中由 bitOffset 和 byteOffset 引用的布尔值 示例:%MB100.0: =PEEK_BOOL(area: =16#84, dbNumber: =1, byteOffset: =#ii, bit-Offset: =#j);

（续）

POKE（area：=_in_， dbNumber：=_in_， byteOffset：=_in_， value：=_in_）；	向引用数据块、I/O 或存储区中引用的 byteOffset 写入值（Byte、Word 或 DWord） 引用数据块示例：POKE（area：= 16#84，dbNumber：= 2，byteOffset：= 3，value：= "Tag_1"）； 引用 QB3 输出示例：POKE（area：= 16#82，dbNumber：= 0，byteOffset：= 3，value：= "Tag_1"）；
POKE_BOOL（area：=_in_， dbNumber：=_in_， byteOffset：=_in_， bitOffset：=_in_， value：=_in_）；	向引用数据块、I/O 或存储区中引用的 bitOffset 和 byteOffset 写入布尔值 示例：POKE_BOOL（area：= 16#84，dbNumber：= 2，byteOffset：= 3，bitOffset：= 5，value：= 0）；
POKE_BLK（area_src：=_in_， dbNumber_src：=_in_， byteOffset_src：=_in_， area_dest：=_in_， dbNumber_dest：=_in_， byteOffset_dest：=_in_， count：=_in_）；	将引用源数据块、I/O 或存储区从引用字节偏移量开始的共"count"个字节写入引用目标数据块、I/O 或存储区中引用的 byteOffset 区域 示例：POKE_BLK（area_src：= 16#84，dbNumber_src：= #src_db，byteOffset_src：= #src_byte，area_dest：= 16#84，dbNumber_dest：= #src_db，byteOffset_dest：= #src_byte，count：= 10）；

对于 PEEK 和 POKE 指令，area、area_src 和 area_dest 参数可以使用以下值（对于数据块以外的其他区域，dbNumber 参数必须为 0）：

16#81I

16#82Q

16#83M

16#84DB

2）读取和写入大尾和小尾（SCL）指令 S7-1200CPU 提供用于以小尾格式和大尾格式读取和写入数据的 SCL 指令（见表 3-89）：

表 3-89 SCL 指令

LAD/FBD	SCL	说 明
不提供	READ_LITTLE（ src_array：=_variant_in_，dest_Variable=>_out_，pos：=_dint_inout）	以小尾字节格式从存储区读取数据并写入到单个变量中
不提供	WRITE_LITTLE（src_variable：=_in_， dest_array=>_variant_inout_，pos：=_dint_inout）	以小尾字节形式将单个变量的数据写入到存储区
不提供	READ_BIG（src_array：=_variant_in_， dest_Variable=>_out_，pos：=_dint_inout）	以大尾字节格式从存储区读取数据并写入到单个变量中
不提供	WRITE_BIG（src_variable：=_in_， dest_array=>_variant_inout_，pos：=_dint_inout）	以大尾字节形式将单个变量的数据写入到存储区

① 小尾格式是指最低有效位所在的字节是存储器的最低地址。

② 大尾格式是指最高有效位所在的字节是存储器的最低地址。

以小尾格式和大尾格式读取和写入数据的 4 个 SCL 指令如下所示：

• READ_LITTLE（以小尾格式读取数据）指令（参数见表 3-90）

- READ_BIG（以大尾格式读取数据）指令（参数见表3-90）

表3-90　READ_LITTLE、READ_BIG 指令的参数

参　　数	数据类型	说　　明
src_array	ArrayofByte	欲进行数据读取的目标存储区
dest_Variable	位字符串、整数、浮点数、定时器、日期和时间、字符串	欲进行数据写入的目标变量
pos	DINT	从零开始算起，在 src_array 输入中开始读取数据的位置

- WRITE_LITTLE（以小尾格式写入数据）指令（参数见表3-91）
- WRITE_BIG（以大尾格式写入数据）指令（参数见表3-91）

表3-91　WRITE_LITTLE、WRITE_BIG 指令的参数

参　　数	数据类型	说　　明
src_variable	位字符串、整数、浮点数、LDT、TOD、LTOD、DATA、Char、WChar	来自变量的源数据
dest_array	Array of Byte	数据写入的目标存储区
pos	DINT	从零开始算起，在 dest_array 输出中开始写入数据的位置

表3-92　RET_VAL 参数

RET_VAL＊（W#16#…）	说　　明
0000	无错误
80B4	SRC_ARRAY 或 DEST_ARRAY，不是 Array of Byte
8382	参数 POS 的值超出数组的限制
8383	参数 POS 的值在数组的限制范围内，但是存储区的大小超出了数组的上限
＊ 可以在程序编辑器中以整数或十六进制的形式查看错误代码	

（7）Variant 指令　Variant 指令如下：

1）VariantGet（读取 VARIANT 变量值）。VariantGet 指令（见表3-93）用于读取 SRC 参数的 Variant 所指向的变量，并将其写入到 DST 参数的变量中。

表3-93　VariantGet 指令

FBD	SCL	参数类型
VariantGet EN　　ENO SRC　　DST	VariantGet(SRC：=_variant_in_, DST =>_variant_out_)；	SRC：Variant DST：位字符串、整数、浮点数、定时器、日期和时间、字符串、ARRAY 元素、PLC 数据类型

SRC 参数的数据类型为 Variant。除了 Variant 之外，所有数据类型都可为 DST 参数指定。DST 参数的变量所用的数据类型必须与 Variant 所指向的数据类型相匹配。

2）VariantPut（写入 VARIANT 变量值）指令。VariantPut 指令（见表3-94）将 SRC

参数中变量的值写入到 VARIANT 所指向的 DST 参数的变量中。

表 3-94 VariantPut 指令

LAD/FBD	SCL	参数类型
VariantPut EN ENO SRC DST	VariantPut(SRC: = _variant_in_, DST = >_variant_in_);	SRC:Bit strings、integers、floating-point numbers、timers、date and time、character strings、ARRAY elements、PLC data types DST:Variant

DST 参数的数据类型为 VARIANT。除了 VARIANT 之外，所有数据类型都可为 SRC 参数指定。SRC 参数的变量所用的数据类型必须与 VARIANT 所指向的数据类型相匹配。

想要复制结构和数组，可以使用 MOVE_BLK_VARIANT（移动块）指令。

3）CountOfElements（获取 ARRAY 元素数目）指令。CountOfElements 指令（见表 3-95）用来查询 Variant 指向的变量中所含有的 Array 元素数目。如果是一维 ARRAY，指令将返回上限和下限间之差+1；如果是多维 ARRAY，指令返回所有维度的结果。

表 3-95 CountOfElements 指令

FBD	SCL	参数类型
CountOfElements EN ENO IN RET_VAL	Result: = CountOfElements(_variant_in_);	IN:Variant RET_VAL:UDint

如果 Variant 指向 Array of Bool，指令的计数范围将包含填充元素（至最接近的字节边界）。例如，对 Array［0..1］of Bool 进行计数时，指令将返回 8。ENO 状态见表 3-96。

表 3-96 ENO 状态

ENO	条件	结果
1	无错误	指令将返回数组元素的数目
0	使用输入 EN 的信号状态为 0 或变量未指向数组	指令返回 0

（8）早期指令 FieldRead（读取域）和 FieldWrite（写入域）指令用于为一维数组提供变量数组索引操作，见表 3-97。FieldRead 指令用于从第一个元素由 MEMBER 参数指定的数组中读取索引值为 INDEX 的数组元素，数组元素的值将传送到 VALUE 参数指定的位置。WriteField 指令用于将 VALUE 参数指定的位置上的值传送给第一个元素由 MEMBER 参数指定的数组，该值将传送给由 INDEX 参数指定数组索引的数组元素。

如果满足下列条件之一，则使能输出 ENO = 0：

1）EN 输入的信号状态为 0。

2）在 MEMBER 参数引用的数组中未定义 INDEX 参数指定的数组元素。

3）处理过程中发生溢出之类的错误。

7. 转换操作

（1）CONV（转换值）指令 CONV 指令将数据元素从一种数据类型转换为另一种数据类型，见表 3-98。例如，DWORD_TO_REAL 将 DWord 值转换为 Real 值。

表 3-97　FieldRead 和 FieldWrite 指令

LAD/FBD	SCL	参数类型及说明
FieldRead ??? EN　　　ENO INDEX　VALUE MEMBER	value: = member[index];	Index：Dint. 要读取或写入的数组元素的索引号 Member1：二进制数、整数、浮点数、定时器、DATE、TOD 以及作为 ARRAY 变量元素的 CHAR 和 WCHAR 值 1：二进制数、整数、浮点数、定时器、DATE、TOD、CHAR、WCHAR。
FieldWrite ??? EN　　　ENO INDEX　MEMBER VALUE	member[index]: = value;	示例：如果将数组索引指定为[-2..4]，则第一个元素的索引为-2，而不是 0 将指定的数组元素复制到的位置（FieldRead）被复制到指定的数组元素的值的位置（FieldWrite）

表 3-98　CONV 指令

FBD	SCL	参数类型
CONV ??? to ??? EN　　　ENO IN　　　OUT	out: =<data type in>_TO_< da tatype out>(in);	IN：SInt、USInt、Int、UInt、DInt、UDInt、Real、LReal、BCD16、BCD32、Char、WChar OUT：SInt、USInt、Int、UInt、DInt、UDInt、Real、LReal、BCD16、BCD32、Char、WChar

（2）SCL 的转换指令　SCL 的转换指令是指不同类型数据（Bool、Byte、Word、DWord、SInt、USInt、Int、UInt、Dint、UDInt、Real、LReal、Time、DTL、TOD、Date、Char、String）之间互相转换的指令。例如，BOOL_TO_BYTE 值被传送到目标数据类型的最低有效位；BYTE_TO_BOOL 最低有效位被传送到目标数据类型。

（3）ROUND（取整）和 TRUNC（截尾取整）指令　ROUND 指令（见表 3-99）用于将实数转换为整数，SCL 中 ROUND 指令的默认输出数据类型为 DINT。实数的小数部分舍入为最接近的整数值（IEEE 取整为最接近值）。如果该数值刚好是两个连续整数的一半（如 10.5），则将其取整为偶数。例如，ROUND（10.5）= 10；ROUND（11.5）= 12。

表 3-99　ROUND 和 TRUNC 指令

FBD	SCL	参数类型及说明
ROUND Real to Dint EN　　　ENO IN　　　OUT	out: =ROUND(in);	IN：Real、LReal（浮点型输入） OUT：SInt、Int、DInt、USInt、UInt、UDInt、Real、LReal（取整或截取后的输出）
TRUNC Real to Dint EN　　　ENO IN　　　OUT	out: =TRUNC(in);	

TRUNC 指令（见表 3-99）用于将实数转换为整数。实数的小数部分被截成零（IEEE 取整为零）。

（4）CEIL（浮点数向上取整）和 FLOOR（浮点数向下取整）指令　CEIL 指令将实

数（Real 或 LReal）转换为大于或等于所选实数的最小整数（IEEE 向正无穷取整），FLOOR 指令将实数（Real 或 LReal）转换为小于或等于所选实数的最大整数（IEEE 向负无穷取整），见表 3-100。

表 3-100　CEIL 和 FLOOR 指令

	CEIL	FLOOR
FBD	CEIL Real to Dint EN　　ENO IN　　OUT	FLOOR Real to Dint EN　　ENO IN　　OUT
SCL	out: = CEIL(in);	out: = FLOOR(in);
参数类型 及说明	IN：Real、LReal（浮点型输入） OUT：SInt、Int、DInt、USInt、UInt、UDInt、Real、LReal（转换后的输出）	

（5）SCALE_X（标定）和 NORM_X（标准化）指令　SCALE_X 指令（见表 3-101）对标准化的实参数 VALUE（$0.0 \leqslant$ VALUE $\leqslant 1.0$）按参数 MIN 和 MAX 所指定的数据类型和范围进行标定：OUT = VALUE（MAX−MIN）+MIN。参数 MIN、MAX 和 OUT 的数据类型必须相同。

NORM_X 指令（见表 3-101）将 MIN~MAX 范围内的 VALUE 值进行标准化：OUT =（VALUE−MIN）/（MAX−MIN），其中（$0.0 \leqslant$ OUT $\leqslant 1.0$）。参数 MIN、VALUE 和 MAX 的数据类型必须相同。

表 3-101　SCALE_X 和 NORM_X 指令

	SCALE_X	NORM_X
FBD	SCALE_X Real to ??? EN　　ENO MIN　　OUT VALUE MAX	NORM_X ??? to Real EN　　ENO MIN　　OUT VALUE MAX
SCL	out: = SCALE_X(min: = _in_, value: = _in_, max: = _in_);	out: = NORM_X(min: = _in_, value: = _in_, max: = _in_);
参数类型	MIN、MAX：SInt、Int、DInt、USInt、UInt、UDInt、Real、LReal VALUE：SCALE_X：Real、LReal NORM_X：SInt、Int、DInt、USInt、UInt、UDInt、Real、LReal OUT：SCALE_X：SInt、Int、DInt、USInt、UInt、UDInt、Real、LReal NORM_X：Real、LReal	

（6）变量转换指令　变量转换指令如下：

1）VARIANT_TO_DB_ANY（将 VARIANT 转换为 DB_ANY）指令。VARIANT_TO_DB_ANY 指令（见表 3-102）读取 IN 参数中的操作数，并将其转换为数据类型 DB_ANY。IN 参数属于 Variant 数据类型，并且代表实例数据块或者 ARRAY 数据块。

指令在运行期间读取数据块编号，并将其写入到 RET_VAL 参数的操作数中。

表 3-102　VARIANT_TO_DB_ANY 指令

LAD/FBD	SCL	参数类型及说明
不提供	RET_VAL: = VARIANT_TO_DB_ANY(in: = _variant_in_, err => _int_out_);	IN: Variant(代表实例数据块或者数组数据块的变量) RET_VAL: DB_ANY(包含已转换的数据块编号的 DB_ANY 数据类型输出) ERR: Int(错误信息)

2）DB_ANY_TO_VARIANT（将 DB_ANY 转换为 VARIANT）指令。DB_ANY_TO_VARIANT 指令为符合下列要求的数据块读取编号，见表 3-103。IN 参数中的操作数采用 DB_ANY 数据类型。数据块编号在运行期间读取，并会通过 VARIANT 指针而写入到 RET_VAL 参数指定的操作数中。

表 3-103　DB_ANY_TO_VARIANT 指令

LAD/FBD	SCL	参数类型及说明
不提供	RET_VAL: = DB_ANY_TO_VARIANT(in: = _db_any_in_, err => _int_out_);	IN: DB_ANY(包含数据块编号的变量) RET_VAL: Variant(包含已转换的数据块编号的 DB_ANY 数据类型输出) ERR: Int(错误信息)

8. 程序控制操作

（1）跳转指令 JMP、JMPN 和 Label　跳转指令见表 3-104。

表 3-104　JMP、JMPN 和 LABEL 指令

LAD	FBD	SCL	参数类型及说明
Label_name —(JMP)—	Label_name JMP	参考 GOTO 语句	
Label_name —(JMPN)—	Label_name JMPN	—	Label_name:标签标识符(跳转指令以及相应跳转目标程序标签的标识符)
Label_name	Label_name	—	

1）JMP 指令：RLO（逻辑运算结果）= 1 时跳转，即如果有能流通过 JMP 线圈（LAD），或者 JMP 功能框的输入为真（FBD），则程序将从指定标签后的第一条指令继续执行。

2）JMPN 指令：RLO = 0 时跳转，即如果没有能流通过 JMPN 线圈（LAD），或者 JMPN 功能框的输入为假（FBD），则程序将从指定标签后的第一条指令继续执行。

3）Label_name：JMP 或 JMPN 跳转指令的目标标签。

（2）JMP_LIST（定义跳转列表）指令　JMP_LIST 指令用作程序跳转分配器，控制程序段的执行，见表 3-105。根据 K 输入的值跳转到相应的程序标签，程序从目标跳转标签

后面的程序指令继续执行。如果 K = 0，则跳转到分配给 DEST0 输出的程序标签；如果 K = 1，则跳转到分配给 DEST1 输出的程序标签，以此类推。如果 K 输入的值超过（标签数－1），则不进行跳转，继续处理下一程序段。

表 3-105　JMP_LIST 指令

FBD	SCL	参数类型及说明
JMP_LIST —EN　DEST0— —K　DEST1— 　　DEST2— 　　DEST3—	CASEk OF 0:GOTO dest0;1:GOTO dest1; 2:GOTO dest2;[n:GOTO destn;] END_CASE;	K:UInt(跳转分配器控制值) DEST0、DEST1、…、DESTn:程序标签(与特定 K 参数值对应的跳转目标标签)

（3）SWITCH（跳转分配器）指令　SWITCH 指令用作程序跳转分配器，控制程序段的执行，见表 3-106。根据 K 输入值与分配给指定比较输入值的比较结果，跳转到与第一个为"真"的比较测试相对应的程序标签。如果比较结果都不为 TRUE，则跳转到分配给 ELSE 的标签，程序从目标跳转标签后面的程序指令继续执行。K 输入和比较输入（＝＝、<>、<、<=、>、>=）的数据类型必须相同。

表 3-106　SWITCH 指令

FBD	SCL	参数类型及说明
SWITCH ??? —EN　DEST0— —K　DEST1— —==　DEST2— —<>　ELSE— —>=	不提供	K:UInt(常用比较值输入) ＝＝、<>、<、<=、>、>=:SInt、Int、DInt、USInt、UInt、UDInt、Real、LReal、Byte、Word、DWord、Time、TOD、Date(分隔比较值输入，获得特定比较类型) DEST0、DEST1、…、DESTn、ELSE:程序标签

（4）RET（返回）指令　RET 指令用于终止当前块的执行，见表 3-107。当且仅当有能流通过 RET 线圈（LAD），或者当 RET 功能框的输入为真（FBD）时，则当前块的程序执行将在该点终止，并且不执行 RET 指令以后的指令。如果当前块为 OB，则参数 Return_Value 将被忽略；如果当前块为 FC 或 FB，则将参数 Return_Value 的值作为被调用功能框的 ENO 值传回到调用例程。不要求用户将 RET 指令用作块中的最后一个指令，该操作是自动完成的。一个块中可以有多个 RET 指令。

表 3-107　RET 指令

LAD	FBD	SCL	参数类型
"Return_Value" —(RET)—	"Return_Value" RET	RETURN;	Return_Value:Bool

（5）ENDIS_PW（启用/禁用 CPU 密码）指令　即使客户端能够提供正确的密码，ENDIS_PW 指令也可以允许或禁止客户端连接到 S7-1200CPU，见表 3-108。此指令不会禁止 Web 服务器密码，参数的数据类型见表 3-109。

表 3-108　ENDIS_PW 指令

FBD	SCL
ENDIS_PW EN　　　　　ENO REQ　　　　Ret_Val F_PWD　　　F_PWD_ON FULL_PWD　FULL_PWD_ON R_PWD　　　R_PWD_ON HMI_PWD　HMI_PWD_ON	ENDIS_PW(req:=_bool_in_,f_pwd:=_bool_in_,full_pwd:=_bool_in_,r_pwd:=_bool_in_,hmi_pwd:=_bool_in_,f_pwd_on=>_bool_out_,full_pwd_on=>_bool_out_,r_pwd_on=>_bool_out_,hmi_pwd_on=>_bool_out_);

表 3-109　参数的数据类型

参数和类型		数据类型	说　明
REQ	IN	Bool	如果 REQ=1,执行函数
F_PWD	IN	Bool	故障安全密码:允许(=1)或禁止(=0)
FULL_PWD	IN	Bool	完全访问密码:允许(=1)或禁止(=0)完全访问密码
R_PWD	IN	Bool	读访问密码:允许(=1)或禁止(=0)
HMI_PWD	IN	Bool	HMI 密码:允许(=1)或禁止(=0)
F_PWD_ON	OUT	Bool	故障安全密码状态:已允许(=1)或已禁止(=0)
FULL_PWD_ON	OUT	Bool	完全访问密码状态:已允许(=1)或已禁止(=0)
R_PWD_ON	OUT	Bool	只读密码状态:已允许(=1)或已禁止(=0)
HMI_PWD_ON	OUT	Bool	HMI 密码状态:已允许(=1)或已禁止(=0)
Ret_Val	OUT	Word	函数结果

使用 REQ=1 调用 ENDIS_PW,会禁止相应密码输入参数为 FALSE 的密码类型。

可以单独允许或禁止每个密码类型。例如,如果允许故障安全密码但禁止所有其他密码,则可以限制 CPU 访问一小组员工。

程序扫描期间会同步执行 ENDIS_PW,并且密码输出参数始终显示允许密码的当前状态,与输入参数 REQ 无关。设置为允许的所有密码必须可更改为禁用/允许,否则会返回错误,并且执行 ENDIS_PW 前处于允许状态的所有密码都将恢复为允许。也就是说,在标准 CPU(未组态故障安全密码)中,F_PWD 必须始终设置为 1,以便生成返回值 0。在本例中,F_PWD_ON 始终为 1。

1)如果 HMI 密码处于禁止状态,则执行 ENDIS_PW 可以阻止 HMI 设备的访问。

2)执行 ENDIS_PW 后,先于 ENDIS_PW 获得授权的客户端会话保持不变。

上电后,CPU 访问会受到先前在常规 CPU 保护组态中所定义密码的限制。

必须执行新的 ENDIS_PW 以重新建立禁止有效密码的能力。不过,如果立即执行 ENDIS_PW 并禁止所需密码,则可以锁定 TIAPortal 访问。

在密码禁止之前,可使用定时器指令延迟 ENDIS_PW 执行,以留出时间输入密码。

(6)RE_TRIGR(重新启动周期监视时间)指令　RE_TRIGR 指令(见表 3-110)在单个扫描循环期间重新启动扫描循环监视定时器,用于延长扫描循环监视狗定时器生成错误前允许的最大时间。最大循环时间为 1~6000ms,默认值为 150ms。

（7）STP（退出程序）指令 STP指令（见表3-110）可将CPU置于STOP模式。CPU处于STOP模式时，将停止程序执行并停止过程映像的物理更新。如果EN＝TRUE，则CPU将进入STOP模式，程序执行停止，并且ENO状态无意义；否则，EN＝ENO＝0。

表3-110 RE_TRIGR和STP指令

	RE_TRIGR	STP
LAD/FBD	RE_TRIGR EN ENO	STP EN ENO
SCL	RE_TRIGR( );	STP( );

（8）GET_ERROR和GET_ERROR_ID指令 GET_ERROR指令（见表3-111）用来读取本地程序块执行错误的详细信息，并用详细错误信息填充预定义的错误数据结构；GET_ERROR_ID指令（见表3-111）用来读取本地程序块执行错误的标识符。

表3-111 GET_ERROR和GET_ERROR_ID指令

	GET_ERROR	GET_ERROR_ID
FBD	GET_ERROR EN ENO ERROR	GET_ERR_ID EN ENO ID
SCL	GET_ERROR(_out_);	GET_ERR_ID( );
参数类型及说明	ERROR：ErrorStruct（错误数据结构）	ID：Word、ErrorStruct ERROR_ID（成员的错误标识符值）

（9）RUNTIME（测量程序运行时间）指令 RUNTIME指令（见表3-112）用于测量从第一次调用指令开始，输出RET_VAL将在第二次调用后返回程序的运行时间。可测量整个程序、各个块或命令序列的运行时间。测得的运行时间包括程序执行期间可能发生的所有CPU进程，如由更高级别的事件或通信所引发的中断。

表3-112 RUNTIME指令

FBD	SCL	参数类型及说明
RUNTIME EN ENO MEM Ret_Val	Ret_Val：= RUNTIME（ _lread _inout_ ）；	MEM：LReal（运行时间测量的起点） RET_VAL：LReal（测得的运行时间，以秒为单位）

（10）SCL程序控制语句 SCL提供了3类用于结构化用户程序的程序控制语句（见表3-113）：

1）选择：将程序执行转移到备选语句序列。

2）循环：使用迭代语句控制循环执行。迭代语句指定应根据某些条件重复执行的程序部分。

3）程序跳转：是指立刻跳转到特定的跳转目标，因而跳转到同一块内的其他语句。

9. 字逻辑指令

（1）AND、OR和XOR逻辑运算指令 AND、OR和XOR逻辑运算指令（见表3-114）

表 3-113　SCL 程序控制语句类型

程序控制语句		说　明
选择	IF-THEN 语句	用将程序执行转移到两个备选分支之一（取决于条件为 TRUE 还是 FALSE）
	CASE 语句	用于选择执行 n 个备选分支之一（取决于变量值）
循环	FOR 语句	只要控制变量在指定值范围内，就重复执行某一语句序列
	WHILE-DO 语句	只要仍满足执行条件，就重复执行某一语句序列
	REPEAT-UNTIL 语句	重复执行某一语句序列，直到满足终止条件为止
程序跳转	CONTINUE 语句	停止执行当前循环迭代
	EXIT 语句	无论是否满足终止条件，都会随时退出循环
	GOTO 语句	使程序立即跳转到指定标签
	RETURN 语句	使程序立刻退出正在执行的块，返回到调用块

表 3-114　AND、OR 和 XOR 逻辑运算指令

FBD	SCL	说　明	参数类型
AND ??? EN　ENO IN1　OUT IN2	out: = in1 AND in2;	AND：逻辑 AND	IN1、IN2、OUT：Byte、Word、DWord
	out: = in1 OR in2;	OR：逻辑 OR	
	out: = in1 XOR in2;	XOR：逻辑异或	

中，IN1 和 IN2 的相应位值相互组合，在参数 OUT 中生成二进制逻辑结果。执行这些指令之后，ENO 总是为 TRUE。IN1、IN2 和 OUT 应为相同的数据类型。

（2）INV（求反码）指令　INV 指令（见表 3-115）用来计算参数 IN 的二进制反码。通过对参数 IN 各位的值取反来计算反码（将每个 0 变为 1，每个 1 变为 0）。执行该指令后，ENO 总是为 TRUE。

表 3-115　INV 指令

FBD	SCL	参数类型
INV ??? EN　ENO IN　OUT	不提供	IN：SInt、Int、DInt、USInt、UInt、UDInt、Byte、Word、DWord OUT：SInt、Int、DInt、USInt、UInt、UDInt、Byte、Word、DWord

（3）DECO（解码）和 ENCO（编码）指令　DECO 和 ENCO 指令（见表 3-116）用法如下：

1）ENCO 指令将位序列编码成二进制数。参数 IN 转换为与参数 IN 的最低有效设置位的位位置对应的二进制数，并将结果返回给参数 OUT。如果参数 IN 为 0000 0001 或 0000 0000，则将值 0 返回给参数 OUT；如果参数 IN 的值为 0000 0000，则 ENO 设置为 FALSE。

2）DECO 指令将二进制数解码成位序列。将参数 OUT 中的相应位位置设置为 1（其他所有位设置为 0）解码参数 IN 中的二进制数。执行 DECO 指令之后，ENO 始终为 TRUE。

表 3-116　ENCO 和 DECO 指令

	ENCO	DECO
FBD	ENCO ??? —EN　ENO— —IN　OUT—	DECO ??? —EN　ENO— —IN　OUT—
SCL	out: = ENCO(_in_);	out: = DECO(_in_);
参数类型及说明	IN: ENCO——Byte、Word、DWord(要编码的位序列); DECO——UInt(要编码的值) OUT: ENCO——Int(编码后的值); DECO——Byte、Word、DWord(解码后的位序列)	

DECO 指令的默认数据类型为 DWORD。在 SCL 中，将指令名称更改为 DECO_BYTE 或 DECO_WORD 可解码字节或字值，并分配到字节或字变量或地址。

DECO 参数 OUT 的数据类型选项（Byte、Word 或 DWord）限制参数 IN 的可用范围。如果参数 IN 的值超出可用范围，将执行求模运算，按表 3-117 所示提取最低有效位。

表 3-117　解编码示例

DECO IN 值			DECO OUT 值(解码单个位位置)
Byte OUT 8 位	最小 IN	0	00000001
	最大 IN	7	10000000
Word OUT 16 位	最小 IN	0	0000000000000001
	最大 IN	15	1000000000000000
DWord OUT 32 位	最小 IN	0	00000000000000000000000000000001
	最大 IN	31	10000000000000000000000000000000

DECO 参数 IN 的范围：

- 3 位（值 0~7）IN 用于设置 Byte OUT 中 1 的位位置
- 4 位（值 0~15）IN 用于设置 Word OUT 中 1 的位位置
- 5 位（值 0~31）IN 用于设置 DWord OUT 中 1 的位位置

（4）SEL（选择）、MUX（多路复用）和 DEMUX（多路分用）指令　SEL 指令（见表 3-118）根据参数 G 的值将两个输入值之一分配给参数 OUT。G 为 0，选择 IN0；G 为 1，选择 IN1。输入变量和输出变量必须为相同的数据类型。执行 SEL 指令之后，ENO 始终为 TRUE。

表 3-118　SEL 指令

FBD	SCL	参数类型
SEL ??? —EN　ENO— —G　OUT— —IN0 —IN1	out: = SEL(g: = _bool_in, in0: - _variant_in, in1: = _variant_in);	G: Bool IN0、IN1、OUT: SInt、Int、DInt、USInt、UInt、UDInt、Real、LReal、Byte、Word、DWord、Time、Date、TOD、Char、WChar

MUX 指令（见表 3-119）根据参数 K 的值将多个输入值之一复制到参数 OUT 中。K =
0，选择 IN1；K = 1，选择 IN2；K = $n-1$，选择 INn。如果参数 K 的值大于（$n-1$），则会
将参数 ELSE 的值复制到参数 OUT。输入变量和输出变量必须为相同的数据类型。

表 3-119　MUX 指令

FBD	SCL	参数类型
MUX ??? EN　ENO K　OUT IN0 IN1 ELSE	$out: = MUX(k: = \_unit\_in, in1: = variant\_$ $in, in2: = variant\_in, [\cdots in32: = variant\_in,]$ $inelse: = variant\_in);$	K: UInt IN0、IN1、…、INn、ELSE、OUT: SInt、Int、DInt、USInt、UInt、UDInt、 Real、LReal、Byte、Word、DWord、 Time、Date、TOD、Char、WChar

DEMUX 指令（见表 3-120）将分配给参数 IN 的位置值复制到多个输出之一。参数 K
的值选择将哪一输出作为 IN 值的目标：K = 0，选择 OUT1；K = 1，选择 OUT2；K = $n-1$，
选择 OUTn。如果 K 的值大于数值（OUTn-1），则会将 IN 值复制到分配给 ELSE 参数的
位置。输入变量和输出变量必须为相同的数据类型。

表 3-120　DEMUX 指令

FBD	SCL	参数类型
DEMUX ??? EN　ENO K　OUT0 IN　OUT1 ELSE	$DEMUX(k: = \_unit\_in, in: = variant\_in,$ $out1: = variant \_ in, out2: = variant \_ in,$ $[\ldots out32: = variant\_in,] outelse: = variant\_$ $in);$	K: UInt IN、OUT0、OUT1、…、OUTn、ELSE: SInt、 Int、DInt、USInt、UInt、UDInt、Real、LReal、 Byte、Word、DWord、Time、Date、TOD、 Char、WChar

10. 移位与循环移位指令

（1）SHR（右移）和 SHL（左移）指令　SHR 为右移位序列，SHL 为左移位序列。
使用移位指令（SHR 和 SHL 指令见表 3-121）移动参数 IN 的位序列。将移位结果分配给
参数 OUT。参数 N 用来指定移位的位数，若 N = 0，则不移位，将 IN 值分配给 OUT；如果
要移位的位数（N）超过目标值中的位数，则所有原始位值将被移出并用 0 代替（将 0 分
配给 OUT）。对于移位操作，ENO 总是为 TRUE。

表 3-121　SHR/SHL、ROR/ROL 指令

FBD	SHR ??? EN　ENO IN　OUT N　　　SHL ??? EN　ENO IN　OUT N	ROR ??? EN　ENO IN　OUT N　　　ROL ??? EN　ENO IN　OUT N	
SCL	$out: = SHR(in: = \_variant\_in\_, n: = \_uint\_in);$ $out: = SHL(in: = \_variant\_in\_, n: = \_uint\_in);$	$out: = ROL(in: = \_variant\_in\_, n: = \_uint\_in);$ $out: = ROR(in: = \_variant\_in\_, n: = \_uint\_in);$	
参数类型	IN、OUT: 整数 N: USInt、UDint		

（2）ROR（循环右移）和 ROL（循环左移）指令　ROR 为循环右移位序列，ROL 为循环左移位序列。循环移位指令（ROR 和 ROL 指令见表 3-121）用于将参数 IN 的位序列循环移位，结果分配给参数 OUT。参数 N 定义循环移位的位数。若 N = 0，则不循环移位，将 IN 值分配给 OUT；如果要循环移位的位数（N）超过目标值中的位数，则仍执行循环移位。执行循环指令之后，ENO 始终为 TRUE。

3.5.5　西门子 TIA Portal 软件

1. TIA Portal 软件

TIA Portal（Totally Integrated Automation Portal，又称 TIA 博图）是西门子公司开发的一款集成所有控制器、HMI 和驱动装置的统一工程组态软件。TIA Portal 作为业界第一款将所有自动化任务集成在一个工程设计环境下的软件，是软件开发领域的一个里程碑。它通过整合直观化的用户界面、高效的导航设计以及行之有效的技术实现，使得设计、安装、调试、维护和系统升级缩短了时间、节省了成本。其主要有以下特点。

（1）面向任务和用户　TIA Portal 直观化的版面和导航设计可使用户快速掌握编程和编辑工具。用户可以在面向任务的门户视图（简化用户引导）与项目视图（快速一览所有相关工具）之间进行切换。门户视图可以通过每个工程组态步骤演示对用户进行直观化的引导。

（2）标准界面设计　TIA Portal 中的每个软件编辑器均采用标准的外观版面和导航设计效果。无论是硬件配置、逻辑编程，还是人机界面设计，所有的应用环境都采用相同的编辑器设计。

功能、属性和库均根据各种所需的操作进行最直观的显示。在编辑器间切换要比想象中简单，通过智能拖放、标签自动完成和许多更先进的功能可实现整个自动化系统的工程设计。

（3）数据一致性　TIA Portal 可以使标签数据库管理成为一项耗时极短的任务。定义标签只需输入一次便可立即在所有编辑器中使用。贯穿整个项目的数据一致性和透明度旨在达到减少错误并提高自动化项目质量的目的。数据一致性能够确保从任何一个编辑器方便地对任何标签进行访问，实现所有连接设备的更新。

（4）框架结构设计　TIA Portal 采用简单的导航方案。图形化的人体工学设计确保了最高的软件效率和省时性。所有编辑器均可层次分明地排列并可以从一个界面进行调用。所有软件任务均作为一个可以方便访问的框架运行。

（5）最高的互操作性　TIA Portal 是一款采用共同用户界面的软件。如果要配置多台设备，数据可以方便地通过拖放方式在不同的编辑器间传送。所有相关设备的连接将在后台被自动建立。

（6）重复使用结果　TIA Portal 可以将工程组态项目的不同部分组成可重复使用的库，以结构化库的形式进行管理和存档。之前设计的组件、有用的项目数据以及以前版本的项目可以方便地重复使用，并允许添加或删除功能。

（7）卓越的共享服务性能　共享服务可以在平台内统一管理并方便地从每个编辑器

访问。选择对象或更换编辑器时，内嵌软件过滤器会加速用户的正常任务、链接，前后参照会缩短说明或菜单的搜索时间，"偏好"功能可以帮助用户找到经常使用的命令。

（8）组态的复杂性得以降低　TIA Portal 中所有工程设计流程均面向对象，即程序块和相应的信号模块可高效地在结构化库内进行管理。此类重要的集成功能大大降低了工程项目设计的复杂性，使工程组态流程更加高效。

（9）集成 SIMA TIC STEP 7、SIMA TIC WinCC 和 StartDrive　通过 SIMA TIC STEP 7，可对 SIMA TIC 模块化控制器和基于 PC 的控制器进行配置、程序设置、测试和诊断。该标准已经融入了 TIA Portal 工程设计软件。通过 SIMATIC WinCC 可解决从基本面板到 SIMATIC 舒适型面板、到 SIMATIC 基于 PC 解决方案在内的全套设备的所有图形显示需求，包括 SCADA 功能。通过 StartDrive 可完成 SINAMICS 驱动器的调试、操作和诊断。

（10）安全装置的无缝集成　西门子将设备安全功能全面、方便地整合在一起，用于标准自动化系统。SIMATIC STEP 7 安全装置同样采用相同的直观化用户界面设计方案用于创建标准程序。这使得创建安全应用程序非常方便。安全程序通过功能块 SIMATIC STEP 7 语言以及集成的 TUV（德国技术监督协会）认证功能模块创建。

2. SIMATIC STEP 7 软件

TIA Portal 中集成的 SIMATIC STEP 7 可对所有 SIMATIC 控制器进行组态、编程和诊断。SIMATIC STEP 7 凭借各种直观易用且卓越的功能，完美贯穿于所有的自动化任务中，为用户节约大量成本。其主要有以下特点。

（1）全符号式编程　全符号式编程降低了编程和数据管理的复杂程度。

（2）功能强大的智能编辑器　LAD、FBD、STL、SCL 和 Graph 语言的使用，显著缩短项目的开发时间。

（3）编程语言的创新之举　使用一个计算功能框代替各种复杂的计算；数据类型后台转换机制减少了编程工作量；在所有编程语言中增加了间接寻址功能；扩大了数据块的存储空间，所有数据均大于 64KB，最高支持 16MB。

（4）集成了运动控制功能　驱动器轴的执行操作和数据通信；在轴运动控制中使用 PLCopen 块，简化了编程操作。

（5）Trace 功能　通过对程序变量和 I/O 信号图形化的呈现，大大提高了实时诊断的效率，从而使系统达到最优化。

（6）诊断功能　无需用户编程即可进行系统诊断。

（7）兼容程序的下载/上传　下载时自动加载所有程序更改；上传时将所有变量名称和注释信息加载到没有项目程序的 PG 中。

（8）集成代码保护机制　专有技术保护和防复制功能，更好地保护知识产权；CPU 中增加了访问保护机制；支持以太网安全机制 CP 卡。

（9）完善的在线/离线比较功能　可对所有硬件和软件进行在线/离线比较，确保快速识别潜在差异。

3. SIMATIC WinCC 软件

TIA Portal 中集成的 WinCC 软件适用于所有的 HMI 应用。从使用精简系列面板的简单操作解决方案到基于 PC 多用户系统上的 SCADA 应用，一应俱全。其特点体现在以下几个方面。

（1）项目处理 组态数据与设备无关，因此无需转换，即可用于各类目标系统；报警类、项目文本等诸多项目数据实现数据共享，可在 TIA Portal 中统一管理，快速应用于所有设备；可根据不同设备，在 HMI 组态中使用向导快速、便捷地创建画面显示的基本结构。

（2）画面组态快速高效 可通过拖放变量互连画面中的各个对象；系统中定义有画面模板和各种功能；支持多达 32 层的层级技术。

（3）基于对象的数据管理，搜索和编辑操作直观易用 直接使用 HMI 变量组态报警和日志，无需切换不同编辑器；通过交叉引用列表可直接访问所有对象。

（4）预定义/用户可自定义组态对象库 库中可包含所有组态对象；可根据客户要求或项目需求，使用单个画面对象构造面板并对这些面板（块定义）进行集中更改。

（5）测试和调试 可在工程组态 PC 上仿真 HMI 项目；可在编译器中根据报警信息直接跳转到故障源。

（6）移植现有 HMI 项目 可完整移植 WinCC flexible 中的项目数据。

4. SIMATIC Startdrive 软件

通过 SIMATIC Startdrive，SINAMICS G120 驱动装置可无缝集成到 SIMATIC 自动化解决方案中，从而简化了参数设置、调试和诊断操作。这一功能缩短了系统组态时间，降低了工程组态错误率。其特点体现在以下几个方面。

（1）PLC 与驱动装置的完美结合 无需编程即可在 PLC 中使用诊断信息；可直接连接应用程序和驱动装置。

（2）简单易用，快速掌握 充分利用 TIA Portal 中各种功能，如拖放功能、库和图形网络组态功能；面向工作流的用户操作，操作更为便捷；通用的设置向导和清晰明了的用户界面，无论是资深专家还是新手，都能快速掌握。

（3）使用一种调试工具对驱动装置进行高效工程组态 模块化 SINAMICS G120 具有较大的功率范围，最高可达 250kW，适用于各种应用；紧凑型驱动装置 SINAMICS G120C 适用于各种标准应用；SINAMICS G120D 适用于传送带应用；SINAMICS G120P 适用于风机、水泵和压缩机。

3.5.6 应用举例

以对牛奶巴氏消毒工作站的控制为例，说明采用 TIA Portal 软件进行组态的过程。此例通过传送带将各个瓶子送到加热室中，并在完成巴氏消毒（75℃的环境下持续 40s）后将其传送到下一个处理阶段，如图 3-47 所示。在此实例中，将组态 PLC 和一个 HMI 设备，创建一段短程序和一个可视化的 HMI 画面来实现对牛奶巴氏消毒工作站的控制。

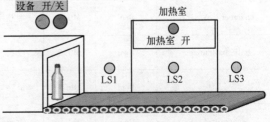

图 3-47 牛奶巴氏消毒工作站

TIA Portal 组态的基本步骤：①创建项目；②配置硬件；③联网设备；④创建 PLC 程序和组态可视化界面；⑤下载组态数据；⑥使用在线和诊断功能。

1. 项目创建与系统配置

1）启动 TIA Portal。创建新项目，设定项目名称"PT_Station"，指定保存项目路径。

2）打开项目视图，在"选项"设置中选择"用户界面"语言"中文"；设置显示项目文本时要使用的语言。在"工具"中设置"项目语言"为"中文"；在项目视图中，启用在"运行系统设置"中的所需语言"中文"。该操作指定将在 HMI 设备中加载的语言。

3）在 Portal 视图中添加新设备。选择所需的 CPU 及其版本号，选中"打开设备视图"，单击"添加"即可；同样方法添加 HMI 设备，并设定 PLC 连接、画面布局、报警、画面、系统画面和按钮等。

4）在设备和网络编辑器的设备视图中选中 PLC CPU，可添加所需的 DI/O、AI/O 等模块。在图形视图中选择 PROFINET 接口，在其巡视窗口的"以太网地址"中，设置其 IP 地址。同样方法设置 HMI 设备的 IP 地址。单击工具栏上的"保存项目"图标保存项目。关闭设备和网络编辑器。

5）在项目视图的项目树中打开 PLC 变量表，定义创建程序所需的变量。按表 3-122 设置变量，效果如图 3-48 所示。表 3-122 概要说明了所用变量以及各个变量值的含义。

表 3-122　PLC 变量表

名　　称	数据类型	地　址	功　　能	变量值的意义
ON_OFF_Switch	Bool	M0.0	按钮开关	1:机器起动 0:机器关闭
ON	Bool	M0.1	起动机器	1:机器起动 0:无效
OFF	Bool	M0.2	关闭机器	1:机器关闭 0:无效
LS_1	Bool	M1.0	光栅,检测瓶子是否到传送带起始端	1:光栅1已激活 0:光栅1已取消激活
LS_2	Bool	M1.1	光栅,检测加热室中瓶子是否到位	1:光栅2已激活 0:光栅2已取消激活
LS_3	Bool	M1.2	光栅,检测瓶子是否到传送带末端	1:光栅3已激活 0:光栅3已取消激活
conveyor_drive_ON_OFF	Bool	M0.3	传送带的工作模式	1:传送带运转 0:传送带停止运转
chamber_ON_OFF	Bool	M0.4	加热室的工作模式	1:加热室启动 0:加热室关闭
milk_pasteurized	Bool	M0.5	巴氏消毒过程的状态	1:牛奶已完成巴氏消毒 0:牛奶未完成巴氏消毒
LED	Bool	Q0.0	机器运行状态指示	1:机器运行 0:机器停止
conveyor-AUX	Bool	M2.0	传送带停止信号辅助	1:传送带停止 0:无效

PLC 变量

	名称	变量表	数据类型	地址	保持	可从	从 H...	在 H...	注释
1	ON_OFF_Switch	默认变量表	Bool	%M0.0	☐	☑	☑	☑	
2	ON	默认变量表	Bool	%M0.1	☐	☑	☑	☑	
3	OFF	默认变量表	Bool	%M0.2	☐	☑	☑	☑	
4	LS_1	默认变量表	Bool	%M1.0	☐	☑	☑	☑	
5	conveyor_drive_ON_OFF	默认变量表	Bool	%M0.3	☐	☑	☑	☑	
6	chamber_ON_OFF	默认变量表	Bool	%M0.4	☐	☑	☑	☑	
7	milk_pasteurized	默认变量表	Bool	%M0.5	☐	☑	☑	☑	
8	LS_2	默认变量表	Bool	%M1.1	☐	☑	☑	☑	
9	LS_3	默认变量表	Bool	%M1.2	☐	☑	☑	☑	
10	LED	默认变量表	Bool	%Q0.0	☐	☑	☑	☑	
11	conveyor_AUX	默认变量表	Bool	%M2.0	☐	☑	☑	☑	

图 3-48　PLC 变量表

2. 创建用户程序

创建用于控制牛奶巴氏消毒工作站的程序。该工作站主要由传送带和加热室组成。传送带驱动器由 3 个光栅进行控制。

（1）创建工作站启动程序　程序编辑器是一个用于创建程序的集成开发环境。在组态好 PLC 项目后，在项目树中打开"程序块"文件夹。打开组织块"Main［OB1］"，随即显示程序编辑器。在程序段 1，编制启动程序，如图 3-49 所示。

图 3-49　程序段 1

（2）创建传送带驱动程序　当机器打开，即变量"ON"的状态为 1 且至少满足以下条件之一时，传送带开始运动：

1）光栅（LS1）在传送带的起始位置检测到奶瓶且加热室处于关闭状态，即变量 LS_1 的状态为 1，且变量"chamber_ON_OFF"的状态为 0。

2）奶瓶已完成巴氏消毒，即变量"milk_pasteurized"的状态为 1。

当机器关闭，即变量"OFF"的状态为 1 或至少满足下列条件之一时，传送带将停止：

1）光栅（LS2）在加热室中检测到奶瓶且尚未对牛奶进行巴氏消毒，即变量"LS_2"为 1，且变量"milk_pasteurized"的状态为 0。

2）光栅（LS3）在传送带的末端检测到奶瓶，即变量"LS_3"的状态为 1。

使用置位/复位触发器指令控制传送带。指令上方的操作数与变量"conveyor_drive_ON_OFF"互连。传送带开始运动时，变量"conveyor_drive_ON_OFF"的状态为 1，反之为 0。

在程序编辑器中打开组织块"Main［OB1］"，在程序段 2 中编制程序，如图 3-50 所示。

（3）创建加热程序 加热过程通过加热室的起动和关闭来控制。假设加热室起动时里面的温度已经达到了75℃。当光栅（LS2）检测到奶瓶（即变量"LS_2"的状态为1）时，起动加热室。当机器关闭即变量"OFF"为1，或牛奶已经过巴氏消毒（即变量"milk_pasteurized"的状态为1）时，关闭加热室。在组织块"Main［OB1］"的程序段 3 中编制程序，如图 3-51 所示。

当加热室中的光栅（LS2）检测到奶瓶时，对牛奶进行巴氏消毒，奶瓶需要在加热室中加热 40s。在组织块"Main［OB1］"的程序段 4 中编制程序，如图 3-52 所示。在延时 40s（即消毒完成）

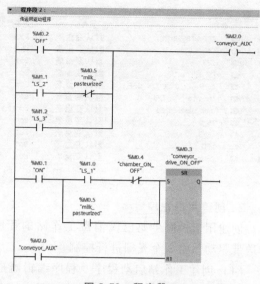

图 3-50 程序段 2

后，变量"milk_pasteurized"的状态将置位为1。传送带开始运转并将奶瓶传送到传送带的末端。

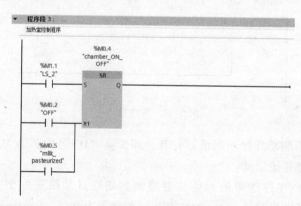

图 3-51 程序段 3

（4）创建状态指示程序 采用状态指示灯指示加热室的工作模式。当加热室处于工作状态时，变量"LED"的信号状态设置为1，并开启 HMI 设备上的显示。当加热室处于关闭状态时，变量"LED"的信号状态为 0，HMI 设备上的显示也会关闭。在程序段 5 中编制程序，如图 3-52 所示。

3. 项目测试

按以下步骤测试已创建的程序：

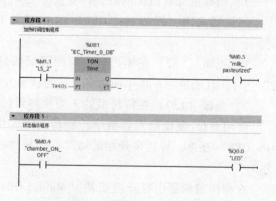

图 3-52 程序段 4 和程序段 5

1）将程序下载到 PLC 中并激活在线连接。单击程序编辑器中工具栏中的启用/禁用监视按钮。

2）在程序段 1 中，将变量"ON_OFF_Switch"修改为 1。能流通过该触点置位变量"ON"，从而起动机器。变量"OFF"状态保持为 0。如图 3-53 所示。

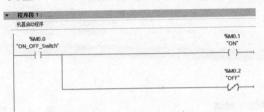

图 3-53 程序段 1 测试

3）在程序段 2 中，将变量"LS_1"修改为 1。仿真在传送带的起始位置通过光栅（LS1）检测到奶瓶这一过程。由于加热室在仿真过程中处于关闭状态，因此变量"chamber_ON_OFF"的信号状态为 0。置位/复位触发器指令的输入 S 的信号状态为 1，从而将变量"conveyor_drive_ON_OFF"的信号状态设置为 1，驱动传送带，如图 3-54 所示。

4）在程序段 2 中，将变量"LS_1"修改为 0，仿真取消激活光栅（LS1）这一过程。将变量"LS_2"修改为 1，仿真奶瓶被传送到加热室并且光栅（LS2）被激活这一过程。置位/复位触发器指令的输入 R1 复位变量"conveyor_drive_ON_OFF"并停止传送带，如图 3-55 所示。

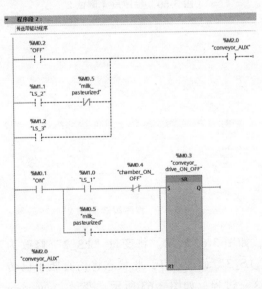

图 3-54 程序段 2 测试 1

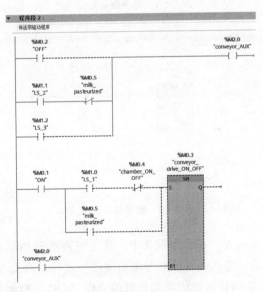

图 3-55 程序段 2 测试 2

5）在程序段 3 中，变量"LS_2"的状态为 1，置位/复位触发器指令的输入 S 将变量"chamber_ON_OFF"的状态设置为 1，加热室起动，程序段 5 中变量"LED"的状态被设置为 1，状态指示灯被激活，如图 3-56 和图 3-57 所示。

6）在程序段 4 中，接通延迟定时器的 IN 输入检测到一个上升沿并开始定时，即巴

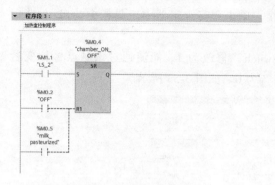

图 3-56　程序段 3 测试 1

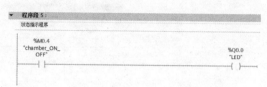

图 3-57　程序段 5 测试 1

氏消毒时段开始。当定时时间 40s 结束时，即牛奶完成巴氏消毒，则变量 "milk_pasteurized" 的状态将被设置为 1。在程序段 3 中，置位变量 "milk_pasteurized" 时关闭加热室，程序段 5 中的状态指示灯将取消激活，过程如图 3-58~图 3-61 所示。

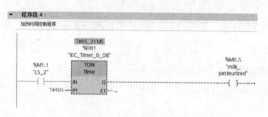

图 3-58　程序段 4 测试 1

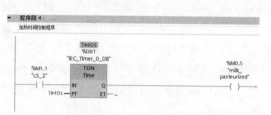

图 3-59　程序段 4 测试 2

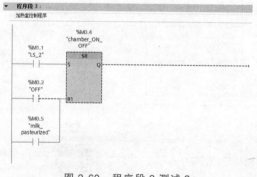

图 3-60　程序段 3 测试 2

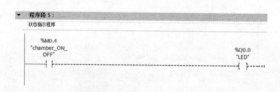

图 3-61　程序段 5 测试 2

7）在程序段 2 中，传送带再次开始运动，如图 3-62 所示。将变量 "LS_2" 修改为 0。仿真奶瓶已离开加热室这一过程。将变量 "LS_3" 修改为 1，此状态将仿真瓶子已传送到传送带的末端并且被光栅 "LS3" 检测到这一过程，如图 3-63 所示。变量 "conveyor_drive_ON_OFF" 的信号状态复位为 0，传送带将停止。

8）终止在线连接，测试程序结束。

4. 创建 HMI 画面

（1）设备开/关按钮　创建一个按钮。在巡视窗口中，选择 "按内容调整对象大小" 选项。使用文本 "设备开/关" 来标记该按钮。将取反位函数分配给该按钮的触发事件

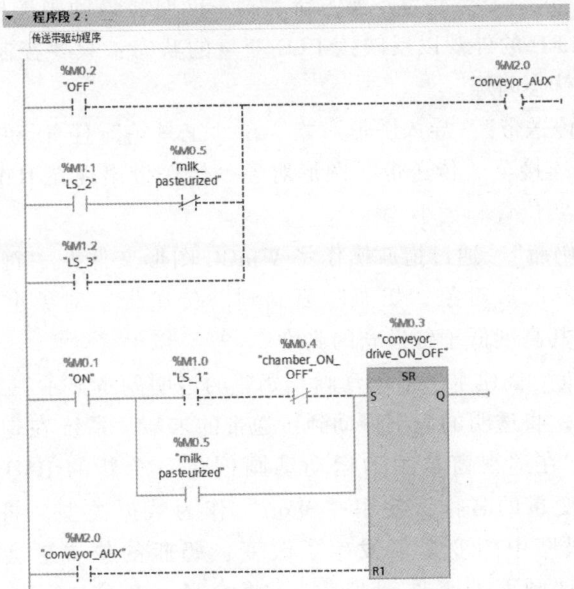

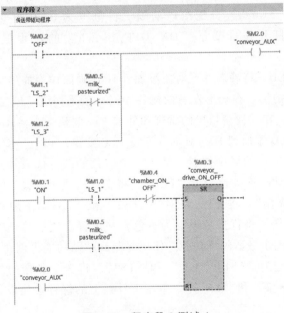

图 3-62　程序段 2 测试 3

图 3-63　程序段 2 测试 4

"按下",将取反位函数与 PLC 变量 "ON_OFF_Switch" 连接。

　　按住<Shift>键,在设备开/关按钮的下面绘制两个圆:将背景色绿色和宽度为 2 的边框分配给第一个圆,将背景色红色和同样宽度为 2 的边框分配给第二个圆。为绿色 LED 创建一个类型为外观的新动画,将该动画连接到 PLC 变量 "ON_OFF_Switch",改变 LED 的外观以反映该 PLC 变量的状态;只要控制程序将 PLC 变量的位值设置为 1,LED 就会闪烁。为红色 LED 创建一个类型为外观的新动画，同时将该动画连接到 PLC 变量 "ON_OFF_Switch"，改变 LED 的外观以反映该 PLC 变量的状态；只要控制程序将 PLC 变量的位值设置为 0，LED 就会闪烁。

（2）图形对象"传送带"　导入图形对象。在"工具箱"任务卡中的"图形"窗格中创建一个新的连接。连接至"传送带"图形对象。传送带出现在 HMI 画面中之后，缩放调整该图形对象至核实位置和大小。

（3）图形对象"奶瓶"　通过拖放操作将 WinCC 图形文件夹 "符号工厂图形>符号工厂 256 色>食品"中的图形对象"奶瓶"复制到"传送带"对象上方的画面空闲区域。对奶瓶进行缩放以使其高度低于传送仓的高度。

为图形对象"奶瓶"创建水平运动动画。奶瓶的透明副本显示在工作区中，该副本通过箭头连接到源对象。将透明的瓶子移动到传送带的末端。系统在巡视窗口中自动输入最后位置的像素值。在巡视窗口中为运动动画创建一个新的 HMI 变量。使用 "Position_Bottle" 作为该变量的名称，使用 "Short" 作为数据类型。将奶瓶的位置链接到该变量。如果当前程序中的变量值发生了改变，奶瓶的位置也会随之改变。将仿真变量功能添加给 HMI 画面的事件"加载"。将变量 "Position_Bottle" 分配给仿真变量函数。

组态画面中奶瓶的可见性。为图形对象"奶瓶"创建一个新动画"可见性"，将 PLC 变量 "ON_OFF_Switch" 分配给该动画。将范围为 0~0 的变量的可见性切换为"不可见"。当机器打开并且变量 "ON_OFF_Switch" 的过程值为 1 时，奶瓶是可见的。

（4）图形对象 LED　将静态图形对象添加到 HMI 画面作为加热室。在传送带的上方，画面的中间绘制一个矩形。在矩形左右两侧各绘制一条垂直线。创建两个文本块："加热室"和"加热室开"。在巡视窗口中的常规和外观中，调整文本格式至合适状态。

将图形形式的 LED 添加到 HMI 画面并通过 PLC 变量 "LED" 使其动态化。在矩形中文本块"加热室开"上方的居中位置，插入一个橙色的圆，代表加热室 LED。为加热室 LED 创建新动画，将动画连接到变量 "LED"，将变量的值 1 设置为闪烁。

（5）图形对象"光栅"　将光栅 "LS1" "LS2" 和 "LS3" 添加到 HMI 画面。插入一个对象（圆）表示光栅，将背景色设置为黄色，并设置合适的边框宽度。为该光栅创建外观动画，为变量范围 1 激活闪烁功能。使用复制和粘贴功能再创建两个光栅，并将 3 个光栅对齐，并分别标记为 "LS1" "LS2" 和 "LS3"。将 3 个光栅的外观动画分别连接到 PLC 变量 "LS_1" "LS_2" 和 "LS_3"。单击工具栏上的保存按钮以保存该项目。项目如图 3-47 所示。

5. 仿真 HMI 画面

运行系统仿真器测试所创建的 HMI 画面。

1）通过菜单栏"在线>仿真运行系统>使用变量仿真器"启动运行系统仿真。

2）将变量 "LS_1" 的值设置为 1。按<回车>键确认设置的值。切换到运行系统仿真器窗口。通过在设置数值列中指定值可以仿真所有使用的 PLC 变量的值，并动态显示 HMI 的状态。

思考与练习

3-1 PLC 由哪几部分组成？各部分的作用是什么？

3-2 PLC 以什么方式执行用户程序？PLC 的输入/输出响应延迟是怎样产生的？

3-3 简要说明 CPM1A、FX$_{2N}$ PLC 中各编程元件的作用。

3-4 如何选择 PLC 的输入/输出接口模块的类型？应注意哪些技术参数？

3-5 画出与下列各程序对应的梯形图：

(1)

地址	指令	操作数	地址	指令	操作数
00000	LD	00001	00010	AND	00005
00001	OUT	TR0	00011	LD	TR0
00002	AND	00000	00012	AND	TIM005
00003	OUT	TR1	00013	LD	TR0
00004	ANDNOT	00002	00014	ANDNOT	00003
00005	OUT	01001	00015	CNTR	005
00006	LD	TR1			#3000
00007	AND	TIM000	00016	LDNOT	00910
00008	DIFU	AR0001	00017	OUT	01010
00009	LD	TR0	00018	END	

(2)

地址	指令	操作数	地址	指令	操作数
00000	LD	X000	0008	OR	X002
00001	ANI	T0	0009	OUT	Y000
00002	OUT	T1	00010	LD	X001
		K5	00011	OR	M100
00003	LD	T1	00012	AND	X000
00004	OUT	T0	00013	OUT	M100
		K5	00014	LD	X000
00005	LD	T1	00015	ANI	M100
00006	OR	M100	00016	OUT	Y001
00007	AND	X000	00017	END	

3-6 试画出可实现图 3-64 所要求的控制关系的梯形图，要求对应每一个输入，输出 A 产生 5 个脉冲（PLC 型号可任选）。

3-7 写出图 3-65 中的梯形图程序对应的注记符程序。

3-8 某梯形图程序如图 3-66 所示，请写出语句表程序，并画出被指定元件的动作时序图（注：PLC 的扫描周期远小于 X000 的动作周期）。

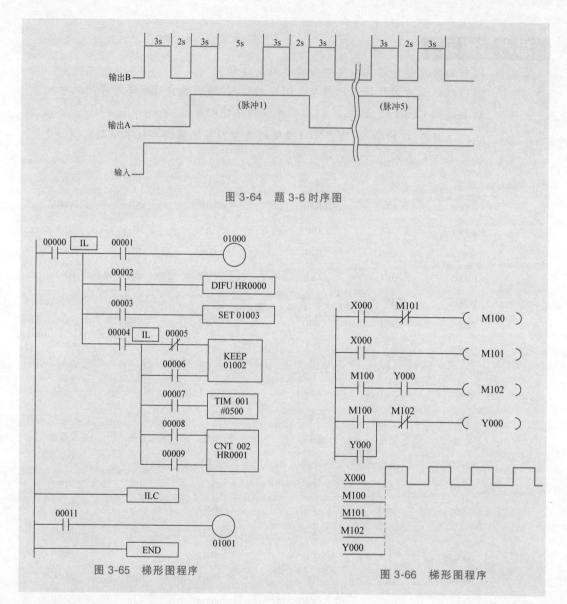

图 3-64 题 3-6 时序图

图 3-65 梯形图程序

图 3-66 梯形图程序

第4章
PLC 系统的分析、设计与应用

　　这里展示的是 PLC 的应用，用实例说明了 PLC 技术的卓越性。本章首先描述了系统分析的思路与方法，并以此为基础，详细讨论了采用 PLC 的系统设计问题；最后探讨了几种常用机床电气控制系统改造的参考方案，期望启发读者的设计灵感。

　　图 4-0 所示为中央空调系统示意图，其控制可由 PLC 系统完成。

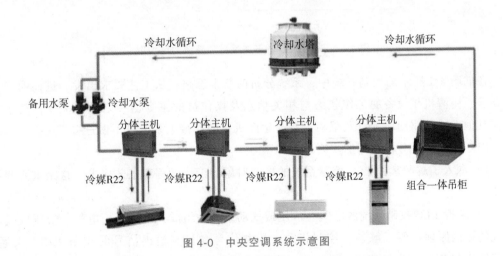

图 4-0　中央空调系统示意图

4.1　PLC 系统的分析方法

　　为了保障生产设备的正常运行，更好地维护控制系统，必须深入了解和掌握设备控制系统的构成和工作原理。在采用 PLC 的控制系统中，只有掌握了 PLC 控制系统的完整结构和控制软件的控制原理，才能完全把握核心技术，做好管理和维护工作。这个过程就是 PLC 控制系统的分析过程。

4.1.1 PLC 系统分析的基本内容

采用 PLC 的开关量控制系统的结构如图 4-1 所示。

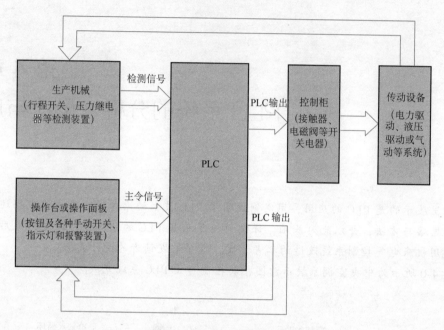

图 4-1 采用 PLC 的开关量控制系统的结构图

在如图 4-1 所示的控制系统中，系统分析的基本思路：从工艺要求出发，进而明确控制要求、搞清机械设备的工作状态与相关信息及操作员的主令信号之间的关系；至于电力或其他方式的驱动原理以及驱动设备与生产机械的连接关系，可不做过多考虑。

PLC 控制系统分析工作的主要内容如下：

1）深入了解和掌握 PLC 控制系统的控制对象的工作过程和工艺要求，这是重要的第一步。

2）掌握 PLC 控制系统的电气、液压或气动系统的组成，认真分析电气、液压或气动系统的控制原理。要了解各个控制指令、检测信号和控制输出信号的作用和相互关系，了解它们与 PLC 的端口连接关系。为了安全或其他原因，有些信号在 PLC 的外面进行了处理，对此应该清楚。

3）控制软件的分析。这是最核心、最复杂、最辛苦、最细微也是最重要的工作。没有掌握控制软件的控制策略和指导思想，就不能说掌握了 PLC 控制系统的工作原理。PLC 控制系统分析的核心是其控制软件的分析。

有些 PLC 控制系统的控制软件是技术机密，经过加密保护，而在大多数情况下，控制程序都可以从 PLC 中输出来，可以在系统分析时加以利用。对于用不同编程语言编制的程序，应采取不同的分析方法。

4.1.2 PLC 系统分析的常用方法

PLC 系统分析的过程：首先要从整体上把握编程的总体思路（掌握控制对象的工作过程是基础），然后再做细节的分析。

因为顺序功能流程图（SFC）中信息流向清晰，基本上就是程序框图，所以有助于把握程序的控制思想和实现方法，较容易分析。

分析程序的过程中，应在逐步、反复分析的基础上整理、归纳并绘制出总体及局部的程序框图。获得完整、细致的程序框图，是掌握系统工作原理的重要过程和有效方法。分析、整理的过程，就是消化、提高的过程，除此之外，没有捷径。

系统分析的主要方法有如下 3 种。

1. 文字叙述法

用自然语言平铺直叙地依次说明各编程元件的行为和状态，本方法是普遍采用的方法。叙述法可以非常全面、细腻地阐述软件的工作过程，可以使人了解每一个细节。但这种分析方法的缺点是不能直观、简明及形象地展现各编程元件在不同阶段所处的状态和系统工作的全过程。

2. 图形分析法

梯形图程序中的编程元件，绝大部分只存在于两种状态：对于逻辑运算值，或为"1"或为"0"；对于接点，或接通或断开。这样就可用简单的线条或符号来标明它们的状态。

图形分析法也有多种形式，用得较多的是时序图法。

3. 逻辑函数法

由于梯形图程序中的编程元件只存在于两种状态之中，故完全可以利用逻辑代数来描述其控制规律，即 PLC 的程序与逻辑函数式建立了对应关系，对其中之一所做的研究，就是对另一个的研究。

4.1.3 PLC 系统分析实例

某中央空调系统的冷水机组采用 4 台全封闭制冷压缩机，组成两个相对独立的制冷回路，采用 PLC 进行控制，系统的 PLC 输入/输出硬件电路如图 4-2 所示，电动机主电路比较简单，这里略去。

1. 分析工艺过程、明确控制要求

（1）工艺过程分析　要求系统的两个制冷回路相对独立，可以两个回路同时工作，也可以各自单独工作。为便于调整及运行，控制方式要求有手动和自动两种。为提高自动化水平，要求对冷水回水温度进行监测，并以其监测值为条件，自动增减投入运行的制冷回路数。具体要求：刚开机时，由于冷水的回水温度较高，所以两个制冷回路要同时投入；当回水温度降到某一设定值后，先停掉一个制冷回路，而当回水温度进一步降到第二设定值时，第二个制冷回路也要停下来；同理，当回水温度升高时，制冷回路应依次自动投入运行。

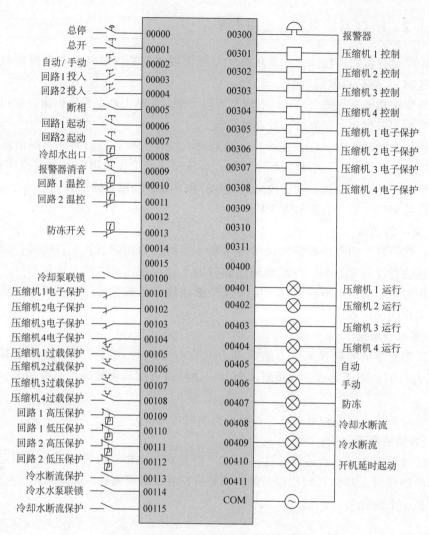

图 4-2　系统的 PLC 输入/输出硬件电路

此外，还应有较全面的系统监测、保护、报警及显示等功能。

（2）控制要求　结合系统的工艺要求，对电力拖动及其控制系统的控制要求可总结如下：

1）4 台压缩机电动机因每台功率只有 25kW，且电网容量允许，为简化系统，起动方式可采用满压直接起动。但若 4 台电动机同时起动，则可能造成对电网的过大冲击，因此要求 4 台电动机依次起动，并保持一定的时间间隔。

2）应设有手动、自动两种运行方式。在选择自动运行方式时，应根据制冷要求设定相应的温度监测值，并以起/停形式控制各制冷回路的工况切换，从而达到制冷量的自动调节作用。

3）为保证机组的运行安全，应设有冷水机组与水泵间的联锁控制，即水泵不运行时，冷水机组不能起动。此外，冷水或冷却水断水、冷水出口温度过低、压缩机排气压力过高或吸气压力过低等也应设有相应的保护。

4）压缩机电动机的缺相、过载等必要保护环节应齐全。

5）各压缩机状态、机组的运行方式及各种故障状态等应有必要的显示。在故障状态时，应有声光同时示警。

2. 分析 PLC 的 I/O 端子分配及 I/O 表

（1）I/O 端子分配　I/O 端子分配由设计者给出，本例中选用 OMRON 公司的 C200-H 系列产品的 5 槽母板 C200H-BC051，并将两块输入模块分别插在 0 号槽和 1 号槽上，对应的输入通道号即为 000CH 和 001CH；将两个输出模块分插在 3 号和 4 号槽上，则输出模板的通道号为 003CH 和 004CH。输入/输出端子分配如图 4-2 所示。

值得注意的是，在 PLC 系统中，传感器和主令电器触点在使用时，可以是随意的，也就是说，输入信号既可以采用传感器或主令电器的常开触点也可以采用同一传感器的常闭触点，在软件的配合下达到相同的控制效果。若无特殊的因素要强调，且传感器或主令电器有动合触点时，最好通通使用动合触点，这样可增强程序的易读性。

本例中个别输入信号的分析：

冷却水出口温度由相应温度检测装置检测，当水温低于设定值时温度继电器处于常态（强调温度高于设定值时动作）。其动断（常闭）触点处于通态，PLC 的输入继电器 00008 处于动作状态。

回路 1 温控和回路 2 温控的温度继电器设定值不同。回路 1 温控设定值可高于回路 2 的温度设定值（当然，也可相反设定），两继电器分别在达到各自的设定值时动作（强调温度低于设定值时动作）。为此，在未达到设定值时（高于设定值），两继电器本身均为常态，动断触点接通，对应的 PLC 的 00010 和 00011 均处于动作状态。

同理，防冻开关也是一个温度继电器，其设定值约为 3℃，温度在设定值以上时为常态（强调温度低于设定值时动作），继电器的动合触点是通的，PLC 的 00013 处于动作状态。

回路 1 和回路 2 的高低压开关在未达设定值时均为常态，由于用的是动断触点，对应 PLC 的 00109、00110、00111、00112 均处于动作状态。

而两个水流开关在水未断流时动作，用了动合触点，所以水未断流时，PLC 的 00113、00115 处于动作状态。

水泵联锁开关在各自水泵开启后为通态，对应的输入继电器 00100、00104 处于动作状态。

（2）I/O 分配表　I/O 分配表（见表 4-1）给出与 I/O 接线图类似的信息，但表达的方式是文字，且可以附加文字注释，所以更便于理解，对系统分析时最好结合此表进行。

表 4-1　I/O 分配表

编程元件号	用　途	注　释
00000	总停开关	系统总停
00001	总开开关	自动运行时起动系统
00002	自动/手动切换	手动时 00002 接通，自动时 00002 复位

（续）

编程元件号	用　途	注　释
00003	回路 1 投入	00003 动作时,回路 1 可以起动
00004	回路 2 投入	00004 动作时,回路 2 可以起动
00005	断相检测	正常时 00005 接通,缺相时 00005 复位
00006	回路 1 起动	手动时,起动回路 1
00007	回路 2 起动	手动时,起动回路 2
00008	冷却水出口温度高限	冷却水出口温度达到设定值时,00008 复位
00009	报警器消音	复位声音报警器
00010	回路 1 温度设定	达到温度设定值时,00010 复位,1 路停
00011	回路 2 温度设定	达到温度设定值时,00011 复位,2 路停
00013	冷水出口低温极限	冷水出口温度达到设定值时,00013 复位,系统总停
00100	冷却水泵联锁	冷却水泵开时,00100 动作
00101	压缩机 1 电子保护	
00102	压缩机 2 电子保护	
00103	压缩机 3 电子保护	正常时,00101、00102、00103、00104 处于动作状态
00104	压缩机 4 电子保护	
00105	压缩机 1 过载保护	
00106	压缩机 2 过载保护	
00107	压缩机 3 过载保护	正常时,00105、00106、00107、00108 处于复位状态
00108	压缩机 4 过载保护	
00109	回路 1 高压保护	回路 1 排气压力达到设定值时,00109 复位
00110	回路 1 低压保护	回路 1 吸气压力达到设定值时,00110 复位
00111	回路 2 高压保护	回路 2 排气压力达到设定值时,00111 复位
00112	回路 2 低压保护	回路 2 吸气压力达到设定值时,00111 复位
00113	冷水水流断保护	冷水流断时,00113 复位
00114	冷水水泵联锁	冷水水泵起动后,00114 动作
00115	冷却水断流保护	冷却水断流时,00115 复位
00301	压缩机 1 控制	
00302	压缩机 2 控制	
00303	压缩机 3 控制	分别控制压缩机 1~4
00304	压缩机 4 控制	
00305	压缩机 1 电子保护器供电	
00306	压缩机 2 电子保护器供电	
00307	压缩机 3 电子保护器供电	分别为电动机 1~4 电子保护器供电
00308	压缩机 4 电子保护器供电	

（续）

编程元件号	用　　途	注　　释
00401	压缩机 1 运行	显示运行
00402	压缩机 2 运行	
00403	压缩机 3 运行	
00404	压缩机 4 运行	
00405	自动运行指示	自动运行显示
00406	手动运行指示	手动运行显示
00407	防冻指示	冷水出口温度达低限值显示
00408	冷却水断流	冷却水断流显示
00409	冷水断流	冷水断流显示
00410	开机延时指示	开机的延时过程中显示

3. PLC 控制程序分析

该冷水机组控制功能并不复杂，输入/输出点数不多，可以看出其程序属模块式结构，具体程序如图 4-3 所示。

（1）程序结构分析　整个程序可以分为 3 个模块：

1）控制功能程序模块。本模块包括机组控制程序、制冷量自动调节控制程序及工作方式选择程序等。为便于程序分析，各回路的单独保护也设在本模块内。

2）监控及保护程序模块。有关整个制冷机组的监控和保护程序均集中在本模块中，包括防冻、冷水断流、冷却水断流、电源断相及两回路的故障等。

3）报警及工作状态显示程序模块。在故障状态下，设置了警铃及相应指示灯。这部分包括手动和自动运行工况指示、各类故障显示及开机延时显示等。

（2）程序运行原理分析　具体程序分析如下：

1）系统正常运行的保证条件如下：

① 冷却泵开、冷却水未断流：PLC 的输入继电器 00100、00113 均为 ON。

② 冷水泵开、冷水未断流：输入继电器 00114、00115 为 ON。

③ 冷却水出口温度非高限：输入继电器 00008 为 ON。

④ 冷水出口温度非低限：输入继电器 00013 为 ON。

⑤ 三相电源正常：输入继电器 00005 为 ON。

满足了上述条件，程序运行后内部辅助继电器 01607 为 ON 且使内部辅助继电器 01603 为 ON（总停按钮未压下时）。

2）控制程序分析。首先选择运行方式，设定工作回路。

自动/手动：本开关打"手动"位置时，输入继电器 00002 为 ON；打"自动"位置时，00002 为 OFF。对应内部辅助继电器 02000，当其为 ON 时，为自动控制，为 OFF 时，则为手动控制。

首先分析手动情况，此时两制冷回路独立起/停，控制情况如下：

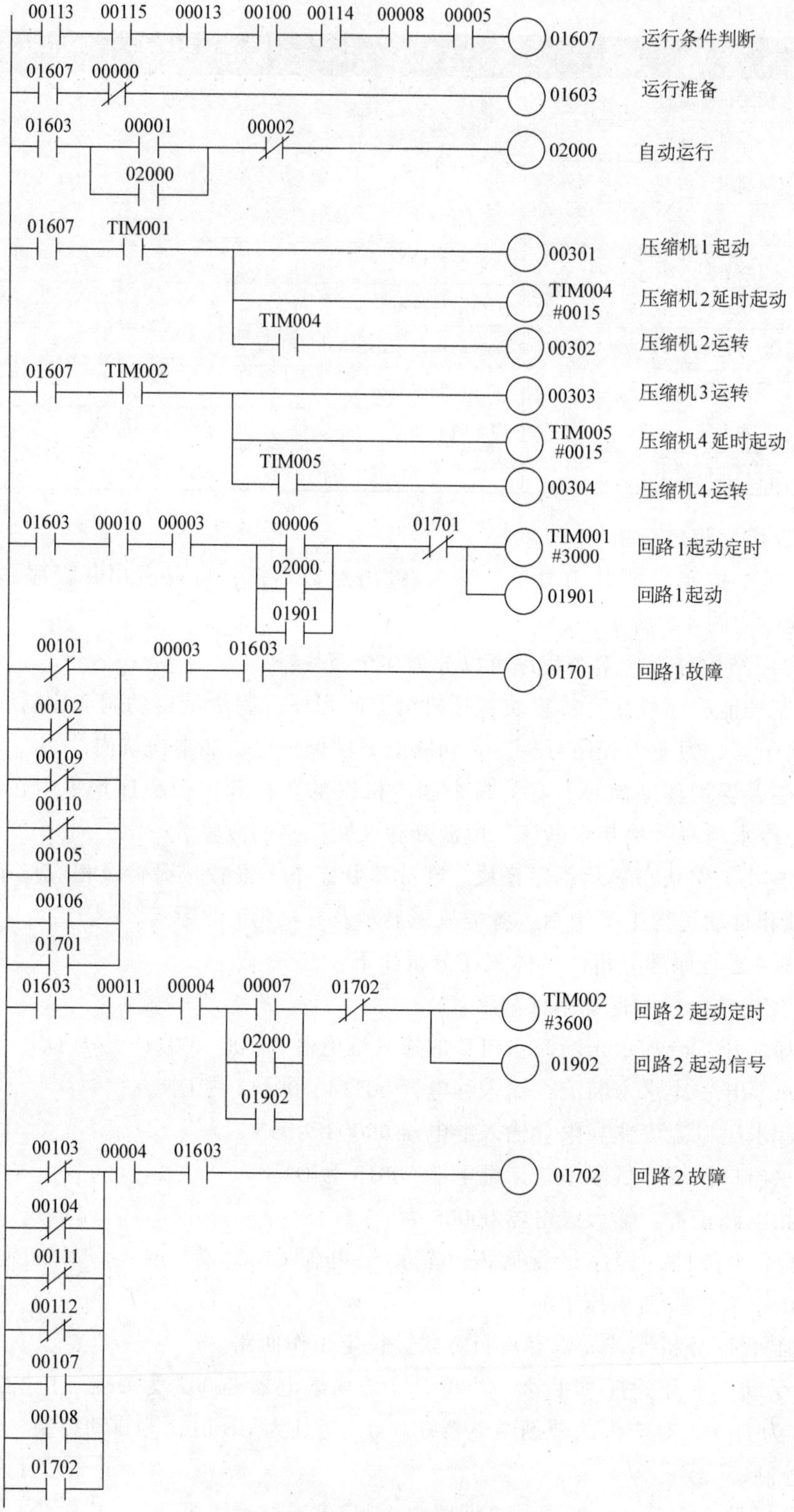

| 00113 | 00115 | 00013 | 00100 | 00114 | 00008 | 00005 | ◯ 01607 | 运行条件判断 |

01607 00000 ◯ 01603 运行准备

01603 00001 00002 ◯ 02000 自动运行
02000

01607 TIM001 ◯ 00301 压缩机1起动
◯ TIM004 #0015 压缩机2延时起动
TIM004 ◯ 00302 压缩机2运转

01607 TIM002 ◯ 00303 压缩机3运转
◯ TIM005 #0015 压缩机4延时起动
TIM005 ◯ 00304 压缩机4运转

01603 00010 00003 00006 01701 ◯ TIM001 #3000 回路1起动定时
02000
01901 ◯ 01901 回路1起动

00101 00003 01603 ◯ 01701 回路1故障
00102
00109
00110
00105
00106
01701

01603 00011 00004 00007 01702 ◯ TIM002 #3600 回路2起动定时
02000
01902 ◯ 01902 回路2起动信号

00103 00004 01603 ◯ 01702 回路2故障
00104
00111
00112
00107
00108
01702

图 4-3　梯形图程序

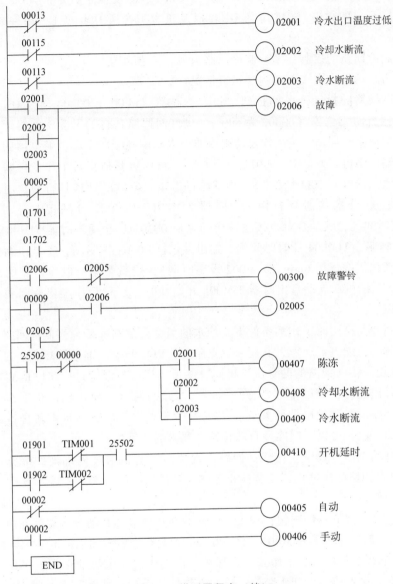

图 4-3　梯形图程序（续）

　　回路 1 投入开关打"投入"位，00003 为 ON，在温度高于设定值时，00010 为 ON，回路 1 起动按钮按下时，输入继电器 00006 为 ON，内部辅助继电器 01901 动作且自锁，同时定时器 TIM001 起动计时。在定时器设定时间未到时，压缩机不起动，避免了频繁起、停时，电动机的过热。当定时器设定时间（5min）到达时，TIM001 的动合触点接通，输出继电器 00301 为 ON，通过其输出触点使压缩机 1 对应的接触器动作，电动机起动，压缩机 1 工作，在此同时定时器 TIM004 起动计时，到达其设定值（1.5s）后，它的动合触点接通，使输出继电器 00302 为 ON，进而使压缩机 2 起动工作。两台压缩机不同时起动，避免了起动电流的叠加，减小了对电网的冲击。在手动状态下，压缩机可能有 4

种停止方式：回路1投入开关断开（00003为OFF）、温度低于设定值（00010为OFF）、出现与本回路有关的故障（01701为ON）以及正常工作所要求的任一条件缺失（01607为OFF）。

第二个制冷回路的控制与第一制冷回路类似，读者可自行分析。

以下分析自动工作方式下的程序运行情况：

首先将两回路的投入开关都打到"投入"位置（00003、00004均为ON），手动/自动开关打到"自动"位置（00002为OFF），设好两回路各自的温度继电器动作值，假定回路1的设定值高于回路2（通常起动制冷前冷水温度高于两个温度继电器的设定值，于是在起动前输入继电器00010、00011均为ON），再假定其他正常工作条件满足。按下总起动按钮，输入继电器00001为ON，内部辅助继电器02000动作且自锁，内部辅助继电器01901、01902分别接通且自锁，定时器TIM001、TIM002分别接通计时，5min后，TIM001设定时间到，其动合触点接通输出继电器00301且起动定时器TIM004、压缩机1起动运行1.5s后，TIM004计时时间到，输出继电器00302被驱动，于是压缩机2起动运行；在总起动按钮按过后6min（TIM002设定时间），也就是第一制冷回路的压缩机2起动58.5s后，压缩机3起动且定时器TIM005开始计时，1.5s后压缩机4起动运行，整个起动过程结束。

在两个制冷回路同时工作的条件下，冷水的温度会逐渐降低，当低到回路1的温度继电器设定值时，该继电器动作，其动断触点断开，PLC的输入继电器00010为OFF，定时器TIM001复位，第一回路的两台压缩机同时停止运行；当温度进一步降低到第二回路的温度继电器设定值时，该继电器动作，使第二回路的两台压缩机也停止工作。而当温度回升时，两回路的温度继电器将在各自设定条件下复位，两回路将重新自行起动。用这种间歇控制的方法，可以将制冷量自动控制在要求的范围内。

在上述自动工作方式中，若任一回路出现故障，则会通过内部辅助继电器01701或01702断开各自回路的压缩机，使其停止工作，并提供故障报警。但未出现故障回路将不受影响继续工作。

需要停止时，按下总停按钮，输入继电器00000动作，其动合接点断开内部辅助继电器01603，于是时间继电器TIM001、TIM002同时释放，两制冷回路将同时停止。

3）监控和保护程序分析。事实上，保护功能已体现在系统的正常工作条件上，如冷水出口温度低于设定值、冷却水断流、冷水断流等均会使内部辅助继电器01607释放，从而使整机停止运行。本例的监控和保护程序主要体现在控制程序和保护及显示程序的衔接上，当冷水出口温度低于设定值时，内部辅助继电器02001为ON；冷却水断流时，02002为ON；冷水断流时，02003为ON；它们都会触发反映综合故障的内部辅助继电器02006，通过它发出报警信号。此外，电源断相、两独立回路自身故障等也会触发02006，同样会发出报警信号。

4）报警及显示程序。当综合故障发生、02006动作时，会通过输出继电器00300驱动故障警铃发声报警，而操作员在接警后，可通过消音按钮（接在输入继电器00009上）停止报警器的声响；本模块显示部分包括冷水出口温度低于设定值、冷却水断流和冷水断流，发生此3种故障时，相应的信号灯以1s为周期频闪，频闪源来自专用辅助继电器

25502（25502为周期1s、占空比50%的时钟信号）。

此外，显示模块还包括开机延时显示：在程序的末段，可以看出无论是手动还是自动，两个制冷回路任意一个只要起动，即在01901为ON、TIM001起动计时但又未达设定值时（或01902为ON、TIM002起动计时但未达设定值时），输出继电器00401在专用内部辅助继电器25502的配合下频闪，通过外接信号灯显示系统工作于开机延时中。

最后，显示部分有工作方式显示：选"自动"时，输出继电器00405为ON；选"手动"时，输出继电器00406为ON，两继电器接通相应的信号灯以显示系统所处的工作方式。

4.2 PLC 系统设计

4.2.1 PLC 系统的设计内容与步骤

PLC由于具有较强的功能和高可靠性，使其在工业控制领域中得到了广泛的应用。从早期的替代继电器逻辑控制装置逐渐扩展到过程控制、运动控制、位置控制和通信网络等诸多领域。

在熟悉了PLC的基本结构及指令系统后，就可以结合实际问题进行PLC系统的设计了。

PLC由于其独特的结构和工作方式，使它的系统设计内容和步骤与继电器控制系统及计算机控制系统都有很大的不同，主要表现就是允许硬件电路和软件分开进行设计。这一特点，使得PLC的系统设计变得简单和方便。

1. PLC 系统设计的主要内容

（1）设计内容　包括控制系统的总体结构论证、PLC的机型选择、硬件电路设计、软件设计以及组装调试等。

（2）控制系统总体方案选择　在详细了解了被控制对象的结构以及仔细地分析了系统的工作过程和工艺要求以后，就可列出控制系统应有的功能和相应的指标要求。以此为基础，可根据对不同控制方案的了解，通过对比的方式进行取舍，最终可以拟定出满足特定要求的控制系统的总体方案。总体方案通常包括主要负载的拖动方式、控制器类别、检测方式和联锁要求的满足等。

（3）PLC的机型选择　PLC的机型选择就是为系统选择一台具体型号的PLC，此时要考虑的因素包括I/O点数的估算、内存容量的估算、响应时间的分析、输入/输出模块的选择、PLC的结构以及功能等几个方面。

（4）硬件电路设计　硬件电路设计是指除用户应用程序以外的所有电路设计，它应包括负载回路、电源的引入及控制、PLC的输入/输出电路、传感器等检测装置、显示电路以及故障保护电路等。

（5）软件设计　软件设计就是编写用户应用程序，它是在硬件设计的基础上进行的，利用PLC丰富的指令系统，根据控制的功能要求，配合硬件功能，使软件和硬件有机结合，达到要求的控制效果。

值得注意的是，有些控制功能既可以用硬件电路实现，也可以由软件编程来实现。这就要求设计者能综合考虑，诸如可靠性、性能价格比等因素，使得软件和硬件配置尽可能合理。

2. PLC 系统设计的主要步骤

PLC 系统的设计流程如图 4-4 所示。

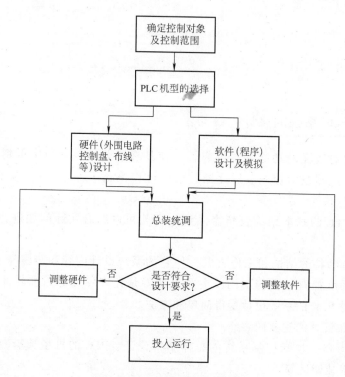

图 4-4　PLC 系统的设计流程

图 4-4 中的第一步是确定控制对象及控制范围，这一步相当重要。控制对象的确定可以有两个含义：其一是从整个系统的角度逐个明确控制目标，而每个目标的实现可能有不同的途径；其二是经过分析确定有哪些对象应由 PLC 进行控制，而余下的采用普通电气的控制电路。如果这项工作做得不好，很可能增加了 PLC 的 I/O 点数，而控制系统的电路结构并没得到相应的简化，最终造成成本的无意义增加。但考虑到这项工作无论采用何种类型的控制器大体要求都相同，这方面的内容，在其他各类系统设计资料中都有详尽的论述，本书不再详述。以下仅就与 PLC 应用相关的硬件电路设计和软件编程问题做较为详细的讨论。

4.2.2　PLC 系统的硬件电路设计

硬件设计包括的内容很多，除用户应用程序以外的系统的所有电路都需设计。它应包括 PLC 的选型、电源的引入及控制、PLC 的输入/输出电路、负载驱动回路、传感器等检测装置、显示电路和故障保护电路等。

1. PLC 型号的选择

在使用 PLC 时，如何正确选用合适的机型是系统设计的关键问题。目前，国内外生产 PLC 的厂家有很多，而同一家工厂生产的产品又有不同的系列，同一系列中又有不同的型号，这使得当前市场上 PLC 的型号众多，从而给初次使用 PLC 的工程设计人员在选型问题上带来一定的困难。

PLC 的选型可以从以下几个方面来考虑：

（1）功能及结构　PLC 的功能日益增多，不同型号的产品在功能上有较大的差异：大多数小型 PLC 都具有开关量逻辑运算、定时、计数、数值处理等功能，有些机型具有通信联网能力；也有些产品可扩展各种特殊功能模块，完成诸如运动控制、过程控制、位置控制等功能。当控制对象只要求开关量控制时，从功能角度来说，几乎所有型号的 PLC 都可胜任。而当控制对象有模拟量的入/出控制要求或其他特殊功能要求时，就应仔细了解不同系列、不同型号 PLC 的功能特点了。

从结构上讲，小型 PLC 有整体式和模块式两种结构。单台设备或几台设备共用一台 PLC 控制时往往选用整体式结构，考虑到工业控制的发展方向时（工业局域网），选用具有通信能力的 PLC 为好。模块式结构组态灵活，易于扩充，特别适用于控制规模较大的场合。合理选用各种功能模块会使所设计的系统既能满足控制要求，又能最大限度地利用 PLC 的软、硬件资源。

（2）输入/输出模块的选择　大多数 PLC 输入/输出模块都可以有几种选择。

输入模块完成控制命令、故障及状态检测等输入信号的转换。一般说来，这些信号的种类可能不同，经输入模块的变换后就可将这些不同电平的信号转变为 PLC 内部的统一的电平信号。此外，输入模块还兼有外部电路与 PLC 内部电路的隔离作用和防止干扰作用。输入模块的类型分直流 5V、12V、24V、48V、60V 几种；交流 115V 和 220V 两种。选择时主要考虑现场设备与 PLC 之间的距离，距离远时，可选电压等级高一些的模块；而距离较近时，选择电压等级低一些的模块就可以了。这样的选择主要是提高系统工作的可靠性。选择输入模块时另一要考虑的因素是系统工作时，同一时间内要接通的点数多少，特别是对于 32 点、64 点这些高密度输入模块，同时接通点数一般不得超过 60%，如果条件难以满足，就只有选择密度低一些的输入模块。

输出模块用来将 PLC 内部的电平信号转换为外部过程的控制信号。开关频率不高的交直流负载一般选继电器输出型模块；开关频率高、电感强、功率因数低的交流负载则可考虑选用晶闸管输出模块；开关频率较高的直流负载则应选用晶体管输出模块。因半导体开关器件使用寿命远大于继电器且前者的允许开关频率也远大于后者，在负载有较高开关频率要求时，不能选择继电器输出模块。选用输出模块时还应注意同时接通点数的电流累计值必须小于公共端（汇点式输出结构）长期所允许通过的电流值。

（3）I/O 点数的估算　I/O 点数是 PLC 的重要指标。合理选择 I/O 点数，既可使系统满足控制要求，又可使系统的造价最低。

传动设备及各种电气元器件所需的编程 I/O 点数在不同场合应用时不尽相同。选择

I/O 点数的原则是根据具体设备的控制要求有所取舍，满足要求即可。典型传动设备及常用电气元器件所需 I/O 点数见表 4-2。

表 4-2 常用传动设备和电气元器件所需 PCL 的 I/O 点数

序号	传动设备、电气元器件	输入点数	输出点数	I/O 总点数
1	Υ-△起动的笼型电动机	4	3	7
2	单向运行笼型电动机	4	1	5
3	可逆运行笼型电动机	5	2	7
4	单向变极电动机	5	3	8
5	可逆变极电动机	6	4	10
6	单向运行的直流电动机	9	6	15
7	可逆运行的直流电动机	12	8	20
8	单线圈电磁阀	2	1	3
9	双线圈电磁阀	3	2	5
10	比例阀	3	5	8
11	按钮开关	1	—	1
12	光电管开关	2	—	2
13	信号灯	–	1	1
14	拨码开关	4	—	4
15	三档波段开关	3	—	3
16	行程开关	1	—	1
17	接近开关	1	—	1
18	抱闸	–	1	1
19	风机	–	1	1
20	位置开关	2	—	2
21	功能控制单元			20(6,32,48;64,128)

在估计出被控对象所需 I/O 点数后，再考虑留有 10%～15% 的裕量。

（4）所需内存容量估计　选择 PLC 内存容量时应考虑以下几个因素：内存利用率；开关量输入/输出点数；模拟量输入/输出点数；用户编程水平。

内存利用率是指一个程序段中的接点数与存放该程序所代表的机器语言所需的内存字数的比值。不同厂家、不同产品的内存利用率有些差别，查找相应产品说明书可查到指令长度（以字为单位），以此可计算出相应的内存利用率。显然，高内存利用率是有好处的，同样的程序可因较少内存量、缩短程序扫描时间而提高系统的响应速度。

开关量输入/输出点数与所需内存容量有很大关系。在一般编程水平下，可用下面的经验公式估算：

$$所需内存字数 = I/O 总点数 × 10$$

具有模拟量输入/输出时，通常要使用应用指令（功能指令），而应用指令的内存利用率一般均较低，因此一条应用指令占用的内存较多。

当只有模拟量输入时，一般只需处理模拟量读入、模拟量转换、数字滤波、传送和比较运算，所用的应用指令数相对少一些。而模拟量输入、输出都有时，通常意味着系统要求的控制功能比较复杂，如闭环的运动控制、过程控制等，也就意味着 PLC 要进行较为复杂的运算，自然所需的内存数也会大增（内存利用率很低）。针对上述两种不同情况，可用下面的经验公式估计所需内存数：

只有模拟量输入时：内存字数 = 模拟量点数×100

模拟量输入输出同时存在时：内存字数 = 模拟量输入/输出总点数×200

所谓编程质量，是指完成同样功能所编用户程序长短的一种评价，程序越短，编程质量越好。编程经验较丰富时，编程质量会好些，而初学者，可能相对要差一些。所以初学者在估算内存容量时，应该留多一些裕量。

考虑到上述的各种因素，总的内存容量的经验计算公式为

存储器总字数 = I/O 总点数×10+模拟量总点数×150

为可靠计，在上面求得的总字数后再考虑增加 25% 左右作为裕量，就可最后确定出 PLC 应有的内存容量了。

（5）响应时间　PLC 的响应时间是指输入信号产生时刻与由此而使输出信号状态发生变化时刻的时间间隔。由于目前生产的 PLC 扫描周期都比较短，比如 CPM1A-20CDR，在用户程序 500 步、仅由 LD 指令和 OUT 指令构成时，扫描周期仅为 2.43ms，当然程序再复杂些时，可能达十几毫秒，即便如此，对于只含开关量控制的电气控制系统来说，因电器本身动作时间就达十几~几十毫秒，所以在只有开关量控制的系统中，PLC 的时间响应问题基本上不必考虑。

而在有模拟量输入/输出的过程控制或运动控制等场合，PLC 的时间响应要仔细加以考虑。

考虑了上述指标以后，再结合设计者的经验以产品的价格及厂家的服务等因素确定具体的 PLC 型号。

2. 电源的分配及相应保护

在 PLC 控制系统中，有几种不同的电源：拖动系统主电路电源、PLC 的工作电源、PLC 的输入信号电源以及 PLC 的输出驱动电源等。在单台 PLC 系统中，拖动系统主电路电源一般不单独设置而由系统总断路器承担；PLC 的工作电源则有不同的情况，有直流的也有交流的，随产品的型号而定，而且有不同的电压等级，在选用交流工作电源的 PLC 时，一般情况下其工作电源可直接引于系统中满足要求的交流电压源，但当可靠性要求更高时，则应采用控制变压器；PLC 的输入信号电源也因 PLC 输入模块的不同而不同，而输入模块的选取通常又取决于各种传感器，在大多数情况下，当只有开关量的逻辑控制时，检测元件只提供无源的接点，此时 PLC 的输入信号电源由选用的输入模块而定，常用的是直流 24V 或交流 220V，有些型号 PLC 的电源模块本身提供直流 24V 的传感器工作电源；PLC 的输出驱动电源则完全由驱动对象决定，比如接触器的线圈工作电压、电磁换向阀的线圈工作电压、信号灯的工作电压或报警器的工作电压等。

从配电的角度讲，PLC 的工作电源可由专设的断路器提供，兼有多种保护；输出驱动电源可设熔断器进行短路保护，对于分组输出的模块，每组都要设熔断器进行短路

保护。

3. PLC 输入/输出配置及地址编号

在确定了控制对象的控制要求并选择好 PLC 型号后，首先进行的是控制系统工作流程设计，用流程图明确各信息流间的关系，然后具体安排输入/输出的配置。

（1）输入配置及地址编号　为便于程序的编写，输入配置可按照下述原则处理：把所有控制按钮、限位开关等分别集中配置，同类型的输入点尽可能分在一组内；若输入点有多余，可将某一个输入模块的输入点分配给一台设备或机器；在使用模块式结构的 PLC 时，尽量将具有高噪声的输入信号分配到远离 CPU 模块插槽的输入模块上。

（2）输出配置及地址编号　输出配置及地址编号的原则：同类型设备占用的输出点最好地址相对集中；按照不同类型的设备顺序地指定输出点地址号；如果输出点有多余，可将某一个输出模块的输出点都分配给一台设备或机器；对彼此有关的输出器件，如电动机正转、反转，电磁阀控制的前进与后退等，其输出地址号最好连续。在有些 PLC 中，输出点是分组的，在这种情况下，具有相同驱动电源要求的被控件可集中分在同一组中。

当输入/输出配置及地址编号确定后，所形成的是 PLC 的端子接线图或 I/O 图表。I/O 图表是用户编程的重要依据，是 PLC 系统用户软件与硬件电路的连接纽带。

关于地址编号，不同型号的 PLC 有不同的规定，它是正确应用 PLC 的基础，这里所说的地址只与实体物理存储单元存在对应关系。对于用户来讲，把它们看成是具有规定功能的编程元件应该更好，特别是不要把编程元件的地址号与用户程序的地址号混淆。对于整体式小型 PLC，输入/输出编程元件的编号（地址号）是固定的，不能随意更改；但模块式结构的 PLC，其编程元件的编号则由模块安装的具体位置决定，不同制造商的不同型号产品有各自的编号规则，使用时要格外注意。

4. PLC 输入电路的设计

PLC 的输入信号有两大类：开关量和模拟量。在大多数小型 PLC 的应用中，涉及的是开关量，以下仅就开关量的输入电路进行讨论。

首先，PLC 的开关量接口是 PLC 与现场的以开关量为输出形式的检测元件（如操作按钮、行程开关、接近开关、压力继电器触点等）的连接通道，它把反映生产过程的有关信号转换成 CPU 单元所能接受的数字信号。为了防止各种干扰和高电压窜入 PLC 内部而影响其工作的可靠性，必须采取电气隔离与抗干扰措施。在工业现场，出于各种原因的考虑，可能采用直流供电，也可能采用交流供电，PLC 要提供相应的直流输入或交流输入接口。

PLC 输入电路的设计任务就是选择合适的外部电路，使输入信息能被可靠地采集到 PLC 的内部来。

通常 PLC 输入接口电路中都包含有光耦器件，外部电路的设计必须与光耦输入匹配。外部开关闭合（ON）时，光电耦合器中的光敏二极管有电流而发光，光敏晶体管由截止进入饱和导通状态，当 PLC 系统程序扫描检测到该信号后获得输入为"1"的信号。

为了准确地把外部开关的通（ON，逻辑"1"）、断（OFF，逻辑"0"）状态信号输入 PLC，开关接通时应使流过发光二极管的电流大于使光敏晶体管导通的最小电流，保证光敏晶体管可靠地饱和导通；而当现场开关断开时流过发光二极管的电流应小于使光敏晶体管截止的最大允许电流（即下门限电流），保证光敏晶体管可靠地截止，这是设计选择 PLC 的外部输入信号电路参数的基本依据。

PLC 的开关量输入信号有两类：一类是有触点开关，另一类是无触点开关。无触点开关中，主要由半导体器件完成电路的通断控制。

当检测元件是有触点开关时，输入电路的设计非常简单，只需保证触点的接触电阻很小、确保光敏晶体管可靠地饱和导通就可以了，设计时只要使用质量合格的开关或检测装置，这一点是可以保证的。

但当检测元件的输出为无触点的半导体开关元件时，情况就会有很大的不同。通常，PLC 的电气参数指标中给出额定输入信号电压、最大输入信号电压（OFF 电压，可靠产生逻辑"0"）、最小输入信号电压（ON 电压，可靠产生逻辑"1"），在输入电路设计时，应予满足。设计时，重点分析开关元件的导通最小饱和电流和关断时的最大漏电流。

此外，在采用汇点输入方式，即多个输入点的输入回路共用一个公共端子（COM）时，还应考虑公共母线的电流承载能力。

5. PLC 输出驱动电路的设计

PLC 输出驱动电路的设计相对比较复杂，原因就是 PLC 可以控制大量不同的现场执行器。现场执行机构有直流供电的，也有交流供电的，还有脉冲列驱动的，所以开关量输出接口有多种形式，主要是继电器输出、晶体管输出和晶闸管输出等。常用的执行机构包括接触器、电磁阀、指示灯及各种变换驱动装置。

在驱动电路设计时，首先要考虑输出模块的驱动能力，每种执行器都有一定驱动功率要求，在工作电压选定后，这些要求就会落实在电流上。对于中、小型电磁式开关电器，PLC 输出模块有足够的能力直接驱动，在输出模块无法直接驱动时，可考虑采用中间继电器或小型接触器，然后由其触点再去驱动大型开关电器。

此外，当执行器有较大的电感参数时（如接触器线圈、电磁阀线圈等），为了保护输出模块的触点或开关器件（大多产品输出模块在一定程度上已考虑了相应保护），电路设计时还是要采用一些保护电路，如交流负载用交流触点保护器（阻容吸收装置），直流负载时则用二极管，将其并在线圈两端，提供断开时的续流回路。

6. 硬件电路设计实例

本例为工件运输机械手的 PLC 控制系统设计。

（1）机械结构与工艺要求 本机械装置用来将工件从左工作台搬往右工作台，其结构如图 4-5 所示。

工艺要求：首先由原位开始，顺序完成图中的 8 个步骤，也就是将工件从左台面抓起，然后运到右台面上。显然，机械的运动包括下降、上升、右移、左移以及工件的夹紧和放松。其中，上升/下降和右移/左移分别由两个双线圈的三位四通电磁阀经由液压系统完成驱动；而夹紧和放松则由单线圈的两位两通电磁阀经由液压系统完成驱动，线圈通电时工件被夹住，线圈断电时工件被放松。由于右工作台最多只允许放一个工件，为安全计，当机械行至右上位时，只有当右台面为空时，才允许下降动作进行。右台面有无工件用光电检测器检查。

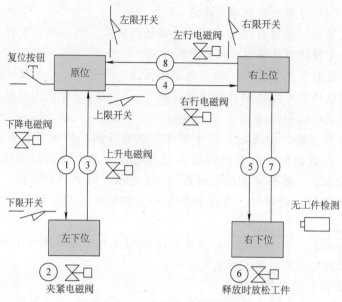

图 4-5 工件搬运机构的结构

（2）控制要求及功能分配 工作方式分单操作、步进操作、单周期操作和连续操作4 种。

在单操作时，要完成的是 6 个动作的手动控制。为区分上述各种操作且便于编程，可设置相应的开关。这些开关集中安装在操作面板上，设计的操作面板如图 4-6 所示。

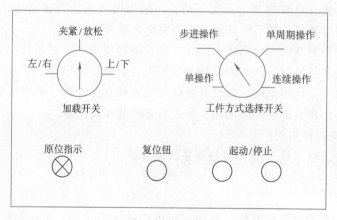

图 4-6 面板布置图

单操作方式：工作方式选择开关打到"单操作"，在加载开关选定相应的动作后，就可用起动/停止按钮控制完成相应的动作，如加载开关打到"左/右"位置时，按下起动按钮，机械右行；若按停止按钮，机械左行。其他几个动作的控制与"左/右"行控制类似。

步进操作方式：工作方式选择开关打到"步进操作"，机械在原位时，每按一次起动按钮，动作顺序完成一步。

单周期操作方式：工作方式选择开关打到"单周期操作"，按一次起动按钮，自动运行一个周期。

连续操作方式：工作方式选择开关打到"连续操作"，按一下起动按钮后，机械由原位开始，一个周期接一个周期地工作下去，直到按过停止按钮后，机械完成最后一个周期后停到原位。

（3）端子分配 输入/输出端子分配应在 PLC 确定型号后进行。

考虑到本系统所要求的输入/输出点数及所需的大致内存都不是很多，且只要求开关量控制，可选用 OMRON 公司的整体式小型 PLC——CPM1A-30CDR-A。该型号 PLC 为继电器输出型，输入点数为 18，输出点数为 12，可以满足要求。本系统的输入/输出端子分配如图 4-7 所示。

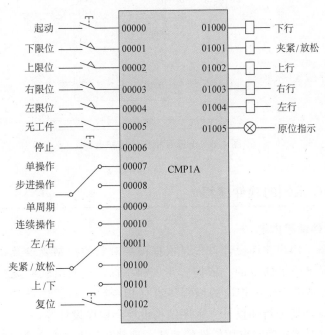

图 4-7 端子分配图

（4）硬件电路设计 这里只考虑 PLC 工作所需的电源及输入/输出电路。

1）电源及相应的保护电路设计。如图 4-8 所示，图中输入电路用了 CPM1A 的 +24V 自带电源，在使用 PLC 自带电源时，要注意其容量是否满足输入信号的要求，当输入点数很多时，一般应单独设置输入信号电源；本系统无特殊可靠性要求时，为简化硬件结构，PLC 的工作电源及输出驱动电源合用，由断路器 QF 供电，断路器兼有短路和过载保护功能；CPM1A 输出模块为分组汇点式，每组电源分设熔断器进行短路保护。

2）输入和输出电路。输入电路除按钮和行程开关外，就是手动开关，通断可靠；输出驱动有电磁阀线圈且使用交流电源，可考虑加装触点保护器，由于电磁阀线圈和信号灯需要的驱动功率较小，所以由 PLC 的输出继电器直接驱动。

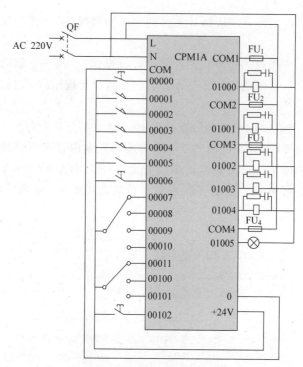

图 4-8　电源及相应的保护电路

4.2.3　PLC 系统的软件编程

1. PLC 的软件编程内容

（1）编程准备　用户软件设计首先是根据被控对象的控制要求及系统功能要求，为应用软件的编程提出明确的目的、依据、要求和指标，编制出软件规格说明书。然后在软件规格说明书的基础上使用相应的编程语言（指令）进行程序设计。为此，其内容应包括 PLC 用户软件功能分析和设计、程序结构设计和程序设计等。

在正式编程前，首先确定应用软件的功能。这些功能大体有 3 个：控制功能、操作功能和自诊断功能。

控制功能是 PLC 应用软件的主要部分，系统正常工作的控制功能由该部分实现。

操作功能指的是人机界面，有些 PLC 产品可选用配套的文本显示器或专用触摸屏。通常单台 PLC 控制时，也可不予考虑。但当 PLC 多机联网时，特别在工业局域网中应用时，操作功能的程序设计问题就必须加以考虑了。当然，在工业局域网中，大多包括有计算机，此时操作功能往往可由计算机实现。

自诊断功能包括 PLC 自身工作状态的自诊断和系统中受控设备工作状态的自诊断两部分。目前大多数 PLC 的自身都有较完善的自我诊断功能，用户程序中自诊断主要是判断受控设备的工作状态等。

（2）设计程序结构　模块化的程序设计方法，是 PLC 应用程序设计中最有效、最基本的方法。程序结构分析和设计的基本任务就是以模块化程序结构为前提，以系统功能要求为依据，按照相对独立的原则，将全部程序划分为若干个模块，而对每一个模块提供软件要求、规格说明。

软件设计采用"自上而下"的方法进行设计。

事实上，PLC 的程序设计往往与硬件设计同时进行。就系统的控制功能实现来说，有些功能既可由硬件电路实现，也可由软件编程实现，大多是软件和硬件相配合才得以实现。所以，软件和硬件的设计应通盘考虑，交叉进行，总体服从于设计的综合要求。

2. PLC 应用程序设计的步骤和方法

PLC 的控制程序设计方法与许多因素有关，如设计者的经验与习惯、控制系统规模的大小、控制系统的工艺特点等。这里仅就一般工程技术人员设计中、小型逻辑或顺序控制要求为重点的系统做些介绍。

（1）程序设计步骤 PLC 用户程序设计一般可分为以下几个步骤：程序设计前的准备工作、程序框图设计、应用程序的编写、程序调试和编写程序说明书。

程序设计前的准备工作包括对整个系统进行更加深入的分析和理解，弄清楚系统要求的全部控制功能，以硬件设计为基础，确定软件的功能和作用。

程序框图设计是很关键的步骤，该步的主要工作是根据软件规格说明书的总体技术要求和控制系统具体情况确定的应用程序的基本结构，按程序设计标准绘制出程序结构框图。在总体框图出来以后，再根据工艺要求绘制出各个功能单元的详细功能框图。框图是编程的重要依据，应尽可能详细。

（2）应用程序设计的常用方法 以程序框图为基础，以功能要求为依据，应用 PLC 的指令逐条顺序编写程序。在程序编写中，尽可能应用成熟的典型环节，如振荡电路、延时电路和分频电路等。

用户程序设计有很多种方法，国际标准化组织也推出了几种标准，这些方法的使用因 PLC 产品类型的不同而不同，也和控制对象要求的功能特点有关，当然，也和具体设计人员的水平和喜好有关。常用的几种方法如下：

1）经验设计法。以典型控制环节和电路为基础，根据被控对象的具体控制要求，凭经验进行选择、组合。这种方法对一些比较简单的控制系统很有效，但本方法没有普遍规律可循，往往要求设计者有一定的实践经验，而且编制的程序也会因人而异，给系统的使用、交流和维护等带来一定的困难。

2）逻辑设计法。在开关量控制系统中，开关量的状态完全可以用取值为"0"和"1"的逻辑变量来表达，而被控制器件的状态则可用逻辑函数来描述。为此，PLC 应用程序的设计可以借助于逻辑设计方法。

在逻辑设计方法中，首先要求列写出执行元件动作节拍表，然后绘制出电气控制系统的状态转移图，进而列写出执行元件的逻辑函数表达式，最后经变换后得到 PLC 的应用程序。

3）利用状态转移图设计法。状态转移图又称功能图或顺序功能图，对于有顺序控制要求的系统来说，利用状态转移图编程是非常方便的。许多小型 PLC 都设有专门的顺序控制指令，如三菱公司的小型 PLC 有两条步进顺序控制指令 STL 和 RET，与该指令对应的设置了编程元件状态器（S）。而 OMRON 公司的小型 PLC 相应有 3 条步进控制指令：STEP N 为步进程序段开始指令；STEP 为步进程序结束；而 SNXT N 则为程序步进指令。

在用步进指令编程时，首先应画出状态转移图。状态转移图可由工艺流程图转换过来。状态转移图由状态、驱动命令和转移条件 3 个内容组成：

① 状态：对应于工艺流程中的一个独立工作步，在状态流程图中除标明工作内容外，还应标明 PLC 对应的编程元件或程序步。

② 驱动命令：指定在本工作步中由哪些输出元件驱动执行器件。

③ 转移条件：指明本工作步完成后，由何种信号使状态顺序转移，在转移到下步的同时关闭已完成的工作步。

3. PLC 的软件编程实例

这里仍以工件运输机械手的 PLC 控制系统设计为例。在硬件设计已经完成的基础上讨论其用户程序设计。

（1）整体程序结构　由于本设备工作方式较多，最好采用模块式程序结构。设计的整体程序结构如图 4-9 所示。

在开关打到"单操作"时，00007 接通，JMP01 不跳转，执行的是单操作程序模块。而 00008、00009 和 00010 均不通，JMP02 跳转条件满足，跳过"步进操作""单周期操作"及"连续操作"程序。注意 OMRON 公司的 C 系列产品指令中，JMP 满足接通条件时，不跳转，否则跳转，这和许多其他类型 PLC（如三菱公司 F、FX 系列）的指令规定相反。使用跳转指令的好处是：在程序被扫描时，被跳过的程序段将因其不被扫描而缩短程序扫描周期，从而缩短系统响应时间。

在开关打到"步进操作""单周期操作"或"连续操作"时，单操作程序将因 00007 的断开而被跳过，而步进操作与单周期操作及连续操作间的互锁逻辑可通过编程实现。

最后，无论哪种操作方式，输出继电器都可考虑公共使用。

（2）单操作程序模块　实现单操作的控制程序如 4-10 所示：当加载开关打到"左/右"位置时，00011 通，按下起动按钮则右行；按下停止按钮则左行。在这段程序中，考虑到安全问题，左/右行动作应在上限位置时才可执行，所以用了上限信号 00002 完成联锁，且考虑了 01003 与 01004 的互锁。

当加载开关选"夹紧/放松"位置时，00100 通，按过起动按钮则夹紧；再按停止按钮则放松。

当加载开关选"上/下"位置时，00101 通，按下起动按钮为下行；按下停止按钮为

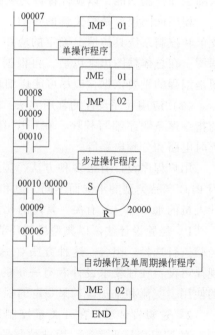

图 4-9　整体程序结构

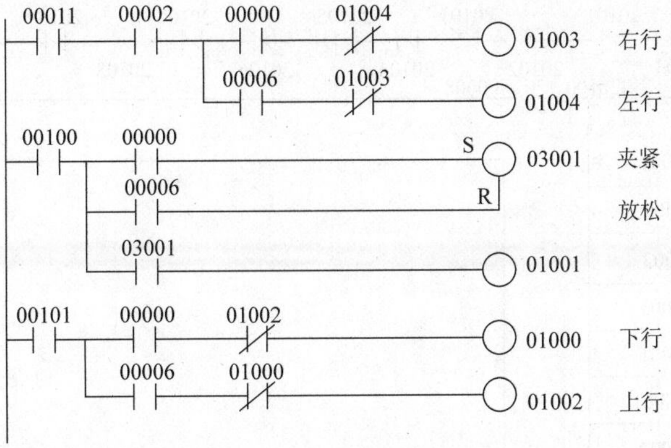

图 4-10 单操作程序

上行。

（3）自动操作程序模块　自动操作程序包括单周期和连续工作的控制程序。控制要求的主要特点是顺序控制，此类程序可由步进指令 STEP（08）和 SNXT（09）实现，也可由移位寄存器实现。本例中拟采用移位寄存器，具体采用的移位寄存器是 201CH 通道（CPM1A 的移位寄存器可根据需要以通道为单位设定）。

编制顺序控制程序时，一般借用工作状态转移图，有了状态转移图后，很容易编制出梯形图程序，梯形图程序如图 4-11 所示。程序设计思路如下：

正常情况下，机械手总是停在原位，上限和左限位开关被压住，00002 和 00004 动合触点接通，在复位信号过后，20101～20109 的动断触点均通，故 20100 为"1"态，原点指示灯为亮。

方式选择开关打到"连续操作"位，按一下起动按钮，由图 4-9 的总体程序框图，可以看到辅助继电器 20000 被置位，同时起动信号使移位寄存器移位，20100 的"1"移送到 20101 位，因 20101 被置成"1"态后，其动断触点断开，使得 20100 成为"0"态，此时机械开始下行。

下行到位后，00001 动作，产生移位信号，使"1"移到 20102 位，在 20102 为"1"时，置位 20001，由 20001 驱动 01001 开始进行夹紧工作，同时开始计时，TIM000 定时 1.75s 时间到时，产生移位信号，使"1"态由 20102 移到 20103，抓紧过程结束。

20103 驱动 01002 使机械开始上行，上行到位后，压动上限开关 00002，产生位移信号，则"1"被移位到 20104。

20104 驱动 01004，开始右行。右行到位，右限位开关动作产生移位信号，20105 为"1"态，此时，若右台面无工件，则 00005 处于释放状态，其动断触点接通，于是 01000 被驱动，机械开始下行；若右台面有工件，则 00005 动作，其动断触点断开，下行被禁止，机械停在右上位等待，一旦右台面工件被移走后，机械自动开始下行。

下行到位后，下限位开关被压动产生移位信号，"1"被移到 20106，下行停止。20106 使 20001 复位，开始放松，TIM001 同时开始计时，1.5s 后产生移位信号使 20107 为"1"态，放松结束。

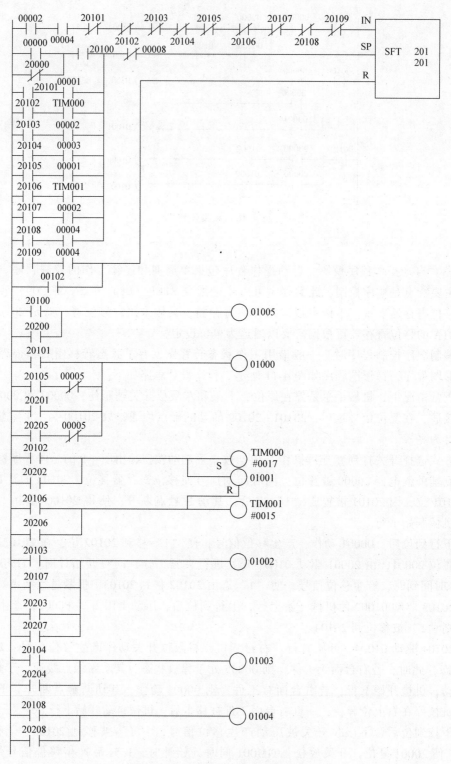

图 4-11　自动操作时的梯形图程序

20107 使 01002 动作，上行开始。上升到位后，00002 合，"1"被移位到 20108，上行结束，左行开始，左行到位 00004 合，状态移到 20109。

当 20109 为"1"态时，它与 00004 一起产生复位移位寄存器的信号，使得整个 201CH 通道辅助继电器均复位为"0"。一旦复位完成，则因 00002、00004 闭合和 20101~20109 动断均为通态，使得 201CH 的首位 20100 重新被置成"1"态。由于 20000 一直处于置位状态，只要 20100 一动作，立即产生移位信号，开始下一次循环。

若工作方式选择开关打到"单周期"时，动作过程和上述"连续操作"过程类似，不同处只在于因 20000 未被置位，所以当一个循环结束时，20100 的"1"状态因没有移位信号而不能下移，机械只能停在原点。若想机械再次运行，只有再按一下起动按钮才行。

（4）步进操作程序模块 仿照自动运行程序，只需在移位信号通路中串入起动信号 00000，且考虑到与自动运行程序在逻辑上的互锁，即可得到步进操作程序。图 4-12 所示的步进运行程序中使用的移位寄存器是 SFT202，而输出驱动还是公用的，00008 用来完成与自动运行程序的互锁。

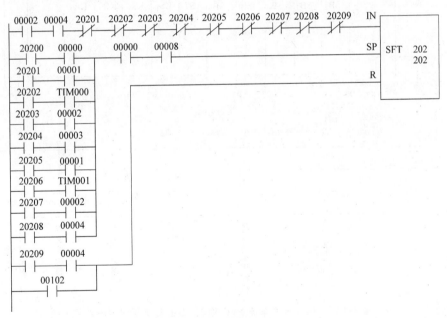

图 4-12 步进操作程序

4.3　C650 卧式车床电气控制的 PLC 应用

C650 卧式车床的继电接触式控制系统如图 2-3 所示，现主电路保持不变，控制变压器保留。使用 PLC 控制器，系统的控制电路将大为简化。考虑此为单台设备，输入/输出点数不多且只限开关量，可以选用 OMRON（欧姆龙）公司的小型 PLC 控制器——CPM1A。

4.3.1 输入/输出电路设计

由于 PLC 的应用特点，省去了原系统中的中间继电器（K）和时间继电器（KT），且为便于接线，所有按钮、热继电器均用了动合触点。也可考虑过载保护在 PLC 外部实现或内外同时采用。为确保 KM_3、KM_4 的可靠互锁，除软件编程时考虑互锁程序外，在硬件电路上也要用辅助触点建立互锁。输入/输出电路如图 4-13 所示。

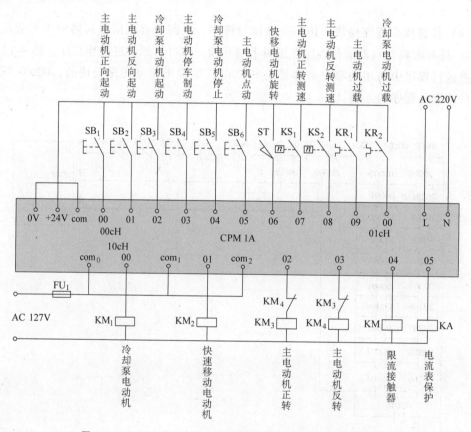

图 4-13　C650 卧式车床 PLC 输入/输出及电源配置电路图

4.3.2 用户程序设计

由于控制规模较小且为开关量控制，程序设计时可采用经验设计法，首先分析原有系统的控制功能，逐项进行软件编程；也可根据电路图的接线原理，利用梯形图与电路图的相似关系进行软件设计。但两者毕竟有一定的区别，设计完成后要仔细检查，本列设计的参考梯形图程序如图 4-14 所示。

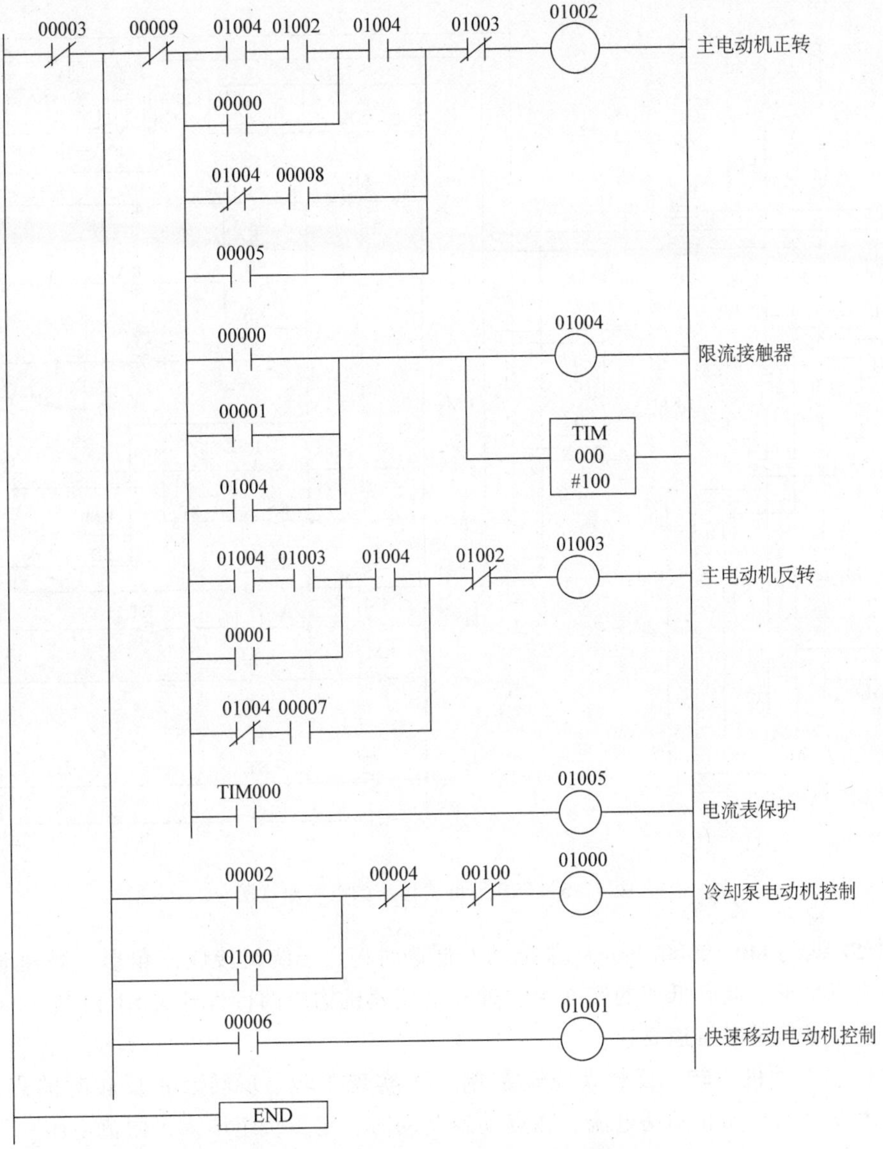

图 4-14　C650 卧式车床 PLC 梯形图程序

4.4　T68 卧式镗床电气控制及 PLC 应用

4.4.1　T68 卧式镗床继电接触式控制电路

图 4-15 所示为 T68 型卧式镗床采用继电接触式控制系统的电气原理图。

1. 电气控制电路的特点

(1) 主电动机　主电动机为双速电动机，机床的主运动和进给运动共用这台电动机

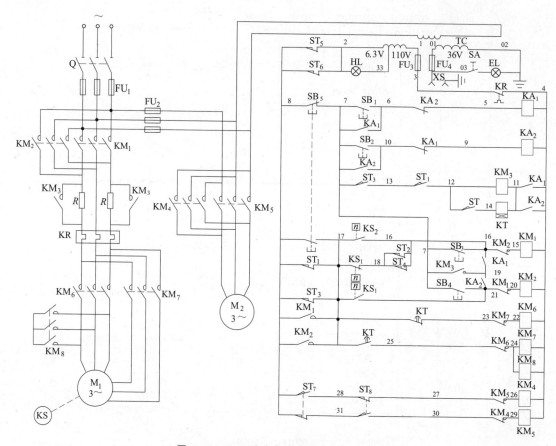

图 4-15 T68 型卧式镗床的电气原理图

（5.5/7.5kW，1440r/2900r/min）来拖动。低速时将定子绕组接成三角形，高速时将定子绕组接成双星形。高、低速的转换由主轴孔盘变速机构内的行程开关 ST 控制。ST 常态时接通低速，被压下时接通高速。

（2）主电动机正转、反转及点动控制 可实现正转、反转及正反转时的点动控制，为限制电动机的起动和制动电流，在点动或制动时，定子绕组串入了限流电阻。

（3）主电动机的高速起动 主电动机选低速时可以直接起动，选高速时控制电路要保证先接通低速经延时再接通高速，以减小起动电流。

（4）主电动机的变速缓转 为保证变速后齿轮进入良好的啮合状态，在主轴变速和进给变速时，主电动机要缓慢转动。本机床主轴变速时，电动机的缓慢转动是通过行程开关 ST_1 和 ST_2、进给变速是通过行程开关 ST_3 和 ST_4 及速度继电器 KS 共同完成的。

2. 控制电路的工作原理

（1）主电动机的起动控制 主电动机的点动分为正向点动和反向点动，分别由点动按钮 SB_3 和 SB_4 控制。

主电动机正转和反转控制由按钮 SB_1 和 SB_2 操纵。当要求电动机低速运转时，行程开关 ST 触点（12-14）处于断开位置，ST_3 和 ST_1 为动作状态。按下按钮 SB_1 时，继电器

KA_1 得电动作，KM_3 得电，其主触点将限流电阻 R 短路；KM_1 得电，使 KM_6 得电，由于 KM_1、KM_3 及 KM_6 动作的结果，主电动机在满电压、定子绕组三角形联结下直接起动低速运行。

当要求电动机为高速旋转时，通过变速机构和机械动作，将行程开关 ST 的动合触点（12-14）闭合，这时按下起动按钮 SB_1 后，中间继电器 KA_1 得电吸合，与低速运行一样，KM_1、KM_3 及 KM_6 相继动作，使电动机在低速状态下直接起动；与此同时，时间继电器 KT 的线圈得电，经延时后 KM_6 断电，定子绕组与电网脱离，KM_7 和 KM_8 得电，将电动机的绕组连接成双星形并重新接入电源，从而电动机从低速转为高速旋转。

反向旋转的起动过程与正向起动相同，但参与控制的电器为 SB_2、KA_2、KT、KM_2、KM_3、KM_6、KM_7 及 KM_8。

（2）主电动机的反接制动控制　按下停止按钮后，电动机的电源反接，则电动机在反接状态下迅速制动。在电动机转速下降到速度继电器的复位转速时，速度继电器的触点自动断开相应接触器，进而切断电动机的制动电源，电动机停止转动。

（3）主轴或进给变速时主电动机的瞬时点动控制　该镗床变速控制的特点是主轴或进给变速时，主电动机可获得瞬时点动以利于齿轮进入正确的啮合状态。该机床的主轴或进给变速不仅可以在停车时进行，而且在机床运行中也可以进行。

（4）主轴箱、工作台或主轴的快速移动　机床各部件的快速移动由快速手柄操纵，配合快速移动电动机 M_2 拖动来完成。快速手柄扳到正向快速位置时，行程开关 ST_7 被压动，接触器 KM_4 得电动作，快速移动电动机正转。快速手柄扳到反向快速位置，行程开关 ST_8 被压动，接触器 KM_5 通电动作，快速移动电动机反转。

（5）主轴进刀与工作台互锁　为防止机床或刀具的损坏，主轴箱和工作台的机动进给在电路上必须相互联锁，即不能同时接通。这里是通过行程开关 ST_5 和 ST_6 实现的，当同时选中两种进给时，ST_5 和 ST_6 都被压下，切断了控制回路电源，避免了机床或刀具的损坏。

4.4.2　采用 PLC 改造后的系统

原系统主电路不变，控制变压器保留，照明电路不变，现改为 PLC 控制。由于控制规模较小、功能要求简单，实用上仍可考虑采用 CPM1A 型 PLC。但从学习的角度，这里采用 OMRON 公司的 C200-HPLC。

1. PLC 硬件电路设计

（1）C200-H 模块选择　C200-H 为模块组合式结构，根据对系统输入/输出点数的估算且留出一定的裕量，选用如下模块：

母板：C200HW-BI031，3 槽母板。

电源模块：C200HW-PA204S，电源模块，输入可用 AC 220V，提供 DC+24V 电源。

CPU 模块：C200HW-CPU11-E，3.2 kB 用户程序存储器。

输入模块：C200HW-ID212，16 点开关量输入模块，DC+24V 电源。

输出模块：C200HW-OC222，12 点继电器输出模块。

模块的组合如图 4-16 所示。

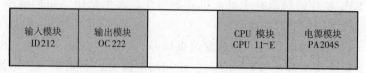

图 4-16 C200-H 模块组合图

对于 C200-H，模块在母板上定位安插后，输入及输出编程元件的地址号即确定，如图 4-16 所示的组合，输入继电器的地址编号为 00000 ~ 00015，输出继电器则为 00100-00111。

（2）输入/输出及电源配置电路及 I/O 表　输入/输出及电源配置电路如图 4-17 所示，I/O 分配表见表 4-3。

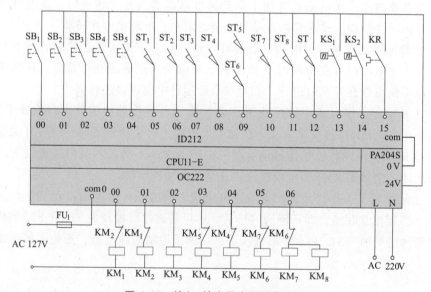

图 4-17 输入/输出及电源配置电路

表 4-3 I/O 分配表

符 号	编 号	功 能	符 号	编 号	功 能
SB$_1$	00000	主电动机正向起动按钮	ST$_5$	00009	主轴箱与工作台进给联锁
SB$_2$	00001	主电动机反向起动按钮	ST$_6$		工作台与主轴箱进给联锁
SB$_3$	00002	主电动机正向点动按钮	ST$_7$	00010	正向快速移动行程开关
SB$_4$	00003	主电动机反向点动按钮	ST$_8$	00011	反向快速移动行程开关
SB$_5$	00004	停止按钮	ST	00012	主电动机高、低速选择开关
ST$_1$	00005	主轴变速用行程开关	KS$_1$	00013	速度继电器正转信号
ST$_2$	00006	主轴变速用行程开关	KS$_2$	00014	速度继电器反转信号
ST$_3$	00007	进给变速用行程开关	KR	00015	主电动机过载
ST$_4$	00008	进给变速用行程开关	KM$_1$	00100	主电动机正转接触器

（续）

符 号	编 号	功 能	符 号	编 号	功 能
KM$_2$	00101	主电动机反转接触器	KM$_5$	00104	快移电动机反转接触器
KM$_3$	00102	限流电阻控制接触器	KM$_6$	00105	主电动机低速接触器
KM$_4$	00103	快移电动机正转接触器	KM$_7$、KM$_8$	00106	主电动机高速接触器

在输入/输出电路的设计中，考虑到尽可能使用原有电器。在使用模块组合式 PLC时，因母板有多余插槽，则不必考虑输入点数的裕量问题。考虑原系统中，高速运行用的两个接触器 KM$_7$、KM$_8$ 并联，为保持两接触器动作的一致性，这里将两个接触器用一个输出继电器 00106 驱动，在此种情况下，应注意 PLC 输出触点的驱动能力，在驱动能力不够时，可以考虑两接触器分别驱动。输入信号要求的电源容量不大时，尽可能利用 PLC 电源模块本身的外用直流电源。

2. 控制程序设计

梯形图程序如图 4-18 所示，读者参考继电接触式系统控制原理自行分析控制程序。

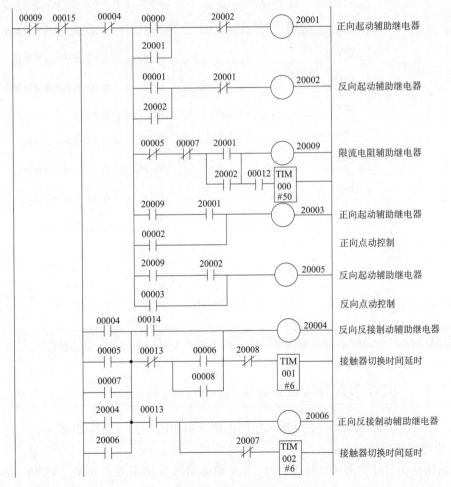

图 4-18　梯形图程序

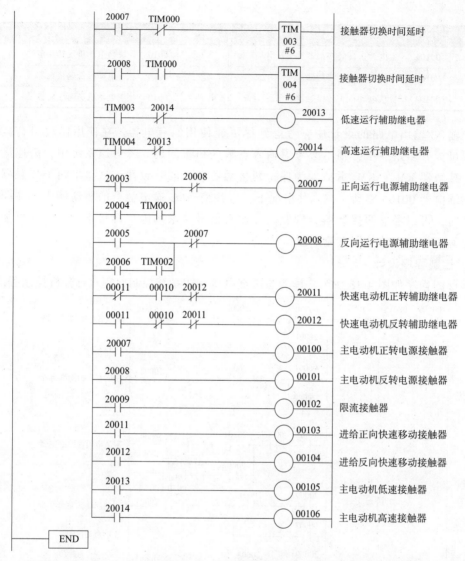

图 4-18　梯形图程序（续）

4.5　X62W 万能升降台铣床电气控制及 PLC 应用

4.5.1　X62W 万能升降台铣床继电接触式控制系统

X62W 万能升降台铣床的主电路和控制电路分别如图 4-19、图 4-20 所示。

1. 电气电路概述

该铣床由 3 台异步电动机拖动，M_1 为主轴电动机（功率为 7.5kW、1450r/min），通过组合开关 SA_5 改变电源相序实现主轴正、反旋转；为了准确停车，主轴电动机采用电

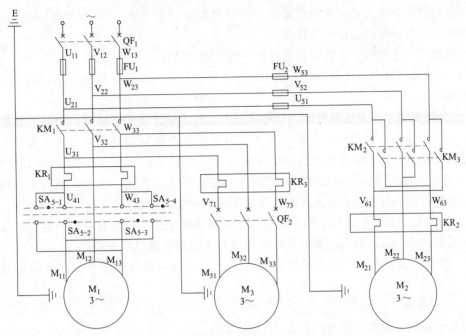

图 4-19　X62W 万能升降台铣床的主电路

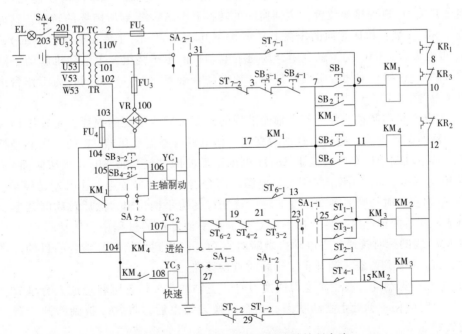

图 4-20　X62W 万能升降台铣床的控制电路

磁离合器制动。M_2 为进给电动机，它通过操纵手柄和机械离合器相配合，实现前、后、左、右、上、下 6 个方向的进给运动和各进给方向的快速移动。进给的快速移动是通过牵引电磁铁和机械的挂档来完成的。为了扩大其加工能力，在工作台上可加圆形工作台，圆形工作台的回转运动是由进给电动机经传动机构驱动的。M_3 为冷却泵电动机，3 台电动机都具有可靠的短路保护和过载保护。

根据加工工艺要求，该机床应具有如下电气联锁措施：

1）为防止刀具和机床的损坏，要求只有主轴旋转后才允许有进给运动和各进给方向的快速移动。

2）为降低加工件表面粗糙度，只有进给停止后主轴才能停止或同时停止，该机床在电气上采用了主轴和进给同时停止的方式。但是由于主轴运动的惯性很大，实际上就保证了进给运动先停止、主轴运动后停止的要求。

3）6 个方向的进给运动在同一时间内只允许一种运动产生，该机床采用了机械操纵手柄和行程开关相配合的办法来实现 6 个方向进给运动的互锁。

4）主轴运动和进给运动采用变速孔盘来进行速度选择，在变速过程中为保证变速齿轮进入良好啮合状态，两种运动都要求变速过程中电动机做瞬时点动。

5）当主电动机或冷却泵电动机过载时，进给运动必须立即停止，以免损坏刀具和机床。

2. 控制电路

控制电路的电源由控制变压器输出 110V 供电。

（1）主电动机的控制电路　按功能分别介绍如下：

1）主电动机的起动。主电动机起动前应首先选择好主轴的转速（由变速孔盘），然后将组合开关 Q_1 扳到接通位置，主轴换向的转换开关 SA_5 扳到所需要的转向。这时按下起动按钮 SB_1（装在机床正面的床鞍上）或按下起动按钮 SB_2（装在机床的侧面），接触器 KM_1 得电吸合，KM_1 的主触点闭合接通了电动机的定子绕组，主电动机起动。KM_1 的辅助动合触点（7-9）的闭合将线圈自锁，辅助动合触点（17-7）的闭合为工作台进给电路提供了电源。

2）主电动机的制动。为了使主轴能准确的停车又减少电能的损耗，主轴制动采用了电磁离合器的制动方式。电磁离合器的直流工作电源由整流变压器 TR 的二次侧经桥式整流获得。当主轴制动停车时，按下 SB_3（机床正面的床鞍处）或 SB_4（机床侧面），这时接触器 KM_1 释放，M_1 的定子绕组脱离电源，离合器 YC_1 线圈通电，主轴制动停车。

3）主轴变速时的瞬时点动。变速时，首先将变速手柄拉出，然后转动蘑菇形变速手轮，当选好合适的转速后，将变速手柄复位，在手柄复位的过程中，压动行程开关 ST_7，接触器 KM_1 线圈瞬时接通，主电动机做瞬时点动，以达到齿轮良好啮合的目的。当手柄复位后，ST_7 恢复到常态，断开了主轴瞬时点动线路。

4）主轴换刀制动。在主轴上刀或换刀时，主轴的意外转动都将造成人身事故，因此在上、换刀时应使主轴处于制动状态。当上、换刀结束后，将 SA_2 扳到断开位置，为主轴起动做好准备。

（2）进给运动的控制　进给运动在主轴起动后方可进行，工作台的左、右、上、下、前、后运动是通过操纵手柄和机械联动机构控制相应的行程开关使进给电动机正转或反转来实现的。行程开关 ST_1 和 ST_2 控制工作台的向右和向左运动，ST_3 和 ST_4 控制工作台的向前、向下和向后、向上运动。

1）工作台的左右（纵向）运动。工作台的左右运动由纵向手柄（3位）操纵，当手柄扳向右侧时，手柄通过联动机构接通了纵向进给离合器，同时压下了行程开关 ST_1，使进给电动机的正转接触器 KM_2 线圈得电，进给电动机正转，带动工作台向右运动。当纵向进给手柄扳向左侧时，手柄通过联动机构接通的仍是纵向进给离合器，行程开关 ST_2 被压下，进给电动机反转接触器 KM_3 线圈得电，进给电动机反转，带动工作台向左运动。SA_1 为圆形工作台转换开关，这时的 SA_1 要处于断开位置，它的 SA_{1-1}、SA_{1-3} 触点接通，SA_{1-2} 断开。

2）工作台上、下（垂直）运动和前、后（横向）运动。工作台的上下和前后运动由垂直和横向进给手柄（5位手柄）操纵。该手柄扳到向上或扳到向下时，机械上接通了垂直进给离合器；当手柄扳到向前或向后时，机械上接通了横向进给离合器；当手柄在中间位置时，横向和垂直进给离合器均不接通。

当手柄扳到向下或向前位置时，手柄通过机械联动机构使 ST_3 被压下，进给电动机正转，带动工作台做向下或向前运动。当手柄扳到向上或向后位置时，ST_4 被压下，进给电动机反转，带动工作台向上或向后运动。手柄扳到向下或向前压动行程开关 ST_3 与扳到向上或向后压动行程开关 ST_4 均是通过机械联动机构实现的。

3）进给变速时的瞬时点动。进给变速必须在进给操纵手柄放在零位时进行。

它和主轴变速一样，进给变速时，为使齿轮进入良好的啮合状态，也要做变速瞬时点动。在进给变速时，首先将进给变速的蘑菇形手柄拉出，当选好合适的进给速度后，将手柄推回原位，在推回原位的过程中，行程开关 ST_6 被瞬间压动，进给电动机正转接触器 KM_2 得电，进给电动机瞬时正转。在手柄推回到原位时，ST_6 复位，进给电动机停止。

4）进给方向的快速移动。6个方向的进给快速移动是通过相应的手柄和快速控制按钮配合实现的。

当在某一方向有进给运动后，按下快速移动按钮 SB_5 或 SB_6，快速移动接触器 KM_4 动作，接通快速离合器 YC_3，工作台在原方向上做快速移动，松开按钮快速移动停止。

5）进给运动方向上的极限位置保护。X62W卧式万能升降台铣床的极限位置保护采用的是机械和电气相配合的方式。由挡块确定各进给方向上的极限位置，当达到极限位置时，挡块将操纵手柄自动拨回到零位。

3. 圆形工作台的控制

为了扩大机床的加工能力，可在机床工作台上安装附件——圆形工作台，这样就可以进行圆弧或凸轮的铣削加工。圆形工作台可以手动也可以自动，当需要用电气方法自动控制时，应首先将圆工作台开关 SA_1 扳到接通位置，这时按下起动按钮 SB_1 或 SB_2，主轴电动机起动。接着进给电动机 M_2 的正转接触器 KM_2 得电，电动机 M_2 起动，带动圆形工作台做旋转运动。

圆形工作台的运动必须和6个方向的进给运动有可靠的互锁，否则会造成刀具或机床的损坏。为避免这种事故发生，电气上保证了只有纵向、横向及垂直手柄放在零位时才可以进行圆形工作台的旋转运动。

4.5.2　X62W 万能升降台铣床控制系统改造中的 PLC 应用

主电路保持不变，控制变压器、VR 直流电源及照明电路保留，控制功能由 PLC 完成。为保持原操作风格，主令类电器不变。选用三菱 FX_{2N}-32MR 系列 PLC，输入 16 点，输出为 16 点继电器输出型。

1. PLC 硬件电路设计

输入/输出及电源分配电路如图 4-21 所示，I/O 分配表见表 4-4。

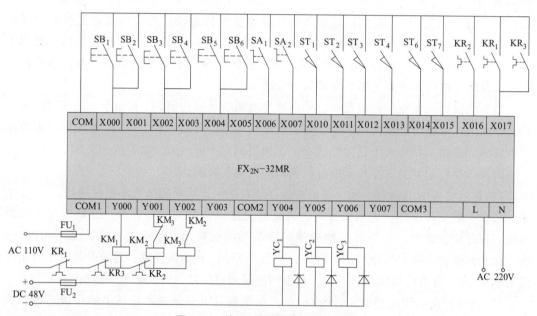

图 4-21　输入/输出及电源分配电路

表 4-4　I/O 分配表

符　号	编号	功　能	符　号	编号	功　能
SB_1、SB_2	X000	主轴起动按钮	ST_7	X015	主轴变速瞬时点动开关
SB_3、SB_4	X002	主轴停止按钮	KR_2	X016	进给电动机热继电器
SB_5、SB_6	X004	工作台快速按钮	KR_1、KR_3	X017	主轴、冷却泵电动机热继电器
SA_1	X006	圆工作台转换开关	KM_1	Y000	主电动机起动接触器
SA_2	X007	主轴上刀制动开关	KM_2	Y001	正向进给电动机起动接触器
ST_i	X010	工作台向右进给行程开关	KM_3	Y002	反向进给电动机起动接触器
ST_2	X011	工作台向左进给行程开关	YC_1	Y004	主轴制动电磁离合器
ST_3	X012	工作台向前、向下进给行程开关	YC_2	Y005	进给电磁离合器
ST_4	X013	工作台后、向上进给行程开关	YC_3	Y006	快速电磁离合器
ST_6	X014	进给变速瞬时点动开关	—	—	—

2. 用户控制程序设计

参考电气控制系统的工作原理，采用线性编程方法，编制的梯形图控制程序如图

4-22 所示，读者可根据继电接触式电路的控制原理分析该程序。

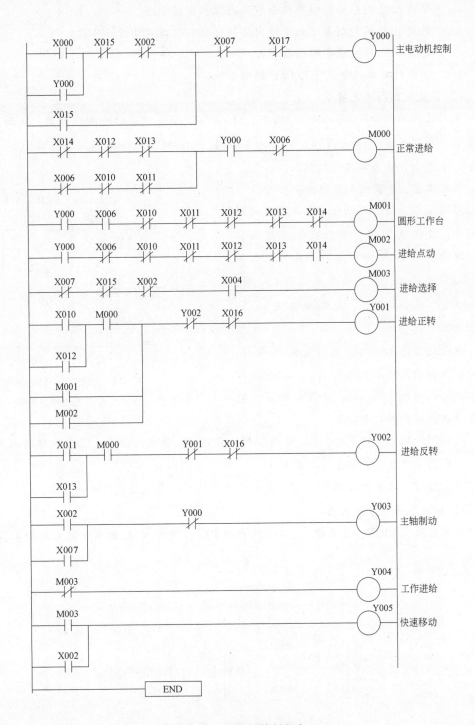

图 4-22　梯形图控制程序

思考与练习

4-1 简述采用 PLC 的控制系统分析的内容和常用方法。

4-2 采用 PLC 的控制系统的设计内容是什么？包括哪些设计步骤？

4-3 选择 PLC 时应注意哪些因素？

4-4 试分析液体混合装置的 PLC 控制系统。

1）装置结构与工艺要求：

本例装置结构如图 4-23 所示。图中，SL_1、SL_2、SL_3 为液位检测传感器，液面淹没时导通，否则关断。YV_1、YV_2、YV_3 为电磁阀，分别控制液体 A 注入、液体 B 注入和混合液体排出。M 为搅匀电动机。

根据工艺，所提控制要求如下：

起动操作：按下起动钮 SB_1，装置的规定动作：液体 A 阀门打开，液体 A 流入容器，液面先达 LS_3，其对应接点动作，但不需引起其他动作。当液面顺序达到 LS_2 时，LS_2 对应的动合触点通，关断液体 A 阀门，打开液体 B 阀门。

液面最后达 LS_1 时，关闭液体 B 阀门，同时搅匀电动机起动工作。

搅匀电动机工作 1min 后断电停止。然后混合液体排放阀打开排液。

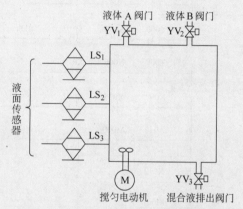

图 4-23 液体混合装置结构示意图

液面下降到 LS_3 以下时，LS_3 由通转断，再经 20s 后容器排空，混合液体排放阀关闭，一个周期完成，开始下一个周期。

停止操作：按下停止钮 SB_2 后，完成当前工作的一个完整周期后停下来。

2）输入输出端子定义图：

可考虑采用 CPM1A 6 点输入、4 点输出型 PLC。其输入/输出端子定义如图 4-24 所示。

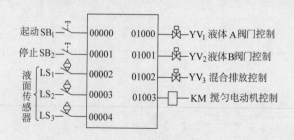

图 4-24 端子分配图

3）梯形图程序如图 4-25 所示。试对系统的控制原理进行分析。

提示：注意上电后的初始运行，每次上电时，系统都自动进行排空操作，以避免此前因各种原因残留的积液对正常工作的影响。

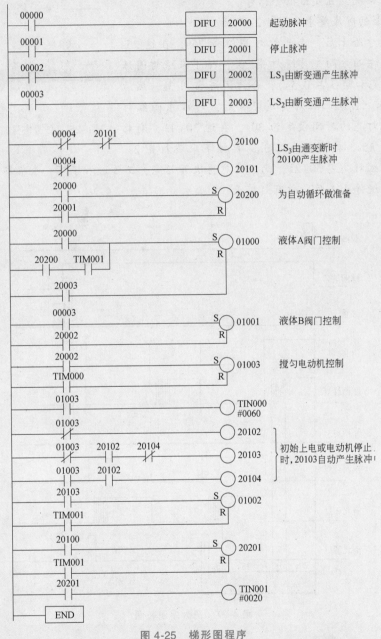

图 4-25　梯形图程序

4-5　十字路口交通灯布置如图4-26所示。

控制要求如下：

1) 当按下起动按钮后，系统开始工作。首先是南北红灯亮，东西方向绿灯亮。按下停止按钮后，系统停止工作，所有灯均熄灭。

2）南北、东西绿灯不允许同时亮，如果同时亮则应立即关闭系统，且发出报警信号。

3）控制的时序要求如图 4-27 所示。

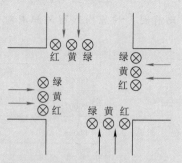

图 4-26　交通信号灯安装示意图

起动信号给上后，南北红灯亮维持 25s，在这 25s 的时间内，东西方向先是绿灯亮 20s，接下来绿灯闪烁 3 次（每次亮和暗各占 0.5s），合计闪烁占用 3s，然后黄灯再亮 2s。当南北红灯亮过 25s 后，转成东西红灯亮。东西红灯亮的时间设定为 30s，在这 30s 内，南北绿灯先是亮 25s，接下来闪烁 3s，再接下来黄灯亮 2s。当东西方向红灯亮完 30s 后，南北红灯再次开始亮，工作进入了下一个循环。按下停止按钮，则系统停止工作，所有灯熄灭。

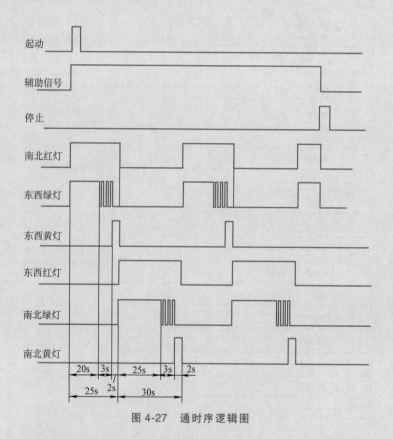

图 4-27　通时序逻辑图

试采用 PLC 控制，设计要求如下：

1）选择 PLC 型号。

2）设计 I/O 接线图。

3）编制梯形图控制程序。

4-6 千斤顶液压缸加工机床电气控制系统设计：

1. 机床概况

本机床用于千斤顶液压缸两个端面的加工，采用装在动力滑台上的左、右两个动力头同时进行切削。动力头的快进、工进及快退由液压缸驱动。液压系统采用两位四通电磁阀控制，并用调整死挡铁的方法实现位置控制。

机床的工作要求如下：

1) 工件定位。人工将零件装入夹具后，定位液压缸动作，工件定位。

2) 工件夹紧。零件定位后，延时 15s，夹紧液压缸动作使零件固定在夹具内，同时定位液压缸退出以保证滑台入位。

3) 滑台入位。滑台带动动力头一起快速进入加工位置。

4) 加工零件。左右动力头进行两端面切削加工，动力头到达加工终点位置即停止工进，延时 30s 后停转，快速退回原位。

5) 滑台复位。左右动力头退回原位后，滑台复位。

6) 夹具松开。当滑台复位后夹具松开，取出零件。

以上各种动作由电磁阀控制，电磁阀动作要求见表 4-5。

表 4-5 电磁阀动作要求

	YV1	YV2	YV3	YV4	YV5
定位	+				
夹紧		+			
入位				+	+
工进				+	
退位			+		
复位放松					

注："+"号表示电磁阀得电。

2. 控制要求

1) 左右动力头旋转切削由电动机 M_1 集中传动，切削时冷却泵电动机同时运转。

2) 只有在液压泵电动机 M_3 工作，油压达到一定值（压力继电器检测）后，才能进行其他的控制。

3) 机床既能半自动循环工作，又能对各个动作单独进行调整。

4) 要求有必要的电气联锁与保护，还有显示与安全照明。

5) 控制信号说明见表 4-6。

6) 相关参数：

① 动力头电动机 M_1：Y100L-6，1.5kW，AC 380V，4.0A。

② 冷却泵电动机 M_2：JCB-22，0.15kW，AC 380V，0.43A。

③ 液压泵电动机 M_3：Y801-4，0.55kW，AC 380V，1.6A。

④ 电磁阀 $YV_1 \sim YV_5$：100mA，AC 220V。

⑤ 指示灯 $EL_1 \sim EL_8$：10mA，DC 24V。安全照明：10W，6.3V。

表 4-6 控制信号说明

输　入		输　出	
文字符号	说　明	文字符号	说　明
SA_{1-1}	机床半自动循环控制转换开关	KM_1	动力头电动机 M_1、冷却泵电动机 M_2 接触器
SA_{2-1}	手动定位控制转换开关	KM_2	液压泵电动机 M_3 接触器
SA_{3-1}	手动入位控制转换开关	YV_1	1#电磁阀
SA_{3-2}	手动工进控制转换开关	YV_2	2#电磁阀
SA_{3-3}	手动退位控制转换开关	YV_3	3#电磁阀
SB_1	动力头电动机 M_1、冷却泵电动机 M_2 起动按钮	YV_4	4#电磁阀
SB_2	动力头电动机 M_1、冷却泵电动机 M_2 停止按钮	YV_5	5#电磁阀
SB_3	液压泵电动机 M_3 起动按钮	EL_1	动力头电动机 M_1、冷却泵电动机 M_2 运行指示
SB_4	液压泵电动机 M_3 停止按钮	EL_2	液压泵电动机 M_3 运行指示
KM_1	动力头电动机 M_1、冷却泵电动机 M_2 运行信号	EL_3	半自动循环工作指示
KM_2	液压泵电动机 M_3 运行信号	EL_4	定位指示
FR_1	动力头电动机 M_1、冷却泵电动机 M_2 过载信号	EL_5	入位指示
KP	压力继电器油压检测信号	EL_6	工进指示
SQ	动力头工进终点位置检测信号	EL_7	退位指示
—		EL_8	故障指示

3. 设计任务

1）选择 PLC 型号、规格。

2）根据控制要求，进行机床电气控制系统硬件电路设计，包括主电路、控制电路及 PLC 硬件配置电路。

3）根据控制要求，编制机床控制的 PLC 应用程序。

第5章
直流电动机调速控制系统

许多生产机械都有调速要求，在相当长的电力拖动历史中，凡要求平滑调速且调速性能指标较高时，直流电动机调速系统一直占有绝对的统治地位，而交流电动机调速系统只能占仆从的位置。随着计算机技术、电力电子技术和自动控制理论等相关技术与学科的迅速发展，高性能的交流调速技术得到了人们的重视，并不断抢占直流调速的传统应用领域。但以直流调速为目标，多年来形成的成熟理论确是现代交流调速技术的基础。所以，在电力拖动自动控制的体系性理论及学习中，将直流调速技术放在核心位置仍是不二的选择。

本章介绍了直流调速系统中常用的可控直流电源，给出了速度负反馈闭环调整的概念，重点介绍了性能优良的转速、电流双闭环直流调速系统的结构与工作原理，对转速可逆直流调速系统则做了简要介绍。图5-0所示为热连轧板材生产线，主拖动多为大功率直流电动机系统。

扫描下方二维码观看知识拓展视频。

信物百年
中国自主研制的
"争气机"

图 5-0　热连轧板材生产线

5.1 直流调速的基础知识

在稳定运转时，直流电动机的转速与其他参量的关系为

$$n = \frac{U - IR}{K_e \Phi} \qquad (5\text{-}1)$$

式中 n——电动机转速；

$\quad U$——电枢端电压；

$\quad I$——电枢电流；

$\quad R$——电枢回路电阻；

$\quad \Phi$——励磁磁通；

$\quad K_e$——与电动机结构有关的常数。

由式（5-1）可知，直流电动机的调速方法有 3 种：

1）改变电枢回路电阻 R。

2）改变励磁磁通 Φ。

3）改变电枢端电压 U。

对于要求大范围无级调速的系统来说，改变电枢回路电阻的方案难以实现，而改变电动机励磁磁通 Φ 的方案虽然可以平滑调速，但调速范围不可能很大。有两个因素限制了励磁磁通 Φ 的变化范围，其一是电动机的电磁转矩与 Φ 成正比，为使电动机具有必要的负载能力，Φ 不可能太小；其二是因受磁路饱和的限制，Φ 不可能太大。通常很少见到单独调励磁磁通 Φ 的调速系统。为了扩大调压调速系统的调速范围，往往把调磁调速作为一种辅助手段加以采用。在电动机额定转速（基速）以下时，用调电枢端电压 U 的方法调速，此时电动机励磁磁通 Φ 应为最大值（额定值），且保持不变，以求得充分发挥电动机负载能力的效果。而在额定转速（基速）以上时，因电枢端电压 U 已不允许再增加，可采用减弱励磁磁通 Φ 的方法使电动机的转速进一步提高，从而提高整个系统的速度调节范围。要指出的是，在弱磁升速的过程中，电磁转矩将随转速的升高而下降，但电动机输出的功率会不变。也正因如此，改变励磁磁通 Φ 的调速属恒功率性质的调速，使用时应注意调速方法与负载性质之间的配合问题。

综上所述，调电动机电枢端电压 U 的方法因其调速范围宽、简单易行、负载适应性广而成为当今直流电动机调速的主要方法。本章将主要介绍直流电动机的调压调速方案。

直流电动机的调压调速一定要用到输出电压可以控制的直流电源。常用的可控直流电源又因其供电电源种类的不同而分为两种情况：

1）在交流供电系统中，多用可控变流装置来获取可调直流电压。

2）具有恒定直流供电的地方，常采用直流斩波电路获取可调的直流电压。当然，在要求很高而功率偏小的直流伺服拖动系统中，虽然供电电源是交流，也可先将其变为直流，然后再采用斩波电路使其变为可控直流。

5.1.1 可控变流装置

下面是常用的两种可控直流电源。

从 20 世纪 60 年代开始，可控直流电源进入了晶闸管时代。由晶闸管整流装置供电的直流调速系统如图 5-1 所示。图中，GT 为晶闸管触发装置，V 为晶闸管整流器，合起来为一可控直流电源。可控直流电源给直流电动机电枢供电组成直流调速系统。这类直流调速系统简称 V-M 系统。

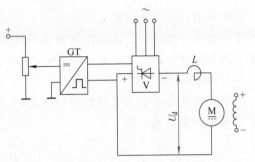

图 5-1 由晶闸管整流装置供电的直流调速系统

由图 5-1 可见，改变 GT 输入信号的大小，就可改变 GT 输出脉冲的相位，晶闸管在不同的相位处被触发导通，使整流器输出的电压 U_d 大小变化，进而改变电动机的转速。

另一种很有发展前途的可控直流电源是直流斩波器。直流斩波器目前被广泛应用于电力牵引设备和高性能的小型伺服系统上，图 5-2a 所示为采用功率晶体管作开关的直流斩波器-电动机调速系统原理图。

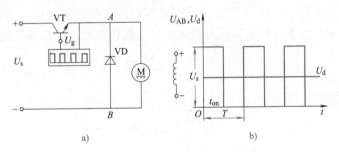

图 5-2 斩波器-电动机系统的电路原理图和电压波形图

a）电路原理图 b）电压波形图

图 5-2a 中，当 VT 在控制信号作用下导通时，电源电压 U_s 加到电动机电枢上；当 VT 关断时，电源与电动机电枢断开，电动机经二极管 VD 续流，此时，图中 A、B 两点间电压接近零。若使晶体管反复通断，就可得到 A、B 间电压波形（见图 5-2b）。由波形看来，就好像电源电压 U_s 在一段时间（$t_{on} \sim T$）内被斩掉后形成的，这也正是斩波器这一名称的由来。控制信号（VT 的基极信号）改变，就会改变其输出的直流平均电压 U_d，进而可改变电动机的转速。

由于开关性能良好的电力电子器件的应用，直流斩波器可以工作在很高的开关频率上，从而使电动机电枢回路的电流脉动幅值明显减小，有效地改善了调速系统的静、动态品质。

直流斩波器可以有不同的控制方式，常见的有脉冲宽度调制（PWM）式、脉冲频率调制（PFM）式和两点式等。其中，脉冲宽度调制式在电力拖动系统中的应用最为广泛。在调速系统中将其与电动机合在一起，组成 PWM-电动机系统，简称 PWM 调速系统或脉宽调速系统。

5.1.2　转速控制的要求和调速指标

所谓电动机调速，就是根据生产工艺要求，改变电动机转速，以满足产品质量和生产率的要求。这样，必须研究调速系统的调速性能，考虑调速的技术指标。为了对调速系统进行定量分析，常定义下列指标来评价调速系统的稳态调速性能。

1. 调速范围

生产机械要求电动机所提供的最高转速与最低转速之比称为调速系统的调速范围。常用字母 D 来表示，即

$$D = \frac{n_{\max}}{n_{\min}} \tag{5-2}$$

这里，$n_{\max}$、$n_{\min}$ 通常指电动机带额定负载时的转速值。但对于正常工作时负载很轻的生产机械，如精密磨床，可考虑取实际负载下的转速。

2. 静差率

在研究电动机的调速方法时，不能单从可能得到的最高转速和最低转速来决定调速范围。为了保证生产机械的工作质量，我们希望调速系统的转速稳定性要好。转速的变化主要由负载变化引起，反映负载变化对转速影响的一个指标被定义为静差率，其定义为调速系统在额定负载下的转速降落与对应理想空载转速之比。静差率用字母 s 表示：

$$s = \frac{n_0 - n}{n_0} = \frac{\Delta n_{\mathrm{nom}}}{n_0} \tag{5-3}$$

静差率也常用百分数表示：

$$s = \frac{\Delta n_{\mathrm{nom}}}{n_0} \times 100\% \tag{5-4}$$

显然，对一般系统来说，s 越小，说明系统转速的相对稳定性越好。而对同一系统而言，静差率不是定值，电动机工作速度降低时，静差率就会变大，如图 5-3 所示。

图中给出了系统两条稳定工作特性，对应于电枢上两个不同的外加电压。对于调压调速来说，两条特性是平行的，就是说，在负载相同时，两种情况下转速降落值应是相同的，若是额定负载，两者的速降均为 Δn_{nom}。而根据静差率 s 的定义，因 $n_{01} > n_{02}$，显然有 $s_1 < s_2$。由此可以得到一个明确的结论：调速系统只要在调速范围的最低工作转速时满足静差率要求，则其在整个调速范围内都会满足静差率要求。

3. 调速范围与静差率的关系

调速范围和静差率必须同时考虑才是有意义的，

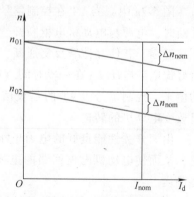

图 5-3　不同转速下的静差率

否则，由各自的定义式可知，只考虑调速范围时，任何系统的调速范围都可以很大；而只考虑静差率，大多数系统也会较容易满足。但对同一个系统而言，这两项要求应同时满足才行，所以有必要研究一下两者之间的关系。

因为

$$s = \frac{\Delta n_{\text{nom}}}{n_{\text{0nin}}} \tag{5-5}$$

而

$$n_{\text{min}} = n_{\text{0min}} - \Delta n_{\text{nom}} = \frac{\Delta n_{\text{nom}}}{s} - \Delta n_{\text{nom}} = \frac{(1-s)\Delta n_{\text{nom}}}{s} \tag{5-6}$$

再由调速范围（对于调压调速 $n_{\text{max}} = n_{\text{nom}}$）：

$$D = \frac{n_{\text{max}}}{n_{\text{min}}} = \frac{n_{\text{nom}}}{n_{\text{min}}} \tag{5-7}$$

将式（5-6）代入式（5-7），得

$$D = \frac{n_{\text{nom}} s}{\Delta n_{\text{nom}}(1-s)} \tag{5-8}$$

式（5-8）表明，同一系统的调速范围、静差率和额定转速降落（额定负载下的转速降落）三者之间有密不可分的联系，其中 Δn_{nom} 值是一定的。因此，由式（5-8）可见，对静差率要求越小，能得到的调速范围也将越小。

以上，仅就调速系统的主要稳态性能指标进行了讨论。此外，调速系统还应在稳定工作的基础上满足相关的动态性能指标要求。就对系统的总体评价而言，有时还定义调速的平滑性、调速的经济性指标等。

5.2 反馈控制直流调速系统

5.2.1 反馈控制的基本概念

由上节分析可知，系统的调速范围、静差率和额定转速降落之间有确定的关系，见式（5-8）。其中，调速范围和静差率取决于生产加工工艺要求，对电控系统来说，是必须要满足的，所以也是无法变更的。而唯一能够做到的就是设法减少额定负载下的转速降落来使式（5-8）能够成立。

如何才能减小转速降落呢？对于无反馈控制的开环调速系统来说，如图5-3所示，依据直流电动机转速公式（5-1）可得，额定转速降落值为

$$\Delta n_{\text{nom}} = \frac{I_{\text{dnom}} R}{C_{\text{e}}}$$

式中　R——电枢回路总电阻，为系统固有参数，在恒磁调压系统中仍应看成常数；

　　I_{dnom}——对应额定负载时的电流，也是固定的。

所以，一般开环系统是无法满足一定调速范围和静差率性能指标要求的。开环系统

无法减少 Δn 的原因是负载增大时，电枢电压仍为定值。如果能在负载增加的同时设法增大系统的给定电压 U_n^*，就会使电动机电枢两端的电压 U_d 增大，电动机的转速就会升高。若 U_n^* 增加量大小适度，就可以使因负载增加而产生的 Δn 被 U_d 升高而产生的速升所弥补，结果会使转速 n 接近保持在负载增加前的值上。这样，既能使系统有调速能力，又能减少稳态速降，使系统具有满足要求的调速范围和静差率。但因转速波动的随机性、频繁性及调整的快速性等要求，显然，靠人工调整是难以实现的。

在图 5-4 中，与调速电动机同轴接一测速发电机 G，这样就可以将电动机转速 n 的大小转换成与其成正比的电压信号 U_n，把 U_n 与 U_n^* 相比较，用其差值去控制晶闸管整流装置，进而控制电动机电枢两端的电压 U_d，就可以达到控制电动机转速 n 的目的。

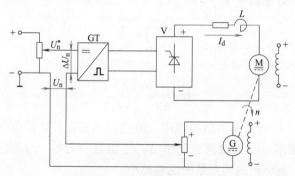

图 5-4　转速闭环调速系统

U_n 反映了电动机的转速，并被反送到输入端参与了控制，故称作转速反馈。又因为 U_n 极性与给定信号 U_n^* 相反，所以进一步称为转速负反馈。当电动机负载增加时，n 下降，U_n 下降，而 U_n^* 没变，$\Delta U_n = U_n^* - U_n$ 增大，晶闸管整流器输出电压 U_d 增高，电动机转速回升，使转速接近原来值；而在负载减少、转速 n 上升时，U_n 则会增大，ΔU_n 会下降，U_d 也会相应降低，电动机转速 n 下降到接近原来转速。

综上所述，这种系统是把反映转速 n 的电压信号 U_n 反馈到系统输入端，与给定电压 U_n^* 比较，形成了一个闭环。由于反馈作用，系统可以自行调整转速，通常把这种系统称作闭环控制系统。又由于是反馈信号作用，达到自动控制转速的目的，所以常把这种控制方式称作反馈控制。

5.2.2　转速负反馈自动调速系统

自动调速系统中经常采用各种反馈环节，如转速负反馈、电压负反馈、电流截止负反馈、电压微分及转速微分负反馈等。其中转速负反馈是调速系统的主要反馈形式，所以重点介绍。控制系统引入转速负反馈形成闭环控制后，可以有效减少稳态转速降落，扩大调速范围，使系统具有令人满意的控制效果。

1. 转速负反馈调速系统的组成及工作原理

系统组成如图 5-5 所示，与图 5-4 所示不同的是加了一个电压放大器。其作用一是为了解决因反馈信号作用，正常工作为得到足够的触发器控制电压使所需给定电源电压过高的问题；二是提高闭环调整精度的需要。

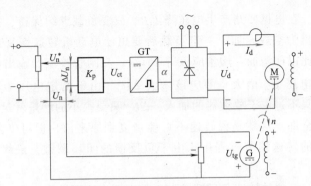

图 5-5 采用比例放大器的转速负反馈闭环调速系统

系统中，由给定电位器给出一个控制电压 U_n^*，与反馈回来的速度反馈电压 U_n 一起作用到放大器输入端上，其差值信号 $\Delta U_n = U_n^* - U_n$ 被放大 K_p 倍后，得 U_{ct} 作为触发器的控制信号，触发器产生相应相位的脉冲去触发整流器的晶闸管。整流输出的直流电压 U_d 加在了电枢两端，产生电流 I_d，使电动机以一定的转速旋转。

电动机转速是通过测速发电机电压 U_{tg} 反映出来的。测速发电机的电枢电动势 E_{tg} 为

$$E_{tg} = K_{etg} \Phi_{tg} n \tag{5-9}$$

式中　K_{etg}——由测速发电机结构决定的常数；

　　　Φ_{tg}——测速发电机励磁磁通量；

　　　n——测速发电机转速，即电动机转速。

由于 $K_{etg}\Phi_{tg}$ 是不变的常量，测速发电机与电动机同轴连接，是同一个转速 n，所以测速发电机的电枢电动势 E_{tg} 反映了电动机的转速。又由于测速发电机即使工作于最高转速时，其电枢电流也不过是数十毫安，此电流在电枢电阻上引起的电压降很小，于是测速发电机电动势 E_{tg} 与其电枢端电压 U_{tg} 相差无几，在这个意义上说，测速发电机电枢两端的电压 U_{tg} 较准确地反映了电动机的转速。

U_{tg} 被分压后，得到的 U_n 反馈到系统的输入端与给定电压相比较，其差值作为放大器输入电压 ΔU_n。在稳态工作时，假如电动机工作在额定转速，当负载增大时，电流 I_d 增大，电动机转速 n 下降，测速发电机电枢端电压 U_{tg} 减小，U_n 按分压关系成比例减小，由于速度给定电压 U_n^* 没有改变，所以 ΔU_n 增大，放大器输出 U_{ct} 增大，它使晶闸管整流器控制角 α 减小（导通角增大），使晶闸管整流输出电压 U_d 增大，电动机转速回升到接近原来的额定转速值。其调整过程可示意为

负载↑→n↓→U_{tg}↓→U_n↓→ΔU_n↑→U_{ct}↑→α↓→U_d↑→n↑

同理，当负载减小时，转速 n 上升，其调整过程可示意为

负载↓→n↑→U_{tg}↑→U_n↑→ΔU_n↓→U_{ct}↓→α↑→U_d↓→n↓

可见当转速 n 降时，调整的结果使 n 回升到接近原来值；当转速 n 上升时，调整的结果使 n 下降到接近原来值。这就形成了速度负反馈闭环系统，被控制量也参加了控制作用，控制形成闭环。

这里的问题是，电动机能不能恢复到原来的转速？回答是不能的，它仅仅能接近原来的转速。

当加上负载时，在电枢回路产生电压降 I_dR。只要负载继续保持，这个电压就一定存在。假设原来电动机为空载，加上一定负载后要想使电动机转速恢复到原来值，晶闸管整流输出电压必须比以前增加，增量应该等于 I_dR。晶闸管整流器输出电压增加的条件是必须使触发器控制电压 U_{ct} 增大，即应该增大 ΔU_n。由于给定电压 U_n^* 不变，U_n 减小，才会使 ΔU_n 增大。只不过由于放大器的加入，ΔU_n 只要很小的增量就足以补偿 I_dR 的大部分，但不可能补偿全部。这就是说转速不可能恢复到原来值，但可恢复到接近原来的转速。负载由大变小的转速调节过程中，由于负反馈的闭环调整，最终转速接近原转速，但比原转速要略高。

从上述分析可知，这种转速负反馈控制系统有两个主要特点：

1）利用被调量的负反馈进行调节，也就是利用给定量与反馈量之差（即误差）进行控制，使之维持被调量接近不变。

2）为了尽可能维持被调量不变、减小稳态误差，这样就得使误差量 ΔU_n 变得很小。要使误差量很小，而还希望晶闸管输出足够大的整流电压，使之能够补偿负载变化所引起的转速降落，这就要求系统的放大倍数很大才行。因此在晶闸管触发电路之前通常接入一个高放大倍数的放大器。放大器的放大倍数越高系统的稳态精度越高，静差率就越小。

这种系统是靠给定与反馈之差调整的，从原理上说，是不能维持被调量在负载的变化下完全不变的，总是有一定的误差，因此这类系统叫作有静差调节系统。

使系统被调量变化的因素（人为改变给定量除外）称作扰动作用。扰动的因素有很多，例如负载的变化、电动机励磁的变化、整流器交流侧供电电源的变化等。这些因素都可以反映到转速的变化上来，可用测速发电机测出来，再反馈到输入端进行调节。但测量元件本身的误差是无法补偿的，例如测速发电机励磁电流的波动，必然引起 U_n 的变化，而此时转速 n 并没变，通过系统的作用，反而会使电动机的转速 n 离开了原来所应保持的数值。所以，一般选用永磁式测速发电机或者使测速发电机的磁场工作在饱和状态。

2. 转速负反馈调速系统的静特性分析

系统的静特性通常是指闭环系统在稳态工作时电动机的转速 n 与负载电流 I 的关系，即

$$n = f(I) \tag{5-10}$$

研究系统的静特性，就是要找出减小稳态速降、扩大调速范围的途径，改善系统的调速性能。下面以带有转速负反馈的 V-M 系统为例，给出求系统静特性的一般方法和步骤。

为了突出主要矛盾，忽略系统中各环节非线性因素的影响，即假定放大器、触发器、晶闸管整流装置、测速发电机等的特性都是线性的（或者是线性化了的）。忽略给定及检测装置的信号源内阻，且假定 V-M 系统主回路电流连续，这样就可以用解线性系统的各种方法来分析系统了。

常用的方法有两种：第一种是在得到各环节的输入输出关系以后，联立各环节的表

达式，消去中间变量求取静特性方程；第二种方法是在求得各环节输入输出关系后画出系统的稳态结构图，然后运用结构图的变换规则及线性系统分析的叠加原理来求取系统的静特性方程。

首先，无论用哪种方法都要根据系统的组成情况将系统分成若干环节，并分别求得各环节的稳态输入输出关系：

电压比较环节： $\Delta U_{\mathrm{n}} = U_{\mathrm{n}}^{*} - U_{\mathrm{n}}$

放大器： $U_{\mathrm{ct}} = K_{\mathrm{p}} \Delta U_{\mathrm{n}}$

晶闸管触发与整流装置： $U_{\mathrm{d0}} = K_{\mathrm{s}} U_{\mathrm{ct}}$

V-M 系统开环机械特性： $n = \dfrac{U_{\mathrm{do}} - I_{\mathrm{d}} R}{C_{\mathrm{e}}}$

速度检测环节： $U_{\mathrm{n}} = \alpha n$

式中 K_{p}——放大器的电压放大系数；

    K_{s}——晶闸管触发与整流装置的电压放大系数；

    α——测速反馈系数，单位为 $\mathrm{V}/(\mathrm{r} \cdot \mathrm{min}^{-1})$。

其余各量如图 5-6 所示。

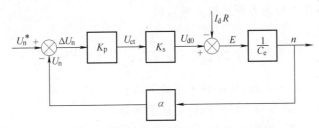

图 5-6 转速负反馈闭环调速系统稳态结构图

在第一种方法中，联立上述 5 个关系式并消去中间变量，整理后，即得转速负反馈闭环调速系统的静特性方程式：

$$n = \frac{K_{\mathrm{p}} K_{\mathrm{s}} U_{\mathrm{n}}^{*} - R I_{\mathrm{d}}}{C_{\mathrm{e}}(1 + K_{\mathrm{p}} K_{\mathrm{s}} \alpha / C_{\mathrm{e}})} = \frac{K_{\mathrm{p}} K_{\mathrm{s}} U_{\mathrm{n}}^{*}}{C_{\mathrm{e}}(1 + K)} - \frac{R}{C_{\mathrm{e}}(1 + K)} I_{\mathrm{d}} \tag{5-11}$$

式中 $K = K_{\mathrm{p}} K_{\mathrm{s}} \alpha / C_{\mathrm{e}}$——闭环系统的开环放大系数，它相当于在速度反馈信号 U_{n} 作用处断开后，从放大器输入起直到速度反馈信号 U_{n} 止总的电压放大系数，是各个环节单独放大系数的乘积。

求取静特性方程的第二种方法是结构图法：

首先根据各环节的输入输出关系及各环节在系统中的实际连接关系画出系统的稳态结构图，如图 5-6 所示。

图 5-6 中各方块内的符号代表该环节的放大系数（也称传递系数），箭头代表了各种参量及其作用方向。

运用结构图的运算方法同样可以求出系统的静特性方程来，具体方法如下：由于系统为线性系统，可以采用叠加原理，即将给定作用 U_{n}^{*} 和扰动作用 $-I_{\mathrm{d}} R$ 看成两个独立的输入量，先按它们分别作用下的系统（见图 5-7）求出各自的输出与输入关系方程式，然后把二者叠加起来，即得系统静特性方程式，与式（5-11）相同。

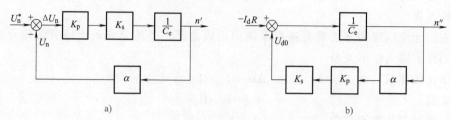

图 5-7 转速负反馈闭环调速系统稳态结构图的分解

a）U_n^* 作用下的系统   b）$-I_dR$ 作用下的系统

把开环系统的机械特性与闭环系统的静特性做一下比较，就会更清楚地看出反馈闭环控制的优越性。

将反馈线断开，系统即成为开环系统，其机械特性方程为

$$n = \frac{U_{d0}-I_dR}{C_e} = \frac{K_pK_sU_n^*}{C_e} - \frac{RI_d}{C_e} = n_{0op}-\Delta n_{op} \tag{5-12}$$

而闭环系统的静特性方程为方便比较，可写成

$$n = \frac{K_pK_sU_n^*}{C_e(1+K)} - \frac{RI_d}{C_e(1+K)} = n_{0cl}-\Delta n_{cl} \tag{5-13}$$

式中 n_{0op} 与 n_{0cl}——开环和闭环的理想空载转速；

Δn_{op} 与 Δn_{cl}——开环与闭环时的稳态速度降落。

将式（5-12）与式（5-13）相比，显然可得到如下结论：

首先，若设开环与闭环系统带有相同的负载，两者的转速降分别为

$$\Delta n_{op} = \frac{RI_d}{C_e}, \quad \Delta n_{cl} = \frac{RI_d}{C_e(1+K)}$$

由两者间的关系不难看出：

$$\Delta n_{cl} = \frac{\Delta n_{op}}{1+K} \tag{5-14}$$

这就是说，Δn_{cl} 比 Δn_{op} 小得多，K 越大，两者间相差越多。

若将开环与闭环系统的理想空载转速调整为相同值，即使 $n_{0op}=n_{0cl}$，可由静差率的定义分别得到

$$s_{cl} = \frac{\Delta n_{cl}}{n_{0cl}}, \quad s_{op} = \frac{\Delta n_{op}}{n_{0op}}$$

考虑到 $n_{0op}=n_{0cl}$，且 $\Delta n_{cl}=\Delta n_{op}/(1+K)$，则有

$$s_{cl} = \frac{s_{op}}{1+K}$$

这就是说，在同等理想空载转速下，闭环系统的静差率要小得多。

考虑到上述情况，当系统给出一定的静差率要求后，两种系统能够达到的调速范围会有明显的差别，若 D_B 为满足静差率要求的闭环系统允许的调速范围，D_K 为满足静差率要求的开环系统允许的调速范围，则由式（5-8）得

$$D_B = \frac{n_{nom}s}{\Delta n_{cl}(1-s)} = \frac{n_{nom}s}{\frac{\Delta n_{op}}{1+K}(1-s)}$$

即

$$D_B = (1+K)\frac{n_{nom}s}{\Delta n_{op}(1-s)} = (1+K)D_K \tag{5-15}$$

式中 n_{nom}——电动机的额定转速，即调压调速时电动机的最高转速值。

式（5-15）表明有转速负反馈的闭环系统的调速范围 D_B 是开环系统调速范围 D_K 的 $(1+K)$ 倍。放大系数 K 越大，稳态速降越小，调速范围就越大。因此，提高系统开环放大系数是减小稳态速降，扩大调速范围的有效措施。但是放大系数不宜过大，过大时系统可能难以稳定工作。

概括来说，当负载相同时，闭环系统的稳态速降 Δn_{cl} 减为开环系统转速降落 Δn_{op} 的 $1/(1+K)$；如果电动机的最高转速相同且对静差率要求也相同时，那么，闭环系统的调速范围 D_B 是开环系统的调速范围 D_K 的 $1+K$ 倍，即闭环系统可以获得比开环系统硬得多的特性，从而可在保证一定静差率要求下，大大提高调速范围。

图 5-8 给出了取相同 n_0 值的转速负反馈闭环调速系统的静特性与开环调速系统的机械特性。

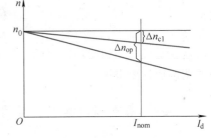

图 5-8 闭环静特性与开环机械特性的比较

比较可见，在相同负载下，两者转速降落有明显不同，闭环速降比开环速降小得多。

3. 静特性计算举例

某龙门刨床工作台采用 V-M 转速负反馈调速系统。已知数据如下：

电动机：Z_2-93 型，$P_{nom} = 60kW$、$U_{nom} = 220V$、$I_{nom} = 305A$、$n_{nom} = 1000r/min$、电枢电阻 $R_a = 0.066\Omega$。

三相全控桥式晶闸管整流电路：触发器-晶闸管整流装置的等效电压放大倍数 $K_s = 30$。

电动机电枢回路总电阻：$R = 0.18\Omega$。

速度反馈系数：$\alpha = 0.015V/(r \cdot min^{-1})$。

要求调速范围：$D = 20$，$s \leqslant 5\%$。

如果采用开环控制，则电动机在额定负载下的转速降落为

$$\Delta n_{nom} = \frac{RI_{nom}}{C_e} = \frac{0.18 \times 305}{0.2}r/min = 275r/min$$

式中 $C_e = \dfrac{U_{nom} - I_{nom} R_a}{n_{nom}} = \dfrac{220V - 305 \times 0.066V}{1000r/min} \approx 0.2 \ V/(r/min)$。

开环时额定转速下的静差率为

$$S = \frac{\Delta n_{nom}}{n_0} = \frac{\Delta n_{nom}}{n_{nom} + \Delta n_{nom}} = \frac{275}{1000 + 275} \approx 21.6\%$$

显然，这一静差率已远超出了要求的小于或等于5%，如果根据调速要求再降速运转，那就更满足不了要求。采用转速负反馈闭环系统就可满足要求。可分析计算如下：

如果要满足 $D = 20$、$s = 5\%$，则额定负载时电动机转速降落应为

$$\Delta n_{cl} = \frac{n_{nom} s}{D(1-s)} = \frac{1000 \times 0.05}{20(1-0.05)}r/min \approx 2.63r/min$$

因为

$$\Delta n_{cl} = \frac{\Delta n_{op}}{1+K}$$

所以

$$K = \frac{\Delta n_{op}}{\Delta n_{cl}} - 1 = \frac{275}{2.63} - 1 \approx 103.6$$

因为

$$K = \frac{K_p K_s \alpha}{C_e}$$

所以

$$K_p = \frac{K C_e}{K_s \alpha} = \frac{103.6 \times 0.2}{30 \times 0.015} \approx 46$$

这就是说，采用闭环控制后，只要使放大器的放大倍数大于或等于46，就能满足所提的调速指标要求了。

5.2.3 具有电流截止负反馈的自动调速系统

1. 电流截止负反馈的作用

采用闭环控制的直流调速系统，在起动开始的一段时间内，由于转速还没来得及建立或转速很低，所以速度反馈信号很小，放大器入口电压 $\Delta U_n = U_n^* - U_n$ 会很大，接近稳态时的 $1+K$ 倍，又由于放大器、触发和整流装置等环节的时间惯性非常小，所以整流器几乎在瞬间达到最高输出电压，这相当直流电动机满电压直接起动。直流电动机满电压直接起动时，因起动开始时的反电动势很低，整个电枢回路的电流只受限于回路总电阻 R（通常 R 值很小），结果造成电枢电流在很短的时间内急剧上升到一个相当大的值。此外，在电动机正常运转情况下，如机械故障等原因，可能使电动机堵转，此时出现的现象将与起动瞬间的情况相似，电枢电流也会急剧上升到一个相当大的值。在上述诸情况下，电动机电枢电流往往超过最大允许电流值。过大的电流冲击对直流电动机的换向十分不利，尤其对于过载能力差的电力电子器件来说，更是不能容许的。因此，必须对起动或堵转电流加以限制。

但另一方面，许多生产机械出于提高生产效率的考虑，常常希望调速系统能够充分利用电动机的短时间过载能力以加快起、制动过程。这就是说，在起动和制动过程中，设法使电动机工作于短时允许的最大电流值上，就会使电动机转速变化率尽可能大一些。

那么，如何做到在起动的过程中使电动机电枢回路电流尽可能大而又不超过最大允许电流呢？人们由负反馈的控制规律想到了采用电流负反馈的方法。对于负反馈闭环调节系统来说，只要给定量不变，系统在闭环调整作用下能克服各种干扰，使被调量尽可能保持不变。当把电枢电流作为被调量组成电流负反馈的闭环控制时，只要控制量选得适当，就可以使电枢电流保持在适当值上。但对于调速系统来说，转速才是系统最终的被调量，而电枢电流只不过是系统的一个中间参量而已。为限制起动或堵转电流而采用电流负反馈控制后，调速系统的静特性会大大变软，使系统难以满足一般的稳态性能要求。解决这一矛盾的办法是采用所谓电流截止负反馈。当电动机电枢电流比较大时，令电流负反馈发挥作用，以使电流被限制在一定范围内，而当正常运行时，电枢电流一般不超过电动机的额定电流或略大于额定电流的情况下，设法使电流负反馈去掉。这样，正常运行时，只有转速负反馈，以使系统具有足够的稳态调整精度；在电动机起动或堵转时，电流负反馈起主要的调节作用，使电枢电流受到有效的限制，使其不超过最大允许值。带有电流截止负反馈的转速负反馈闭环调速系统就基本上能够达到这样的控制效果。

2. 带有电流截止负反馈的转速负反馈调速系统

带有电流截止负反馈的转速负反馈调速系统如图 5-9 所示。

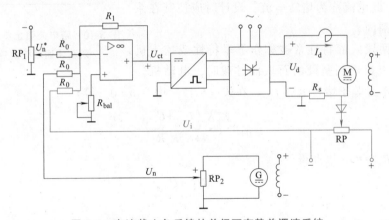

图 5-9 电流截止负反馈的单闭环有静差调速系统

在图 5-9 中，电流负反馈信号是从电枢回路中附加的电阻 R_s 上取出，其值 $U_i = I_d R_s$，显然 U_i 与 I_d 成正比。若设 I_{dcr} 为临界截止电流，当电流大于 I_{dcr} 时，将电流负反馈信号加到放大器的输入端；当电流小于 I_{dcr} 时，将电流反馈切断。为了实现这一作用，须引入比较电压 U_{com}。比较电压的设置可有不同的方法，图 5-9 中是利用独立的直流电源通过电位器得到比较电压的。调节电位器就可改变 U_{com}，相当于改变临界截止电流 I_{dcr}，在 $I_d R_s$ 与 U_{com} 之间串接一个二极管 VD，利用其单向导电性，当 $I_d R_s > U_{com}$ 时，二极管导通，电流负反馈信号 U_i 即可加到放大器上去；当 $I_d R_s < U_{com}$ 时，二极管截止，U_i 消失。显然，在这一电路中，截止电流值 $I_{dcr} = U_{com}/R_s$。

调速系统加有电流截止负反馈后，其静特性要分段进行求取，以临界截止电流 I_{dcr} 为界，可分别得到两个静特性方程：当 $I_d \leqslant I_{dcr}$ 时，电流负反馈被截止，系统只是单纯的转速负反馈闭环调速系统，其静特性方程为

$$n = \frac{K_p K_s U_n^*}{C_e(1+K)} - \frac{R}{C_e(1+K)} I_d \tag{5-16}$$

当 $I_d > I_{dcr}$ 时，电流负反馈起作用，此时系统同时有转速负反馈和电流负反馈，静特性为

$$n = \frac{K_p K_s U_n^*}{C_e(1+K)} - \frac{K_p K_s}{C_e(1+K)}(R_s I_d - U_{com}) - \frac{R I_d}{C_e(1+K)}$$

$$= \frac{K_p K_s(U_n^* + U_{com})}{C_e(1+K)} - \frac{(K_p K_s R_s + R)}{C_e(1+K)} I_d \tag{5-17}$$

将式（5-16）、式（5-17）画成静特性，如图 5-10 所示。

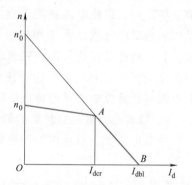

图 5-10 带电流截止负反馈的转速闭环调速系统的静特性

电流负反馈被截止的式（5-16）相当于图中的 n_0-A 段，此时只有转速负反馈，显然特性比较硬，这意味着系统在正常工作时具有较好的稳态性能。而电枢电流大于临界截止电流 I_{dcr} 时，特性为图中的 A—B 段，此时由于电流负反馈的作用，随着电枢电流的增大，转速急剧下降，直到电动机转速为零，而当堵转时，电流为 I_{dbl}，此电流称为堵转电流，设计时应使其在系统允许的范围内。

这样的两段式静特性常被称作下垂特性或挖土机特性。当挖土机遇到坚硬的石块而过载时，电动机停转，电流也不过等于堵转电流 I_{dbl}，在式（5-17）中令 $n=0$，得

$$I_{dbl} = \frac{K_p K_s(U_n^* + U_{com})}{R + K_p K_s R_s}$$

一般，$K_p K_s R_s \gg R$，因此得

$$I_{dbl} \approx \frac{U_n^* + U_{com}}{R_s} \tag{5-18}$$

一般为保证系统有尽可能宽的正常运行段，取临界截止电流略大于电动机的额定电流，通常取 $I_{dcr} = (1.0 \sim 1.2) I_{nom}$；而堵转电流应小于电动机的最大允许电流，通常取 $I_{dbl} = (1.5 \sim 2) I_{nom}$。

电流截止负反馈，不仅在电动机处于堵转状态时起作用，而且在起动过程中也能起限制起动电流的作用。电流截止负反馈是怎样限制起动电流的呢？在起动刚开始的瞬间，放大器输入端只有给定电压 U_n^*，速度反馈电压 U_n 为零，因此放大器输出值迅速趋于限幅值，整流器输出趋于最大值，主回路电流急剧上升，当 I_d 达到并超过临界截止电流 I_{dcr} 后，$I_d R_s > U_{com}$，电流负反馈开始起作用，在电流反馈信号作用下，放大器输出下降，整流器输出电压下降，电枢电流的增大受抑制，使其峰值不会超过堵转电流 I_{dbl}。起动过程接近结束时，电流下降至小于 I_{dcr}，电流负反馈被截止，电动机过渡到 n_0-A 段工作。

图 5-9 所示电流截止负反馈中，比较电压 U_{com} 是由比较电源取出的，而图 5-11 采用稳压二极管获取比较电压的电路更为管单，而且更容易办到。稳压二极管的稳压值 U_{dw}

相当于比较电压，当反馈信号 $I_d R_s < U_{dw}$ 时，反馈回路只能通过极小的漏电流，电流负反馈被截止，当 $I_d R_s > U_{dw}$ 时，稳压二极管被反向击穿，反馈回路有反馈电流通过，得到下垂特性。采用该电路省掉了比较电源，但临界截止电流的调整不够方便，且因稳压二极管稳压值的分散性，选取合适稳压值的稳压二极管也常有一些困难。

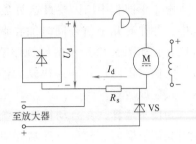

图 5-11　用稳压二极管作比较
电源的电流截止负反馈

以上讨论了转速负反馈和电流截止负反馈。它们的反馈信号都是直接反映某一参量的大小的，即反馈信号强弱与其反映的参量大小成正比，这些反馈都统称为硬反馈。

还有另一种形式的反馈，这种反馈是与某一参量的一次导数或二次导数成正比，这种反馈只在动态时起作用，在稳态时不起作用，称之为软反馈。例如为了自动调速系统能稳定工作，系统常加电压微分负反馈环节。

5.3　无静差直流调速系统

在上节介绍的调速系统中常遇到这样的问题，要提高系统的稳态性能指标，就要增大闭环系统的开环放大系数 K，而 K 增大时，系统往往不能稳定工作。怎样才能使系统具有要求的稳态精度、能稳定工作且动态指标又好呢？前节讨论的自动调速系统是采用一般按比例放大的放大器调节系统，尽管放大倍数很大，但毕竟为有限值，所以在负载改变后，它不可能维持被调量完全不变，这种系统称为有静差系统，这种系统正是靠误差进行调节的。在有静差系统中，放大器只是一个完成比例放大的调节器，靠被调量（转速）与给定量之间的偏差工作的。若偏差 $\Delta U_n = U_n^* - U_n = 0$，放大器的输出电压 $U_{ct} = 0$，晶闸管整流器输出的整流电压平均值 $U_{d0} = 0$，电动机便要停止转动，系统无法进行工作，这种系统的正常工作是依靠偏差来维持的。在负载变化时，闭环调整只能使被调量转速的变化被减少到开环系统在同样情况下转速变化的 $1/(1+K)$，但不可也不能调整到负载变化前的转速值上。所谓无静差调节系统，就是系统的被调量在稳态时完全等于系统的给定量，其偏差为零，这就是说，在无静差系统中，电动机转速在稳态时与负载无关，只取决于给定量。要想使偏差为零，系统又能正常工作，必须使用有积分作用的调节器。

5.3.1　比例（P）、积分（I）、比例积分（PI）调节器

集成运算放大器具有开环放大倍数高、输入电阻大、输出电阻小、漂移小和线性度好等优点，因此它在模拟量控制系统中作为调节器的基本元件得到了广泛应用。运算放大器配以适当的反馈网络就可组成比例、积分和比例积分等调节器，可得到不同的调节规律，满足控制系统的要求。

1. 比例调节器（P 调节器）

电工学课程中已讲授过运算放大器的一般原理及比例调节器的性能。在自动调节系统中，往往有几个信号同时加在调节器的输入端进行综合，如图 5-12 所示的比例调节器有两个输入信号，它们采用电压并联，在放大器输入端电流相减的方式完成运算。

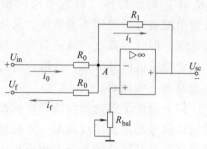

图 5-12　比例调节器电路

为便于运算，在自动控制系统中使用运算放大器组成调节器时，信号一般从运算放大器反相输入端输入。由于运算放大器本身的电压放大倍数极高，当其输出端通过 R_1 电阻完成对输入端的负反馈后，则其反相输入端（即图中 A 点）的电位极接近工作电源的地电位，为此人们常把图中的 A 点称为虚地点。此外，因运算放大器本身输入电阻达几兆欧，可近似看成在工作时无电流进入其输入端，这样，当对 A 点列写电流运算式时，可有下列结果，由 $\sum i = 0$，可得

$$\frac{U_{in}}{R_0} - \frac{U_f}{R_0} = \frac{U_{sc}}{R_1}, \quad U_{sc} = \frac{R_1}{R_0}(U_{in} - U_f)$$

令 $\dfrac{R_1}{R_0} = K_p$，则得

$$U_{sc} = K_p(U_{in} - U_f) \tag{5-19}$$

式（5-19）中，没有考虑输入与输出间的反相关系，实际上，这里的 K_p 可看成是输出与输入之间的绝对值之比，通常把其极性配合关系放到具体系统中进行考虑。

2. 积分调节器

积分调节器又称 I 调节器。由运算放大器构成的积分调节器如图 5-13 所示，由虚地点 A 的假设可以很容易得到

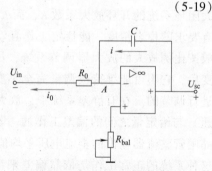

图 5-13　积分调节器电路

$$U_{sc} = \frac{1}{C}\int i\,dt = \frac{1}{R_0 C}\int U_{in}\,dt = \frac{1}{\tau}\int U_{in}\,dt \tag{5-20}$$

式中　$\tau = R_0 C$——积分时间常数。

由式（5-20）可见，积分调节器输出电压 U_{sc} 与输入电压 U_{in} 的积分成正比。当然，这里暂也不考虑输入与输出两者的反极性关系。

当 U_{sc} 的初始值为零时，在阶跃输入下，对式（5-20）进行积分运算，得式（5-21），积分调节器的输出时间特性如图 5-14a 所示。

$$U_{sc} = \frac{U_{in}}{\tau} t \tag{5-21}$$

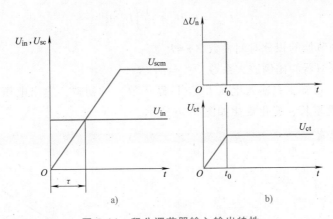

图 5-14　积分调节器输入输出特性

a) 积分调节器阶跃输入时的输出特性　b) 积分调节器的输出保持特性

在采用比例调节器的调速系统中，调节器的输出是晶闸管装置的控制电压 U_{ct}，且 $U_{ct} = K_p(U_n^* - U_n) = K_p\Delta U_n$。只要电动机在运行，$U_{ct}$ 就不能为零，即调节器的输入偏差电压 ΔU_n 不能为零，这是此类调速系统有静差的根本原因。

如果采用积分调节器，因其输出积分的保持作用（见图 5-14b），则在系统稳态工作时，尽管调节器的输入偏差电压 $\Delta U_n = U_n^* - U_n = 0$，而其输出 U_{ct} 仍是不为零的某一电压，而这一电压正是维持该运行状态所必需的电压值。积分的保持作用是系统无静差的根本原因。

由运算放大器组成的积分调节器的工作原理可简单解释如下：当 U_{in} 突加的初瞬，由于电容尚未充电以及其两端电压不能突变，相当于电容短路，使放大器输出全部电压都反馈到输入端，由于这是强烈的负反馈，在其作用下，使 U_{sc} 开始时为零，然后电容充电，电容两端电压 U_c 升高，负反馈逐渐减弱，U_{sc} 开始增长。因为电容充电电流接近为恒定值，所以 U_c 及 U_{sc} 都接近线性增长，其上升斜率决定于 U_{in}/τ。积分时间常数越大，U_{sc} 增长越慢。显然，调速系统中加入积分调节器后，系统的反应速度会变慢。

3. 比例积分调节器

综上所述，自动控制系统采用比例调节器时，系统的动态反应速度很快，但在稳态工作时，必存在静差。而采用积分调节器时，系统的静差将为零，但系统的反应速度因受积分的影响而变慢。那么，既要使系统稳态精度高，又要有足够快的反应速度，该怎么办呢？只要把比例和积分两种控制规律结合起来就行了，这就是比例积分控制。

比例积分调节器又称 PI 调节器，其原理如图 5-15 所示，与比例调节器和积分调节器不同的是，在运算放大器的反馈回路中，串入电阻和电容。其输入和输出关系可推导如下：在不计输入和输出的反相关系且利用 A 点的虚地概念后有

$$i_0 = i_1, \ i_0 = \frac{U_{in}}{R_0}$$

$$U_{sc} = i_1 R_1 + \frac{1}{C_1}\int i_1 \mathrm{d}t = \frac{R_1}{R_0}U_{in} + \frac{1}{R_0 C_1}\int U_{in}\mathrm{d}t$$

$$U_{sc} = K_p U_{in} + \frac{1}{\tau} \int U_{in} \mathrm{d}t \qquad (5\text{-}22)$$

式中 τ——PI 调节器的积分时间常数，$\tau = R_0 C_1$；

K_p——PI 调节器的比例放大系数，$K_p = R_1 / R_0$。

由式（5-22）可知，在输入电压 U_{in}（阶跃函数）的初瞬，输出电压有一跃变，以后随时间的延续线性增长，变化规律如图 5-16 所示。

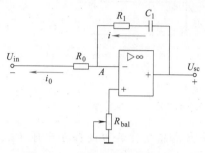

图 5-15 比例积分调节器电路

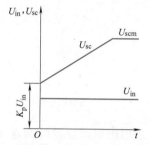

图 5-16 比例积分调节器的输入-输出特性

显然，输出电压 U_{sc} 由两部分组成，第一部分为输入 U_{in} 的比例放大部分，在输入电压加上的初瞬，电容 C_1 相当于短路，此时只相当于比例调节器，输出电压 $U_{sc} = K_p U_{in}$，输出电压毫不迟延地跳到 $K_p U_{in}$ 值，因而调节速度快。

第二部分是积分部分 $\frac{1}{R_0 C_1} \int U_{in} \mathrm{d}t$，随着 C_1 被充电，U_{sc} 不断上升（上升快慢取决于 τ），达放大器饱和值为止，调节器能实现比例、积分两种调节功能。可以证明，当输入信号不是阶跃量时，输出信号仍与输入信号保持比例、积分关系。

综上所述，比例积分调节器有以下特点：

1）由于有比例调节功能，才有了较好的动态响应特性，有了良好的快速性，弥补了积分调节的延缓作用。

2）由于有积分调节功能，只要输入端有微小的信号，积分就进行，直至输出达限幅值为止（见图 5-16）。在积分过程中，如果输入信号变为零，其输出则始终保持输入信号为零之前的那个输出值（见图 5-14b，$t = t_0$ 时，$U_{in} = \Delta U_n = 0$，但输出 U_{ct} 在 $t = t_0$ 后仍保持在 $U_{sc} = U_{ct0}$ 的值）。

正是因为有这种积累、保持特性，所以比例积分调节在控制系统中能够消除稳态误差。

5.3.2 采用 PI 调节器的单闭环自动调速系统

在一个调节系统中引入了比例积分调节器，组成的反馈控制系统能够消除误差，维持被调量不变，这样的调节系统称为无静差调节系统。

采用 PI 调节器的单闭环调速系统如图 5-17 所示。这个系统的被调量是电动机的转速，这里比例积分调节器在系统中起调节转速的作用，因此也叫作速度调节器。

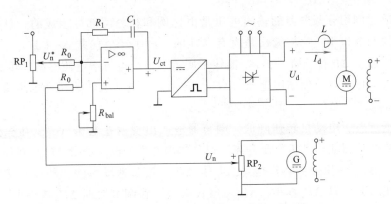

图 5-17 采用 PI 调节器的单闭环调速系统

从图中可看到，电动机的转速实际值 n 通过测速发电机 G 得到的反馈电压 U_n 反映出来，把 U_n 反馈到系统的输入端与速度给定信号 U_n^* 相比较，把差值 $\Delta U_n = U_n^* - U_n$ 作为速度调节器的输入。当电动机起动时，接通速度给定电压 U_n^*（对应电动机的稳态转速 n_1），开始时电动机转速为零，即 $U_n = 0$，速度调节器输入电压 $\Delta U_n = U_n^*$ 是很大的。此时，若无限流环节，则电动机电枢电流会在很短的时间内升高到一个很大的值上，为避免起动电流的冲击，系统仍需加电流负反馈来进行限流保护（图中省略）。在电流负反馈环节的

作用下，电枢电流达到某一最大值后不再升高。随着起动过程的延续，转速迅速上升，当电动机转速上升到给定转速 n_1 时，速度反馈电压 U_n 正好与给定 U_n^* 相等。也就是此时速度调节器的输入信号 $\Delta U_n = 0$。应该说明，在起动过程中，因电流负反馈与速度负反馈共用一个调节器，当电枢电流大于电流截止环节的临界截止电流 I_{dcr} 时，系统以电流调节为主，而当电动机转速已很高、电枢电流已下降到小于 I_{dcr} 时，则电流负反馈已被截止，系统为纯速度负反馈的闭环调整。本系统在起动过程结束时虽然速度调节器的输入信号 $\Delta U_n = 0$，但它的输出电压 U_{ct} 会保持在某一值上，由此使电动机维持在给定转速下运行。

上面讨论了电动机起动时系统的工作过程。下面进一步讨论一下负载突变时系统的调节过程。

假定系统已在稳定运行，对应的负载电流为 I_1，在某一时刻突然将负载电流加大到 I_2，由于电动机轴上转矩突然失去平衡，电动机转速开始下降产生一个转速偏差 Δn，如图 5-18b 所示，这时速度反馈电压 U_n 相应减少，因给定量未变，从而使

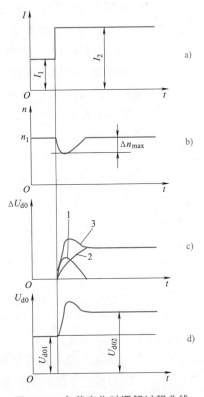

图 5-18 负载变化时调解过程曲线

调节器的输入偏差电压 $\Delta U_n = (U_n^* - U_n) > 0$。

我们知道比例积分调节器的输出电压是由比例和积分两部分组成的。首先看它的比例输出部分的调节作用。比例输出是没有惯性的，由于产生偏差 Δn（ΔU_n）使晶闸管整流输出电压增加了 ΔU_{d01}，如图 5-18c 曲线 1 所示。这个电压增量使电动机转速很快回升，速度偏差越大，比例调节的作用越强，ΔU_{d01} 就越大，电动机转速回升也越快。当转速回到原来转速 n_1 以后，ΔU_{d01} 也相应减少到零。

当负载增加时，电动机转速降低，调节器输入出现偏差电压 ΔU_n，在积分调节的作用下，晶闸管整流器输出电压也要升高。积分作用产生的电压增量 ΔU_{d02} 对应于调节器对输入偏差电压 ΔU_n 的积分，偏差越大，电压 ΔU_{d02} 增长速度越快，即偏差最大时，电压增长速度最快。开始时 ΔU_n 很小，ΔU_{d02} 增长很慢，在调节后期 ΔU_n 减小了，ΔU_{d02} 增加的也慢了；一直到 ΔU_n 等于零时，ΔU_{d02} 才不再继续增加，在这以后就一直保持这个值不变，如图 5-18c 曲线 2 所示。

因为采用比例积分调节器时比例作用与积分作用是同时存在的，也是同时对系统起调节作用的。因此，应该看它们的合成效果，图 5-18c 曲线 3 为其合成效果曲线。从这里可以看出，晶闸管整流电压增长的速度与偏差 ΔU_n 相对应，只要存在偏差，电压就要增长，而且电压增长的数值是积累的。整流电压最后值不但取决于偏差值的大小，还取决于偏差存在的时间。因此无论负载怎样变化，积分调节的作用是一定要把负载变化的影响完全补偿掉，使转速回到原来的转速为止。在调节的开始和中间阶段，比例调节起主要作用，它首先阻止 Δn 的继续增大，并能使转速回升。调节后期的转速偏差 Δn 很小了，比例调节的作用不显著了，而积分调节作用上升到主导地位，最后依靠它来完全消灭偏差 Δn。这就是无差调节的基本道理。

从上述分析可知，在调节过程结束以后，电动机转速又回升到给定转速 n_1。速度调节器的输入偏差电压 $\Delta U_n = 0$。但速度调节器的输出电压 U_{ct}，由于积分的保持作用，稳定在一个大于负载增大前的 U_{ct1} 的新值上。晶闸管整流输出电压 U_{d0} 等于调节过程前的数值 U_{d01} 加上比例和积分两部分的增量 ΔU_{d01} 和 ΔU_{d02}。调节结束后晶闸管整流输出电压 U_{d0} 稳定在 U_{d02} 上，如图 5-18d 所示。增加的那部分电压正好补偿由于负载增加引起的那部分主回路电压降 $(I_2 - I_1)R$。从这里也可以看出，电动机的负载越大，速度调节器的输出电压 U_{ct} 和晶闸整流输出电压 U_{d0} 也越随之增高。但是由于速度偏差 $\Delta n = 0$，故速度调节器的输入偏差电压 $\Delta U_n = 0$。所以无差系统在稳态时，虽然比例积分调节器的输入偏差电压 $\Delta U_n = 0$，但由于积分作用，仍然保持一定的输出电压 U_{ct}，用来维持电动机在给定速度下运转。

5.3.3　带有速度调节器和电流调节器的双闭环直流调速系统

前已述及，采用转速负反馈和 PI 调节器的单闭环调速系统可以在保证系统稳定的条件下实现转速无静差。如果对系统的动态性能要求较高，例如要求快速起动及制动、突加负载动态速降小等，单闭环系统就难以满足需要了。这主要是因为在单闭环系统中不能完全按照需要来控制动态过程的电流或转矩。

前已说明，在单闭环系统中，为了限制电枢电流不超过最大允许电流可以采用电流截止负反馈环节。但电流截止负反馈环节只是在超过临界电流 I_{dcr} 值以后，靠强烈的负反馈作用限制电流的冲击，并不能很理想地控制电流的动态波形。带电流截止负反馈的单闭环调速系统起动时的电流和转速波形如图 5-19 所示。

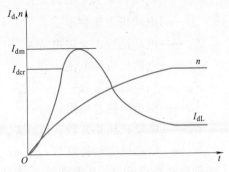

图 5-19 带电流截止负反馈的单闭环调速系统起动时的电流和转速波形

由图 5-19 可见，在整个起动过程中，电枢电流只在一点达到了最大允许电流 I_{dm}，而在其余的时间里，电枢电流均小于 I_{dm}，这使得电动机的动态加速转矩无法保持在最大值上，因而加速过程必然拖长。为了保护设备安全运行且达到最佳过渡过程的目的，在实际电路中是采用带电流调节器的多环系统。

1. 最佳过渡过程的概念

在很多生产机械中，如龙门刨床、可逆轧钢机那样的经常正反转运行的调速系统，尽量缩短起、制动过程的时间是提高生产率的重要因素。要达到过渡过程时间最短这个目的，就得使电动机在过渡过程中产生最大的转矩，以便使电动机转速变化率最大，而电动机产生的最大转矩是由它的过载能力所确定的，即说电动机的最大转矩有一个极限值。充分利用电动机极限值使过渡过程时间最短，获得最高生产率的过渡过程叫作限制极限转矩的最佳过渡过程。

在起动的过渡过程中，尽量保持最大转矩不变，对于调压调速系统来说，也就是保持电动机工作于最大允许电流 I_{dm} 上。在 I_{dm} 不变的情况下，电动机是怎样加速的呢？换言之，从最佳条件出发完成起动过程，各量的变化规律又是怎样的呢？

直流电动机的基本运动方程为

$$M_{dm} - M_{dL} = \frac{J^2}{375} \cdot \frac{dn}{dt}$$

即

$$\frac{dn}{dt} = \frac{M_{dm} - M_{dL}}{\dfrac{J^2}{375}} = \frac{C_M(I_{dm} - I_{dL})}{\dfrac{GD^2}{375}}$$

电动机机电时间常数为

$$T_M = \frac{GD^2 R}{375 C_e C_M}$$

于是得

$$\frac{dn}{dt} = \frac{C_M(I_{dm} - I_{dL})}{T_M C_e C_M / R} = \frac{(I_{dm} - I_{dL}) R}{T_M C_e} \tag{5-23}$$

式中 $\dfrac{dn}{dt}$ ——电动机加速度；

M_{dm}——电动机最大电磁转矩；

J^2——电动机飞轮惯量；

I_{dm}——电动机最大允许电流

I_{dL}——电动机负载电流；

T_M——机电时间常数；

R——电枢回路总电阻；

C_M——电动机转矩常数，$C_M = K_M \Phi$；

C_e——电动机电动势常数，$C_e = K_e \Phi$。

如果电枢回路已定，R 为常数；对于恒磁调压调速系统；C_e 为常数，负载 I_{dL} 一定；而且过渡过程中维持电动机最大电流 I_{dm} 不变。这时，电动机加速度 dn/dt 为常数，因此这种最佳系统是属于恒加速系统。从式（5-23）可知，过渡过程的快慢与 T_M 成反比，T_M 越小，加速度越大，起动到某一确定的转速所用的过渡过程时间则越短。

可以求出速度变化规律：

由 $n = \int \dfrac{(I_{dm} - I_{dL})R}{T_M C_e} dt$ 积分得

$$n = \frac{(I_{dm} - I_{dL})R}{T_M C_e} t \tag{5-24}$$

即 n 按线性增长，当速度 n 上升到稳定值（$t = t_g$）时，加速度应为零，即 $dn/dt = 0$，此时电动机电流 I_d 应等于负载电流 I_{dL}，即动态加速电流为零。也就是说，加速结束时电枢电流应从最大值立即下降到稳态电流，即负载电流 I_{dL}。

当电动机以最大恒加速升速时，晶闸管整流器输出的整流电压平均值 U_{d0} 应怎样变化呢？电枢电压方程为

$$U_{d0} = C_e n + I_{dm} R \tag{5-25}$$

如果电枢回路电感值相对很小、在电流变化时的影响不计时，式（5-25）是成立的。这就是说，因为 $I_{dm} R$ 为常数，C_e 为常数，故 U_{d0} 也应与 n 一样变化（为一线性增长）。最佳过渡过程中各量变化关系由图 5-20 可表示出来。但实际系统情况与理想情况是有差别的，由于电枢回路电感的存在，电枢电流不可能立即从零上升到最大值 I_{dm}；在起动过程结束，转速升到给定转速时，电枢电流同样不可能由最大电流 I_{dm} 一下子降到稳态电流 I_{dL} 上。实际过渡过程中各量变化曲线如图 5-21 所示。

从上面分析可知，要实现最佳过渡过程，必须满足下列要求：

1）电动机在起动过程中，电枢电流应一直保持在最大容许电流值 I_{dm} 上，而在过渡过程结束时，要立即下降到稳态值，即负载电流值 I_{dL} 上。

2）电动机转速 n 是按照线性（即恒最大加速度）上升到给定转速 n^* 的，加速度的大小除与动态加速电流（$I_{dm} - I_{dL}$）成正比外，还与表示电动机惯性的机电时间常数 T_M 成反比。

3）为了在起动过程中使电枢电流 I_d 立刻由零升到最大允许值 I_{dm}，晶闸管整流器输出的整流电压平均值 U_{d0} 必须立即为 $I_{dm} R$，以后按线性上升。在上升的过程中应始终保

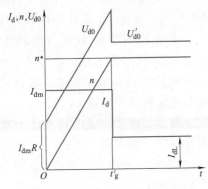

图 5-20 最佳条件下各量变化曲线

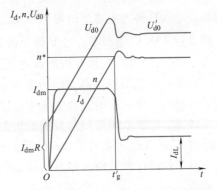

图 5-21 实际系统过渡过程各量变化曲线

持 $U_{d0} - C_e n = I_{dm}R$，以保证得到最大的 dn/dt 值。当转速 n 达到给定稳态转速 $n*$ 时，又要立刻下降到稳态所需要的值 U'_{d0} 上。

2. 双闭环系统的组成及其工作原理

前面已经说明，当采用电流截止负反馈后，单闭环调速系统在起动时能限制电枢电流不超过某一最大值，但在起动的全过程中，电枢电流无法始终保持在最大值上，从而造成起动时间过长的后果。究其原因，是由于在单闭环系统中，电流反馈信号与速度反馈信号同时作用于同一个调节器的入口端，在起动的过程中，电流反馈形成电流闭环调整的同时，速度反馈信号也一直存在，其作用破坏了电流负反馈的调整作用，使得电枢电流无法维持在最大值上。能否在起动的大部分时间里只有电流的闭环调节，而速度反馈的闭环调节在此段时间内不发挥作用，只有在转速已达到稳态值后再使速度反馈调节发挥主要作用呢？双闭环系统正是用来解决这个问题的。

为了实现转速和电流两种负反馈分别起作用，在系统中设置了两个调节器，分别调节转速和电流，两者之间实行串级连接，如图 5-22 所示。这就是说，把转速调节器的输出当作电流调节器的输入，再用电流调节器的输出去控制晶闸管整流器的触发装置。从闭环结构上看，电流调节环在里面，叫作内环；转速调节环在外边，叫作外环。这样就形成了转速、电流双闭环调速系统。

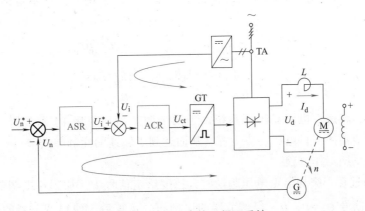

图 5-22 转速、电流双闭环系统

为了获得良好的起动、制动性能，通常速度调节器与电流调节器都采用比例积分调节器。电动机转速由速度给定电压 U_n^* 来确定，它与速度反馈电压 U_n 进行比较后加在速度调节器 ASR 的输入端。速度调节器的输出电压 U_i^* 作为电流调节器 ACR 的给定信号，它与电流反馈信号 U_i 比较后加在电流调节器的输入端。电流调节器的输出电压 U_{ct} 送到晶闸管整流装置的触发器，作为触发器的控制信号。晶闸管整流装置得到触发器送来的脉冲后输出一定大小的直流电压 U_d，使电动机在系统的给定转速下运转。

转速、电流双闭环调速系统的稳态结构图如图 5-23 所示。图中，速度调节器 ASR 和电流调节器 ACR 均采用了带有输出限幅环节的比例积分（PI）调节器。考虑到 PI 调节器在稳态工作时应满足输入偏差信号 $\Delta U = 0$，因此速度反馈系数 α 与电流反馈系数 β 可分别计算为

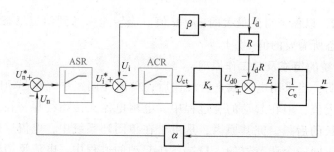

图 5-23　转速、电流双闭环调速系统稳态结构图

$$\alpha = \frac{U_{nm}^*}{n_{max}} \tag{5-26}$$

$$\beta = \frac{U_{im}^*}{I_{dm}} \tag{5-27}$$

式中　U_{nm}^*——电动机最高转速时所需的系统给定电压；

　　　U_{im}^*——速度调节器的输出限幅电压，其值与电枢最大容许电流相对应。

U_{nm}^*、U_{im}^* 的大小是选定的，选择时应注意运算放大器的允许输入电压限制。

由图 5-23 可以看出，双闭环系统在稳定工作时，两个调节器均不应饱和，各量之间满足下列关系：

$$U_n^* = U_n = \alpha n = \alpha n_0, \quad U_i^* = U_i = \beta I_d = \beta I_{dL}$$

$$U_{ct} = \frac{U_{d0}}{K_s} = \frac{C_e n + I_d R}{K_s} = \frac{C_e U_n^* / \alpha + I_{dL} R}{K_s}$$

综上所述，转速、电流双闭环系统由于两个调节器均采用 PI 调节器，从理论上讲，稳态工作时调节器的入口电压均应为零，从而达到了转速的无静差调节。

以下分析系统工作过程：

（1）起动过程　突加给定电压起动时，速度给定信号 U_n^* 加到速度调节器的输入端。由于速度反馈信号 $U_n = 0$，U_n^* 经调节器的比例积分运算后，使得调节器的输出几乎瞬间

达到限幅值 U_{im}^*，也就是说，起动一开始，就可认为速度调节器工作于饱和限幅输出状态。U_{im}^* 加到电流调节器的输入端，电流调节器的输出电压 U_{ct} 很快增长，在其作用下晶闸管整流装置输出的整流电压 U_{d0} 迅速上升，电动机立即起动。由于电动机有惯性，转速 n 和速度反馈电压 U_n 不可能立即达到相应 U_n^* 的值，因此在转速 n 从零上升到给定转速 n^* 的一段时间内，速度反馈电压 U_n 一直小于 U_n^*，速度调节器的输入偏差电压 $(U_n^*-U_n)>0$，所以速度调节器的输出便一直处于限幅值不变的状态。这种情况实际上相当于速度负反馈断开，速度闭环开路，不起作用。也就是说，电流环在起动的这一阶段得到的给定电压是固定不变的值 U_{im}^*。此时，整个系统相当于只有一个电流调节的闭环系统。因为电流调节环的给定就是速度调节器的输出，在速度调节器输出电压限幅值的作用下，电流调节环的给定为最大值，U_{d0} 迅速上升，电枢电流经转换成电压后反馈到电流调节器的输入端与 U_{im}^* 相比较，但只要电枢电流 I_d 小于 I_{dm}，就有电流调节器的输入偏差电压 $\Delta U_i=(U_{im}^*-U_i)>0$，此信号在调节器的积分作用下，使调节器的输出电压 U_{ct} 不断增大，一直到电枢电流 I_d 增大到 I_{dm} 为止。电流从零上升到最大允许电流 I_{dm} 所需的时间是极短的。所以可以认为起动一开始，电流就达到了最大值 I_{dm}。当电流增大到 I_{dm} 时，电流负反馈电压 U_i 正好等于电流环给定电压 U_{im}^*（在调整系统参数时，速度调节器输出限幅电压值 U_{im}^* 是根据最大电枢电流 I_{dm} 转换成的电压 U_i 来确定的），此后，电动机在最大电枢电流 I_{dm} 下加速，转速迅速上升。随着电动机转速的增长，电动机反电动势也随着增加（$E_D=C_e n$），使电枢电流 I_d 下降，即电枢电流比 I_{dm} 小了。此时 U_i 随之减小进而低于 U_{im}^*，即 $\Delta U_i=(U_{im}^*-U_i)>0$，电流调节器对该差值又进行比例积分运算，增加它的输出电压 U_{ct}，使 U_{d0} 增加，电枢电流回升，使之重新达到 I_{dm} 为止。这样的调节过程是连续的且调整速度极快，可以认为在起动过程的这一阶段中，电枢电流一直保持在 I_{dm} 上不变。在此电流的作用下，电动机以最大加速度下不断加速。双闭环调速系统起动过程中上述特点实现了起动过程中电流波形接近最佳的要求。

在最大允许电流 I_{dm} 下起动，电动机转速很快达到给定转速 n^*。在转速达到给定转速的瞬间，速度调节器的输入偏差电压 $\Delta U_n=(U_n^*-U_n)=0$，但对比例积分调节器来说，由于此前已工作于饱和限幅输出状态，$\Delta U_n=0$ 并不能使其退出饱和，于是速度调节器输出仍维持为 U_{im}^*，这相当于电流环仍为最大给定值，电枢电流自然仍是 I_{dm}，电动机的动态加速电流 $(I_{dm}-I_{dL})$ 仍然存在且为最大值，在这个动态加速电流作用下，电动机转速 n 超过给定转速 n^*。电动机转速 n 超过给定转速 n^* 的现象称之为超调。在利用速度调节器饱和非线性特点从而得到起动过程恒最大电流升速的双闭环系统中，在起动过程行将完成的时候出现转速超调是不可避免的。当电动机转速超过给定转速 n^* 以后，即速度调节出现超调后，速度调节器的输入偏差电压 $\Delta U_n=(U_n^*-U_n)<0$，于是在这一反极性偏差电压的作用下，速度调节器将退出饱和限幅的输出状态，它的输出电压 U_i^* 将小于 U_{im}^*。这相当于电流调节环的给定信号在减小，电流环被控制量 I_d 相应跟随减小，动态加速电流减小，电动机加速度 dn/dt 减小，速度上升趋势减缓。在上述调整作用下，当电动机电枢电流 I_d 与负载所需电流 I_{dL} 相等时，转速的上升也达到了最高点。此后，因转速实际值 n 在

其达到最高点后仍大于给定转速 n^*，速度调节器输入端仍为反极性偏差电压，其输出将进一步下降。电动机电枢电流将跟随 U_i^* 的下降而下降，I_d 将小于 I_{dL}，负载转矩将大于电动机的电磁转矩，在负载转矩的制动作用下，电动机的转速 n 将下降，在一个不太长的调整过程后，整个起动过程结束，系统进入稳态运行。稳态时速度调节器的输入偏差电压 $\Delta U_n = 0$，但由于积分器的保持作用，它的输出电压 U_i^* 与电流反馈信号 U_i 相等。这时电动机的电枢电流等于负载电流 I_{dL}，电流调节器的输入偏差电压 $\Delta U_i = 0$，而其输出电压 U_{ct} 也对应一个确定的值不再变化。从上述调节过程可知，在转速 n 上升到给定转速 n^* 以后，速度调节器开始进入线性调节状态，在其调整作用下，电动机转速经过超调及几次衰减振荡后最终稳定在给定转速 n^* 上。这个过程中，电流环相当于一个随动系统，其主要作用是使电枢回路的电流 I_d 紧随速度调节器的输出 U_i^* 的变化而变化。但这还不是电流环的主要作用，电流环的主要作用还是在电枢电流过大（如起动、制动、过载）时，保证电枢电流维持在最大允许值 I_{dm} 不变。在起动过程中，各参量变化曲线如图 5-24 所示。从图中可以看出，各参量的变化情况与图 5-20 给出的理想最佳情况很相似。

（2）**负载变化时调节过程**　先假定电动机正在稳定运行，转速等于给定转速 n^*，电枢电流等于负载电流 I_{dL}。现在，突然将负载由 I_{dL} 增至 I_{dL1}，系统的其他参量会如何变化呢？

首先，由于电枢回路电流 I_d 来不及变化仍为负载变化前的值，电动机的电磁转矩小于负载转矩，电动机的转速开始下降，造成转速调节器的输入偏差电压 $\Delta U_n > 0$。速度调节器的输出电压 U_i^* 增大，进而使电流调节器的输入端出现大于零的偏差电压 ΔU_i，其输出电压 U_{ct} 增大，晶闸管整流器输出的整流电压 U_{d0} 增大，电枢回路电流迅速增加，一直到电流增加超过负载电流 I_{dL1}。当 $I_d > I_{dL1}$ 时，电动机电磁转矩大于负载转矩，于是电动机转速 n 便开始回升，经过一段时间之后，转速 n 经过几次衰减振荡后又重新回到稳态值 n^* 上。在转速 n 回升的过程中，速度调节器和电流调节器的输入偏差电压 ΔU_n 与 ΔU_i 都不断减少，当转速 n 达到 n^* 并稳定后，它们都重新变为零值。图 5-25 所示为负载变化时调节系统各主要参量的变化曲线。

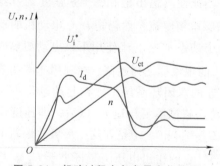

图 5-24　起动过程中各参量变化曲线

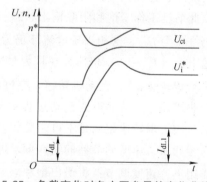

图 5-25　负载变化时各主要参量的变化曲线

（3）**静特性**　由于系统在稳态工作时无静差，所以系统在正常运行段特性与横轴平行。而当电枢电流大于或等于 I_{dm} 后，因速度调节器饱和限幅输出，相当于速度环开环，系统电流环在最大给定值 U_{im}^* 下做恒流调节，所以特性下垂。通常电流环设计成二阶系统，由于反电动势的线性变化作为电流环的一个干扰量存在，所以电流环在恒流调节时，有一固定的偏差存在。考虑到上述各种因素，转速、电流双闭环调速系统的静特性如图 5-26 所示。其中，曲线 1 和曲线 2 为不同给定速度 n_1^* 和 n_2^* 时的静特性。当然，这里的无静差调节是从理论上讲的。但由于组成调节器的运算放大器本身开环放大系数并不是无限大，所以组成的 PI 调节器并不是纯粹的比例积分调节器，再加上系统存在的或大或小非线性等因素的影响，因此实际系统仍有一定的静差，但静差很小，一般能满足稳态指标要求。这种系统，从

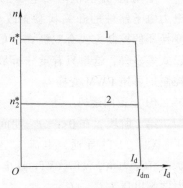

图 5-26 转速、电流双闭环调速系统的静特性

上述分析可知，动、静态指标都比有差调节系统好得多，因此在直流调速系统中应用广泛。

5.4 直流可逆调速系统

前几节所介绍的直流调速系统，电动机只能单方向运转，这类系统称为不可逆直流调速系统，它只适用于单方向运转且对停车快速性要求不高的生产机械。而在实际的生产过程中，有些设备还常要求电动机不但能平滑调速而且又能正、反转及快速起、制动等，能满足这类要求的调速系统被称作可逆调速系统。

要使直流电动机能够可逆运行，最基本的就是改变电动机的电磁转矩方向。由直流电动机的电磁转矩公式 $M_d = K_M \Phi I_d$ 可知，要想改变 M_d 的方向，无非有两种可能，要么改变电动机励磁磁通 Φ 的方向，要么改变电动机电枢电流 I_d 的方向。励磁磁通 Φ 的方向由励磁电流的方向决定，而励磁电流的方向可由励磁电源的电压极性来决定，因此励磁电源反接可使直流电动机完成可逆运行。在磁通 Φ 方向不变但改变电枢电源的极性时，可使电枢电流 I_d 改变方向，这同样可完成电动机的可逆运行。上述两种可逆运行方案各有特点，适用于不同的场合，但就应用的广泛性而言，电枢反接可逆运行方案使用得更多一些，下面重点讨论。

5.4.1 电枢反接可逆电路

电枢反接就是按照控制要求改变电枢外接电源的电压极性。常用的有几种不同的方法。

1. 可逆 PWM 直流电路

中、小功率的可逆直流调速系统多采用桥式可逆 PWM 变换器，可逆 PWM 变换器主电路有多种形式，最常用的是桥式（亦称 H 形）电路，如图 5-27 所示。

电动机 M 电枢两端电压的极性随全控型电力电子器件的开关状态而改变，可逆 PWM 变换器的控制方式有双极式、单极式、受限单极式等多种，这里只着重分析最常用的双极式控制的可逆 PWM 变换器。

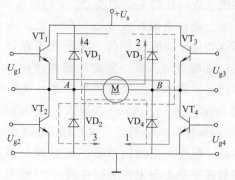

图 5-27　可逆 PWM 直流调速系统主电路

（1）正向运行

第 1 阶段：在 $0 < t \le t_{on}$ 期间，U_{g1}、U_{g4} 为正，VT_1、VT_4 导通，电流 i_d 沿回路 1 流通，U_{g2}、U_{g3} 为负，VT_2、VT_3 截止，电动机 M 电枢两端电压 $U_{AB} = +U_s$。

第 2 阶段，在 $t_{on} < t \le T$ 期间，U_{g1}、U_{g4} 为负，VT_1、VT_4 截止，VD_2、VD_3 续流，并钳位使 VT_2、VT_3 保持截止，电流 i_d 沿回路 2 流通，电动机 M 电枢两端电压 $U_{AB} = -U_s$。电枢两端电压均值 U_d 为正，其余各量如图 5-28a 所示。

（2）反向运行

第 1 阶段，在 $0 < t \le t_{on}$ 期间，U_{g2}、U_{g3} 为负，VT_2、VT_3 截止，VD_1、VD_4 续流，并钳位使 VT_1、VT_4 截止，电流 $-i_d$ 沿回路 4 流通，电动机 M 电枢两端电压 $U_{AB} = +U_s$。

第 2 阶段，在 $t_{on} < t \le T$ 期间，U_{g2}、U_{g3} 为正，VT_2、VT_3 导通，U_{g1}、U_{g4} 为负，使 VT_1、VT_4 保持截止，电流 $-i_d$ 沿回路 3 流通，电动机 M 电枢两端电压 $U_{AB} = -U_s$。电枢两端电压均值 U_d 为负，其余各量如图 5-28b 所示。

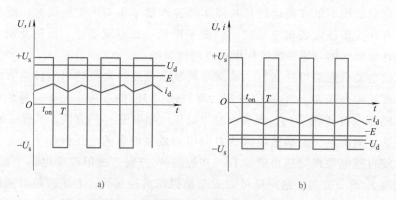

a)　　　　　　　　　　　b)

图 5-28　可逆 PWM 直流调速系统波形图

a）正向运行波形图　b）反向运行波形图

2. 采用两组晶闸管整流器反并联的可逆电路

图 5-29 所示为采用两组晶闸管整流器反向并联给电动机电枢供电的可逆电路。若设 I 组为正向晶闸管整流器，则 II 组即为反向晶闸管整流器，它们可分别为电枢回路提供不同方向的电流。当 I 组整流工作时，输出的整流电压 U_d 的极性如图中所示，给电枢提供的电流方向则如图中的实线所示；当 II 组整流工作时，提供的电枢回路电流方向就如图中的虚线所示。

由于电枢电流可以是两个方向，所以电动机的转速也可为两个方向，当 I_d 为实线所示方向时，电动机正转，而 I_d 方向为虚线所示方向时，转速方向也就相反了。反并联可逆电路由于晶闸管本身反应的快速性而使电动机正、反向转速的切换变得相当快捷，从而使得该线路在要求频繁正、反向起、制动的场合得到了广泛的应用。

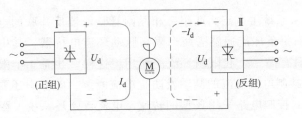

图 5-29　两组整流器反并联可逆电路

　　反并联可逆电路的主电路如图 5-30 所示。在反并联电路中，存在的一个重要问题就是如何处理环流问题。所谓环流，就是指不流过电动机或其他负载，而直接在两组晶闸管之间流通的短路电流。由于导通的晶闸管内阻很小，如果不采取适当的措施抑制或消除环流的话，环流一旦产生，其值将是很大的。根据对环流处理原则的不同，反并联可逆调速系统可分为有环流和无环流两种。就环流本身而言，又可分成两大类，即稳态环流和动态环流。稳态环流是指可逆电路工作在一定控制角的稳定工作状态所存在的环流，而动态环流则是指系统工作于过渡过程中，也就是控制角在变化过程中所产生的环流，该环流在稳态工作中并不存在。关于动态环流，本书不准备讨论，这里只简单介绍一下稳态环流。稳态环流又可分为两种：一种被称作直流平均环流，当整流组输出的整流电压平均值大于逆变组输出的逆变电压平均值时即产生该种环流；另一种稳态环流被称为脉动环流，它是指由于整流组与逆变组输出的电压瞬时值不等，当顺着晶闸管的导通方向出现正的电压差时，所产生的脉动式的电流。环流的存在，加大了系统的损耗，降低了系统的效率，因此一般应设法消除。对瞬时脉动环流，通常采取在环流通路中加接电抗器的方法加以抑制。

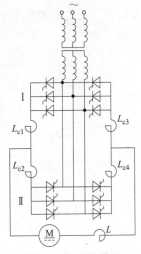

图 5-30　反并联可逆电路的主电路

　　上面介绍的有关电枢可逆电路的讨论结果均可用于磁场可逆电路上，但使用时应适当注意励磁电路的工作特点，此处不再详细讨论。

5.4.2　采用 $\alpha=\beta$ 配合工作制的有环流可逆直流调速系统

　　有环流可逆直流调速系统常用的有两种：一种是采用 $\alpha=\beta$ 工作制的存在脉动环流但不存在直流平均环流的系统；另一种是存在可以控制的直流平均环流兼有脉动环流的所谓可控环流系统。本书介绍前一种。

　　由电力电子变流理论可知，在反并联可逆连接电路中，只要设法保证当一组工作于整流状态时，另一组让其处于逆变工作状态，且使整流组的触发角 α 与逆变组的逆变角 β 在量值上相等，于是整流输出电压与逆变输出电压平均值相等且极性相反，这样直流平均环流将不会产生。按此原理组成的反并联无直流平均环流的可逆调速系统如图 5-31 所示。

由图 5-31 可见，系统主电路为两组三相晶闸管整流器反并联的电路，因为存在两条并联的环流通路，而每条环流通路需两个限制脉动环流电抗器，其中一个因流过较大的负载电流而饱和，只有另一个起限制环流的作用，这样，共需 4 个限制脉动环流电抗器 $L_{c1} \sim L_{c4}$。另外，为抑制电枢电流的脉动及防止电流断续，电枢中还要串入一个体积比较大的平波电抗器 L_d。控制电路采用典型的转速、电流双闭环系统。因电流反馈信号直接由检测电枢电流的检测装置取出，该信号不但能反映被测电流的大小，且能反映电流的方向，所以系统中电流调节器只用一个。速度调节器和电流调节器均需设置双向输出限幅，以限制最大动态电流和最小触发角 α_{min} 与最小逆变角 β_{min}。图中，AR 为反相器，其作用是保证正、反组触发器（GTF、GTR）得到的控制信号大小相等、极性相反，即 $U_{ct} = -\overline{U_{ct}}$，在选择合适的触发器配合关系时，就能做到使正组的触发角 α 与反组的逆变角 β 相等（反之亦然），即前面提到的 $\alpha = \beta$ 配合关系。

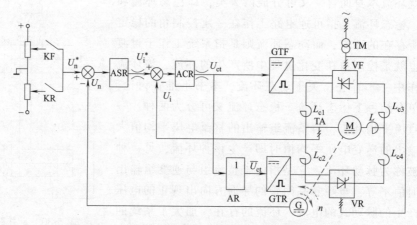

图 5-31 采用 $\alpha = \beta$ 配合工作制的有环流可逆调速系统

可逆系统的给定电压 U_n^* 应有正负极性，给定信号的极性不同时，对应电动机的不同转动方向。图 5-31 中用了两个继电器来进行给定电压 U_n^* 极性的切换，当然也可用手动开关等来完成类似的控制。

$\alpha = \beta$ 的配合关系只是指控制角的工作状态。实际上，当正向组工作于整流工作状态时，反向组直流平均电流为零，严格地说，它只是处于"待逆变"状态。当需要制动时，因控制角的改变，使 U_{dof} 和 U_{dor} 同时降低，一旦电动机反电动势 $E > |U_{dor}| = |U_{dof}|$ 时，整流组电流被截止，逆变组才能真正投入逆变状态，使电动机在能量回馈电网的过程中实现制动降速。同样，当逆变组回馈电能时，另一组也是工作于"待整流"状态。所以，在这种 $\alpha = \beta$ 的配合工作制下，电动机的电流可以很方便地按正反两个方向平滑过渡，在任何时候，实际上只有一组晶闸管装置在工作，另一组则处于等待工作状态。

为了保证整流装置工作于逆变状态时不出现所谓逆变颠覆故障，要对逆变角 β 的最小值加以限制，而为了在任何时候都要保证整流组的触发角 α 不小于逆变组的逆变角 β，则 α 的最小值也要进行同样的限制，电流调节器输出的正反向限幅正是完成这项任务的。

应该指出，在实际系统中，由于参数的变化，元器件的老化或其他干扰作用，实际控制角可能偏离 $\alpha=\beta$ 的配合关系。当出现 $\alpha>\beta$ 时，对系统的安全工作还不会有什么影响，一旦出现 $\alpha<\beta$，则会使整流组输出的整流电压平均值大于逆变组输出的电压平均值，即使它们的差值很小，但由于限制环流电抗器对直流不起限制作用，仍会产生较大的直流平均环流，如果没有可靠的保护措施，将是很危险的。为了避免可能出现的 $\alpha<\beta$ 现象，通常在触发器整定时，有意使 α 略大于 β，以确保在任何时候整流组输出的平均电压小于逆变组输出的平均电压，这就保证了系统中不会出现直流平均环流。但如此处理的不利后果有两个：一是缩小了整流工作移相范围，降低了设备的利用率；二是造成控制死区，降低了系统的反应速度。

本系统可以在运行中进行正反向的相互切换，通过切换 U_n^* 的极性来完成。下面仅以正向运行时，突然将 U_n^* 由正极性切换到负极性为例，简述一下切换过程。在 U_n^* 为正极性给定时，正组（VF）处于整流状态，反组（VR）处于"待逆变"状态，直流平均环流为零，脉动环流在 L_{c3}、L_{c4} 的作用下被抑制到一个较小的值上，而 L_{c1}、L_{c2} 因流过负载电流处于饱和状态，不起限制脉动环流的作用。电动机稳定运行于转速 n 上。当突然使 U_n^* 为负极性电压时，系统先是正向制动，使转速下降到零，然后反向起动，完成起动过程后，系统稳定运行于某一反方向的转速值上。在上述整个过程中，反向起动过程就是双闭环系统的起动过程，所以这里只需研究一下制动过程就可以了。当发出反向指令后，U_n^* 突然变负，速度反馈信号与给定电压极性相同了，速度调节器 ASR 的输出迅速改变极性且为限幅值，此时电流没来得及变化，U_i 仍为正极性电压，在 U_{im}^* 与 U_i 同为正极性电压的作用下，ACR 的输出 U_{ct} 迅速反向且达负限幅值 U_{ctm}，在其作用下使正组 VF 由原来的整流状态很快变成逆变状态，且逆变角 $\beta_f=\beta_{min}$，同时反组 VR 由原逆变状态转为整流状态。此时在电枢回路中，VF 输出电压改变极性，而反电势仍为原极性，迫使 I_d 迅速下降，I_d 的迅速减小使电枢电路电感 L 两端感应出很大的电压 $L\dfrac{dI_d}{dt}$，其极性是力图阻止 I_d 下降的，即

$$L\frac{dI_d}{dt}-E>|U_{dor}|=|U_{dof}|$$

由电感 L 释放的磁场能量维持原来的正向电流，大部分能量通过 VF 的逆变状态回馈电网，而反组 VR 尽管触发信号在整流区，但并不能真正输出整流电流。通常将制动的这个子阶段称作本组逆变阶段（有些书上称其为本桥逆变），理由就是在这一阶段中投入逆变工作的仍是原来处于整流工作的一组装置。当电枢电流 I_d 下降过零时，本组逆变终止，转到反组 VR 工作。从这时起，直到制动结束都是 VR 在工作，所以这个阶段又称作组制动阶段。在本组逆变终止时，速度调节器仍输出最大限幅值 U_{im}^*，因 I_d 为零，故 $U_i=0$，电流调节器输出也为限幅值 $-U_{ctm}$，从触发控制的角度看，正组 $\beta_f=\beta_{min}$，反组 $\alpha_r=\alpha_{min}$，

即正组仍为逆变状态，反组为整流状态。此时，反组输出的整流电压 U_{do} 与电动机反电动势的极性是相同的，在它们的共同作用下，产生反向电流 $-I_d$，电动机处于反接制动状态，开始迅速降速。在电流反向后，电流反馈信号 U_i 改变极性，当电流达 $-I_{dm}$ 并略有超过后，电流调节器退出饱和，其输出由 $-U_{ctm}$ 开始减少，又由负变正，然后再增大，使 VR 回到逆变状态，而 VF 变成待整流状态。此后，在电流环的调整作用下，力图维持 $-I_{dm}$ 不变，使电动机在恒减速条件下回馈制动，把动能转化为电能，其中大部分通过工作于逆变状态的 VR 反送回电网。

当转速下降到零后，若给定信号为零，则在 $-I_d$ 的作用下，转速出现一定大小的负值后使 $-I_d$ 减小，经过几次衰减振荡后转速稳定在零上。若给定信号为某一负值，则转速过零变负后，ASR 仍不能退出饱和，系统在电流环的作用下保持电枢电流为 $-I_{dm}$，电动机反向起动，其后续过程就是双闭环系统的恒流起动过程，本处不再赘述。

$\alpha=\beta$ 配合工作制的有环流系统的突出优点是制动和起动过程完全衔接起来，没有任何间断和死区，这对于要求快速正反转的系统是特别合适的。其缺点是存在脉动环流，需加限制环流电抗器，因此多用于中、小容量的系统中。

5.4.3 无环流可逆调速系统

在容量较大的系统中，为使生产更加安全可靠，常采用既没有直流平均环流又没有瞬时脉动环流的可逆调速系统。这类系统虽然在快速性和正反向过渡过程的平滑性上不如有环流系统，但它省去了限制环流的电抗器，消除了环流损耗，因此得到了广泛的应用。以下介绍应用广泛的逻辑无环流系统和采用 PWM 的全数字可逆直流调速系统。

1. 逻辑控制的无环流可逆调速系统

在逻辑控制无环流可逆调速系统中，采用的方法是，当一组整流装置工作时，用逻辑电路封锁另一组整流装置的触发脉冲，使其根本不能导通，这样，无论是直流平均环流还是瞬时脉动环流都不存在了。逻辑控制的无环流可逆调速系统如图 5-32 所示。

系统主电路为两组整流装置反并联电路，由于没有环流，所以限制环流电抗器不再

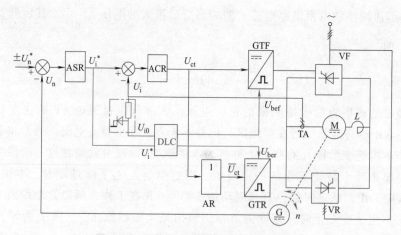

图 5-32 逻辑控制的无环流可逆调速系统

需要，但防止电流断续的电抗器 L_d 仍需要。电流检测不单可检测电枢电流的大小，且能反映电枢电流的方向，所以电流调节器只用一个。图 5-32 中，DLC 为逻辑控制器，其作用是根据系统的工作状态，适时发出正反两组触发脉冲的封锁和开放信号 U_{bef}、U_{ber}。DLC 的输入信号有两个：第一个是速度调节器的输出 U_i^*，其值的极性反映了电动机电磁转矩的给定极性；第二个信号 U_{io} 是反映电枢电流是否接近零值的，在实际系统中，当该信号为一个二极管管压降时，可认为电枢中有电流，而当信号小于二极管管压降时，就可认为电枢回路是零电流，所以该信号可称为零电流检测信号。

当 U_n^* 为正给定时，U_i^* 为负，U_{ctf} 为正，DLC 通过 U_{bef} 开放 GTF 的脉冲输出，使正组整流装置 VF 工作于整流状态，电动机正向运行，同时 DLC 通过 U_{ber} 封锁 GTR 的脉冲输出，使反组 VR 的晶闸管全部处于关断状态。若当 U_n^* 为负给定时，U_i^* 为正，则 U_{ctr} 为正，DLC 通过 U_{ber} 开放反组脉冲，VR 工作于整流状态，电动机反转运行，而正组触发脉冲被 DLC 通过 U_{bef} 封锁。下面以正向制动为例，简单介绍一下制动过程，并由此了解一下 DLC 的工作特点。正向运行时，U_i^* 为负，DLC 通过 U_{bef} 开放正组触发脉冲，通过 U_{ber} 封锁反组触发脉冲，正组工作于整流状态，反组不工作。当将给定信号变为零时，ASR 输出迅速反向，U_i^* 由负变正，DLC 得到了封锁正组、开放反组触发脉冲的必要条件，但不是充分条件。此时系统的制动过程仍和有环流系统一样，首先要进行的还是本组逆变，为此，在这一阶段，仍不能封锁正组的触发脉冲。在本组逆变终了，电枢电流因接近零而断续时，DLC 才应准备封锁正组的触发脉冲，所以电枢回路电流是否接近零值是 DLC 封锁正组的另一条件，图 5-32 中的零电流检测信号 U_{io} 正是起这种作用的。待判明电枢回路电流已断续后，等待 $2 \sim 3ms$ 后，才能真正封锁正组触发脉冲，设置封锁等待时间的目的是确保电流已断续。否则，电流连续时就封锁触发脉冲会使工作于逆变状态的整流装置因失去触发脉冲而发生逆变颠覆故障。正组触发脉冲被封锁的同时，还不能立即开放反组的触发脉冲，需要 $5 \sim 7ms$ 的延时时间才能开放反组的触发脉冲，这一时间常称为开放延时时间。设置开放延时时间的目的是由于已封锁组最后被触发导通的晶闸管应完全关断后才能开放另一组的触发脉冲，否则会造成两组都有导通的晶闸管而形成环流。此外，为了保证系统的工作安全，DLC 中还有相应的保护环节，确保在任何时候都不能同时开放两组的触发脉冲。

逻辑无环流可逆调速系统由于没有环流存在，所以可省去限制脉动环流的电抗器，同时也避免了附加的环流损耗，整流变压器和晶闸管整流装置的容量可以被充分利用。与有环流系统相比，其因换流失败而造成的事故率大为降低。但由于系统设置了正反向切换过程中的延时控制，从而造成了电流换向死区，在一定程度上影响了过渡过程的快速性。

本系统能否正常工作的关键环节是逻辑控制装置，即 DLC，在设计和调整时要充分加以注意，除各信号间应有正确的逻辑运算关系以外，还应保证装置的可靠性及较强的抗干扰能力。

2. 全数字式 PWM 可逆直流调速系统简介

全数字式 PWM 可逆直流调速系统的 PWM 功率变换器一般采用如图 5-27 所示的 H 形

结构，控制一般采用专用单片机，系统的硬件结构如图 5-33 所示。

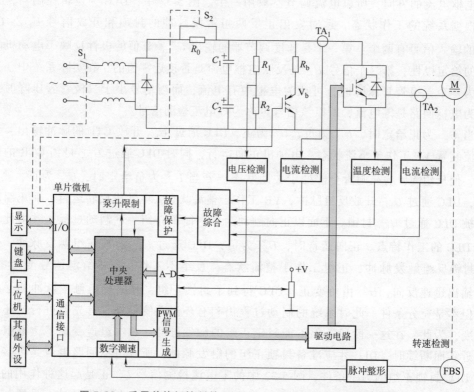

图 5-33　采用单片机控制的 PWM 可逆直流调速系统硬件结构

三相交流电经不可控整流变换为恒定直流电，再经直流 PWM 功率变换器得到可调的直流电压，给直流电动机的电枢供电。需要检测的信号包括恒定直流电源侧的电压、电流，以控制泵升电压及过电流保护；检测功率变换装置的开关器件的工作温度，以提供过热保护；检测电枢电流，以得到电流反馈信号；检测电动机的转速，以提供速度反馈信号。其中，电压、电流和温度的测量值通常为模拟量，所以要经过 A-D 转换器转换成数字量送入单片机。转速检测多用增量式旋转编码器，得到与转速成正比的脉冲信号经专用接口送入单片机，经特定算法后得到转速信号。全数字式 PWM 可逆直流调速系统通常使用专门开发的单片机，配有专门开发的故障诊断及处理软件，可对电压、电流和温度等信号进行实时监测和分析比较，一旦发生故障立即采取相应保护措施，并提供报警信号。此外，专用单片机配有较完善的人机接口及通信接口，本身带有 A-D 转换器、通用 I/O 等，还开发了诸如数字测速和 PWM 信号生成功能，可大大简化控制系统的硬件结构。

仿照模拟量转速、电流双闭环直流调速系统的结构，全数字式 PWM 可逆直流调速系统通常也采用双闭环结构，用软件实现对电枢电流及转速的控制。转速调节器 ASR 和电流调节器 ACR 大多采用 PI 算法，当对系统动态性能要求较高时，还可采用各种非线性或智能化的控制算法。为提高系统的抗干扰能力，采用硬件、软件相结合的方法对输入信号进行滤波。

速度给定有多种方式：电位器模拟电压给定，需经 A-D 转换器转换后输入单片机；计数器或数字拨盘直接数字给定；上位监控系统通过网络直接发出运行命令和转速给定等。

思考与练习

5-1 常见的直流调速方案有哪些？各自的特点是什么？

5-2 开环系统和闭环系统有何区别？举例说明之。

5-3 某直流调速系统，其高、低速静特性如图 5-34 所示，$n_{01} = 1450\text{r/min}$，$n_{02} = 145\text{r/min}$。试问系统达到调速范围有多大？系统允许的静差率是多少？

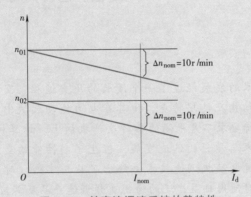

图 5-34 某直流调速系统的静特性

5-4 为什么加负载后电动机的转速会降低？它的物理概念是什么？

5-5 什么叫作调速范围？调速范围与静差率及额定负载下的转速降落有什么关系？如何在满足静差率要求的前提下扩大调速范围？

5-6 某直流闭环调速系统的调建范围 $D = 1:10$，额定转速 $n_{\text{nom}} = 1000\text{r/min}$，开环转速降落 $\Delta n_{\text{nom}} = 100\text{r/min}$，如果要求系统的静差率由 15% 减到 5%，则系统开环放大系数如何变化？试画出组成这种系统的原理图。

5-7 某闭环直流调速系统的速度可调节范围是 1500~150r/min，静差率 $s = 5\%$，问系统允许的速降是多少？如果开环系统的稳态速降是 80r/min，则闭环系统的开环放大系数应有多大？

5-8 电流截止负反馈的作用是什么？截止电流应如何选择？堵转电流应如何选择？

5-9 积分调节器在调速系统中为什么能消除稳态偏差？在系统稳定运行，积分调节器输入偏差电压 ΔU 为零时，为什么它的输出电压仍能继续保持一定值？

5-10 在转速、电流双闭环系统中，ASR 和 ACR 各起什么作用？在稳定运行时，ASR 和 ACR 的输入偏差是多少？

5-11 何谓稳态环流？稳态环流有几种？各自的名称是什么？

5-12 配合控制的有环流系统是如何消除直流平均环流的？

5-13 逻辑无环流系统为什么能消除环流？

第6章
交流电动机调速控制系统

　　交流电动机调速技术的发展经过了一个漫长的历史过程。交流电动机，特别是交流异步电动机因其独到的结构及使用特点，使其在电力拖动领域中占有最大的份额，被广泛应用于对调速性能指标要求不是很高的各种生产机械上。计算机技术、电力电子技术、自动控制理论等相关技术与学科的迅速发展，催生了高性能的交流调速技术的问世。本章介绍了各种传统的交流电动机调速技术并给出了应用实例，对高性能的现代交流调速方法做了扼要的分析，对使用日益广泛的通用变频调速产品及其应用简要介绍。图6-0所示为港口门型装载机及其电气控制。

图 6-0　港口门型装载机及其电气控制

6.1　概述

　　在电力拖动的发展历史中，交流与直流拖动两种方式始终并存于工业领域中。伴随着科学发展的进程，它们相互竞争、互相促进，推动着电力拖动的历史发展。

在19世纪80年代以前，利用蓄电池的直流拖动系统占统治地位。80年代后，随着三相交流电的传输方式的应用而产生笼型交流电动机，并很快在工业生产及生活的各个领域获得广泛的应用，并占据主要地位。之后，随着科学技术的发展对拖动系统提出更高的要求，特别在精密机械、冶金、国防工业等方面，要求调速精度高、调速范围宽、动态性能好、起动及制动灵活等，交流拖动则难以满足以上要求。因此，过去很长一段时期，在高性能的电力拖动系统中，一直是直流拖动占主要地位。然而交流电动机与直流电动机相比，也具有很多明显的优点：

1）交流电动机不存在因换向器而带来的转速限制，也不存在电枢元件的电抗电势的限制，其转速可以设计得比相同功率的直流电动机转速更高。

2）直流电动机的电枢电流、电压的值受换向器的限制，交流电动机则无此限制，它的单机功率可以比直流电动机更大。

3）直流电动机换向器制作工艺复杂、成本较高，相比之下，交流电动机则成本低廉。

4）直流电动机高速范围运行时，由于受电抗电势的限制，一般最高速时（额定转速以上），输出功率仅能达到额定功率的80%，交流电动机则不受限制，它可以在高速时以额定功率运行。

5）交流电动机无换向器之类经常需要保养维护的部分，维护方便、经久耐用。在某些恶劣的环境下（如易燃易爆场合），也能可靠地工作。

6）直流拖动系统的控制设备复杂、机构庞大、造价高。而某些简单的交流调速系统（特别是现在大量使用的变频器的调速系统）则具有设备简单、造价低、维护方便的优点。

7）现在大量使用的交流变频调速系统在节能方面有明显优势（特别是在风机、泵类拖动方面的应用中）。

由于交流拖动具有以上优点，过去在一些性能要求不高的场合，仍有人愿意采用交流电动机调速，以求得体积小、系统简单、维护方便的优点。近年来，随着电子计算机的发展及新型电力电子器件的出现，交流变频调速方式获得广泛的应用，许多过去采用直流电动机的精密设备、大型设备，现在改用交流拖动的例子不胜枚举。目前已有逐渐取代直流拖动的趋势。

6.1.1　交流调速的基本原理

1. 交流电动机的机械特性

由电动机学可知，异步电动机有以下公式：

（1）转差率 s

$$s = \frac{n_1 - n}{n_1} \tag{6-1}$$

式中　n_1——同步转速；

n——电动机转速。

（2）电动机角速度 Ω

$$\Omega = \frac{2\pi}{60}n \tag{6-2}$$

（3）同步角速度 Ω_1 与速度 n_1

$$\Omega_1 = \frac{2\pi}{60}n_1 = \frac{2\pi f_1}{p}, \quad n_1 = \frac{60 f_1}{p} \tag{6-3}$$

式中　f_1——定子频率；

　　　p——定子极对数。

（4）传给转子的功率（又称电磁功率）P_M 与机械功率 P_{MX}、转子铜耗 P_{M2} 之间的关系

$$P_{MX} = P_M - P_{M2} = (1-s)P_M \tag{6-4}$$

（5）电动机的平均转矩 M_{CP}

$$M_{CP} = \frac{P_{MX}}{\Omega} = \frac{P_{MX}}{\frac{2\pi n}{60}} = \frac{P_{MX}}{(1-s)\frac{2\pi n_1}{60}} = \frac{P_M}{\Omega_1} \tag{6-5}$$

（6）电磁功率与转差率 s 的关系

$$P_M = \frac{m_1 U_1^2 \dfrac{r_2'}{s}}{\left(r_1 + c_1 \dfrac{r_2'}{s}\right)^2 + (X_1 + c_1 X_{20}')^2} \tag{6-6}$$

式中　m_1——定子相数；

　　　U_1——输入电压；

　　　r_1——定子电阻；

　　　r_2'——折算后的转子电阻；

　　　c_1——系数$\left(c_1 = 1 + \dfrac{r_1 + jX_1}{r_m + jX_m} \approx 1 + \dfrac{X_1}{X_m}\right)$；

　　　X_1——定子漏感抗；

　　　X_{20}'——折算后的转子漏感抗。

（7）异步电动机的每相等值电路　异步电动机的每相等值电路如图6-1所示。

图中　$r_1 + jX_1$——定子绕组阻抗；

　　　r_1——定子绕组电阻；

　　　X_1——定子漏感抗；

　　　r_m——激磁电阻；

　　　X_m——激磁电抗；

　　　$\dot{I}_0$——激磁电流（$\dot{I}_0$ 为 I_1 的复

　　　　数表示，$|\dot{I}_0| = I_0$）；

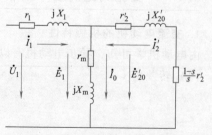

图6-1　异步电动机的每相等值电路

$\dot{U}_1$——定子绕组每相端电压（$\dot{U}_1$为 U_1 的复数表示，$|\dot{U}_1| = U_1$）；

$\dot{E}_1$——主磁通在定子绕组产生的电动势；

r_2'——折合后的转子绕组电阻；

X_{20}'——折合后的转子漏抗；

$\dot{I}_2'$——折合后的转子电流；

$\dfrac{1-s}{s}r_2'$——模拟在转差率为 s 时，电动机实际机械负载的模拟电阻；

$\dot{E}_{20}'$——折合到定子侧的转子每相电动势。

由以上各公式可解出

$$M_{CP} = \frac{m_1 P U_1^2 \dfrac{r_2'}{s}}{2\pi f_1 \left[\left(r_1 + c_1 \dfrac{r_2'}{s} \right)^2 + (X_1 + c_1 X_{20}')^2 \right]} \qquad (6\text{-}7)$$

此公式即是异步电动机的 $M\text{-}s$（转矩-转差率）关系式。它的 $M\text{-}s$ 曲线如图 6-2 所示。

由于 $s = (1-n)/n_1$，故图上曲线只要将 s 轴的刻度改变即获得异步电动机的机械特性曲线，其中 $s = 0$ 点对应同步转速 n_1。图上曲线中 $s = 0 \sim 1$ 段称电动状态曲线。曲线峰值 M_m 称为最大转矩，对应的点 s_k 称为临界转差率。$s > 1$ 段曲线称制动状态曲线。$s < 0$ 段曲线称发电状态曲线，电动机转速高于同步转速运行时，处于发电状态。

最大转矩 M_m，由 $\dfrac{\mathrm{d}M_{CP}}{\mathrm{d}s} = 0$ 解出

$$M_m = \frac{1}{2c_1} \frac{m_1 P U_1^2}{2\pi f_1 \left[r_1 + \sqrt{r_1^2 + (X_1 + c_1 X_{20}')^2} \right]} \qquad (6\text{-}8)$$

因 $r_1^2 \ll (X_1 + c_1 X_{20}')^2$，近似得

$$M_m = \frac{1}{2c_1} \frac{m_1 P U_1^2}{2\pi f_1 \left[r_1 + (X_1 + c_1 X_{20}') \right]} \qquad (6\text{-}9)$$

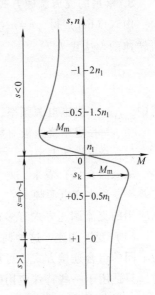

图 6-2 异步电动机的 $M\text{-}s$ 曲线与机械特性曲线

2. 生产机械的转矩特性

实际的生产机械是多种多样的，一般可将其分成三大类：恒转矩负载、恒功率负载和风机泵类负载。

（1）恒转矩负载 它的负载转矩是一个恒值，不随转速 n 而改变。它又可以分为两类：

1）摩擦类负载。它的特性曲线如图 6-3a 所示，位于 1、3 象限。例如，传送带、搅拌机、挤压机、采煤机、运输机和机床的进给机构等，属于这类负载。

2）位能恒转矩负载。它的特性曲线如图 6-3b 所示，位于 1、4 象限。例如，提升机、起重机和电梯等，属于这类负载。它的负载转矩是由重物重力造成的。

（2）恒功率负载 这类负载的转矩 M 与转速 n 成反比，它的特性曲线如图 6-3c 所示，例如车床的切削负载、轧钢、造纸机和塑料薄膜生产线的卷取等。

（3）风机泵类负载 这类负载的转矩随转速的增大而改变，可表示为 $M = kn^2$，例如风机、水泵和油泵等。它的特性曲线如图 6-3d 所示。

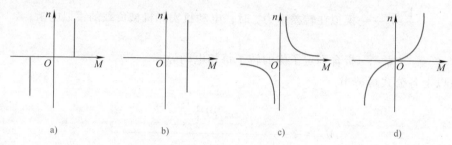

图 6-3　生产机械的负载特性

3. 常用的交流调速方式及性能比较

由式（6-1）得，$n = n_1(1-s)$；由式（6-3）得，$n_1 = 60f_1/p$。由此两式解出异步电动机转速的表达式为

$$n = \frac{60f_1}{p}(1-s) \tag{6-10}$$

式中　f_1——供电电源频率；

　　　p——定子绕组极对数；

　　　s——为转差率。

从式（6-10）看来，对异步电动机的调速有 3 个途径：改变定子绕组极对数 p，改变转差率 s 和改变电源频率 f_1。对于同步电动机，转差率 $s = 0$，它只具有两种调速方式。实际应用的交流调速方式有多种，仅介绍如下几种常用的方式。

（1）变极调速 这种调速方式只适用于专门生产的变极多速异步电动机。通过绕组的不同的组合连接方式，可获得二、三、四极 3 种速度，这种调速方式的速度变化是有级的，只适用于一些特殊应用的场合，只能达到大范围粗调速的目的。

（2）转子串电阻调速 这种调速方式只适用于绕线转子异步电动机，它是通过改变串联于转子电路中的电阻的阻值的方式，来改变电动机的转差率，进而达到调速的目的。由于外部串联电阻的阻值可以多级改变，故可实现多种速度的调速（原理上，也可实现无级调速）。但由于串联电阻消耗功率，所以效率较低。同时这种调速方式的机械特性较软，只适合于调速性能要求不高的场合。

（3）串级调速 这种调速方式也只适用于绕线转子异步电动机，它是通过一定的电子设备将转差功率反馈到电网中加以利用的方法，在风机泵类等传动系统上广泛采用。这种调速方法常用以下几种结构方案：

1）电气串级方式。结构如图 6-4a 所示，MA 的转子电流经 UR 整流后供给直流电动机 M，由 M 拖动的交流发电动机 G 将转差功率反馈给交流电源。调节直流电动机 M 的励磁电流即可改变 MA 的转速。这种方式具有恒转矩特性。

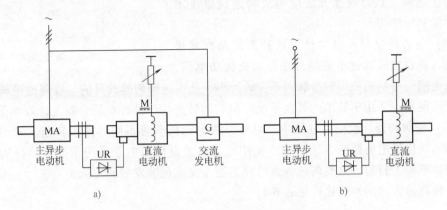

图 6-4 电气、电动机串级调速

2）电动机串级方式。结构如图 6-4b 所示，它是由 MA 的转子电流经 UR 整流，供给与 MA 同轴连接的直流电动机 M，经 M 变为机械能施加到主异步电动机轴上的一种调速方式。调节 M 的励磁电流即可进行调速。这种方式具有恒功率特性。

3）低同步串级调速方式。结构如图 6-5a 所示，它是在图 6-4a 中接入逆变器和变压器，代替原来的直流电动机 M 和交流发电动机 G，将转子电源变为与电源同频率的交流电，使转子侧的转差功率反馈给电源的一种调速方式。调节有源逆变器晶闸管的控制角即可进行调速。

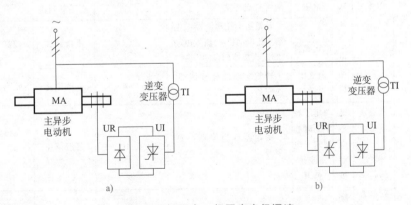

图 6-5 低同步、超同步串级调速

4）超同步串级调速。结构如图 6-5b 所示，它是在图 6-4b 中接入一个交-交变频器（或交-直-交变频器），代替原来的不可控整流器和逆变器。通过控制交-交变频器（或交-直-交变频器）的工作状态，可以使电动机在同步速度上下进行调速。与低同步串级调速相比，其变流装置小、调速范围大、能够产生制动转矩。

（4）调压调速 结构如图 6-6 所示，这是将晶闸管反并联连接，构成交流调速电路，通过调整晶闸管的触发角，改变异步电动机的端电压进行调速。这种方式也改变转差率

s，转差功率消耗在转子回路中，效率较低，较适用于特殊转子电动机（如深槽电动机等高转差率电动机）中。通常，这种调速方法应构成转速或电压闭环，才能实际应用。

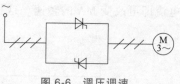

图 6-6　调压调速

（5）电磁调速异步电动机　这种系统是在异步电动机与负载之间通过电磁耦合来传递机械功率的，调节电磁耦合器的励磁可调整转差率 s 的大小，从而达到调速的目的。该调速系统结构简单，价格便宜，适用于简单的调速系统。但它的转差功率消耗在耦合器上，效率低。

（6）变频调速　改变供电频率，可使异步电动机获得不同的同步转速。采用变频机对异步电动机供电的调速方法已很少使用。目前大量使用的是采用半导体器件构成的静止变频器电源。目前，这类调速方式已成为当今交流调速发展的主流。

各种调速方式的性能比较见表 6-1。

表 6-1　交流电动机各种调速方式的性能比较

交流电动机种类与调速方式			调速设备	调速比	调速性能	效　率	适用负载
异步电动机 $n=\dfrac{60f_1}{p}(1-s)$	调极对数 p	笼型电动机 变换极对数	变极笼型电动机,极数变换器	2：1~4：1	不平滑调速	高	恒转矩 恒功率
	调转差率 s	笼型电动机 调定子电压	定子外接电抗器,电磁调压器,晶闸管交流调压器	1.5：1~10：1	不平滑调速 或平滑调速	低	恒转矩
		转差离合器调速	电磁转差离合器调速	3：1~10：1	平滑调速	低	恒转矩
		线绕转子电动机 调转子电阻	多级或平滑变阻器晶闸管直流开关	2：1	不平滑调速 或平滑调速	低	恒转矩
		机械式串级调速	转差功率经整流器供电给直流电动机-交流发电动机组,再反馈回电网	2：1	平滑调速	较高	恒转矩
		电气串级调速	转差功率经硅整流器-逆变器向电网反馈	2：1~4：1	平滑调速	较高	恒转矩
	调定子频率 f_1 或转子频率 f	笼型电动机 调定子频率同时控制定子电压或转差率	变频器或整流器与逆变器	2：1~10：1	平滑调速	高	恒转矩 恒功率
		绕线转子电动机 调转子频率同时控制转子电压	变频器或整流器与逆变器	4：1~20：1	平滑调速	高	恒转矩 恒功率
同步电动机	调定子频率 f_1	定子频率与定子电压协调控制	变频器或整流器与逆变器	2：1~10：1	平滑调速	高	恒转矩

4. 交流电动机的起动

从图 6-7 的交流电动机的机械特性曲线可知，电动机的起动转矩必须大于电动机静止时的负载转矩，即 $M_0 > M_n$，否则电动机无法进入正常运转工作区。

交流电动机的起动电流一般为额定电流的 4~6 倍，直接起动时，过大的起动电流会使电源电压在起动时下降过大，影响电网其他设备的正常运行。另一方面还会造成电路及电动机中产生损耗，引起发热。

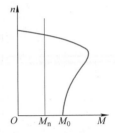

图 6-7　机械特性曲线

起动时一般要考虑以下几个问题：

1）应有足够大的起动转矩和适当的机械特性曲线。

2）尽可能小的起动电流。

3）起动的操作应尽可能简单、经济。

4）起动过程中的功率损耗应尽可能小。

普通交流电动机在起动过程中为了限制起动电流，常用的起动方法有 3 种：串联电抗器起动、自耦变压器降压起动和星形-三角形换接起动。

目前，采用电力电子器件构成的"交流电动机软起动系统"以其良好的性能和平稳的起动过程而获得了迅速的发展和应用。

对于较高级的调速系统，可采用矢量控制方式的电流、速度双闭环系统，能获得令人满意的动、静态性能。

5. 交流电动机的制动

具有良好制动性能的交流电动机可使电动机迅速停止、准确停车，提高了控制性能。

交流电动机的制动方式：机械制动，它采用机械抱闸装置；电磁力制动，采用电磁铁抱闸或电磁摩擦片等装置；电力制动，它主要由电气系统的控制装置使电动机本身产生制动力。

电力制动无机械磨损问题，减少维修工作量，因此获得广泛的应用，它又可分为回馈制动、反接制动和能耗制动 3 类。

（1）回馈制动　从图 6-2 的机械特性曲线可知，当电动机的转速 $n > n_1$ 时，电动机处于发电工作状态，此时电动机不消耗电能，而将能量反馈到供电系统中来，因此称为回馈制动，又称再生发电制动。

然而异步电动机电动状态运行时，转子转速 n 永远小于同步转速 n_1，以转差率 $0 < s < 1$ 旋转，这是电动机工作状态的正常情况。怎样才能做到 $n > n_1$ 呢？式（6-3）可知，$n_1 = 60f_1/p$，改变供电频率 f_1 可获得不同的机械特性曲线。

下面以供电频率减小为 1/2 的情况说明制动过程：由式（6-7）和式（6-8）可知，当 f_1 减小为 1/2 时（供电电压不变），同步转速为 n_2。M-s 曲线在 M 轴方向放大 2 倍，分别画出同步转速为 n_1、n_2（$n_1 = 2n_2$）的 M-s 曲线如图 6-8a、b 所示，当利用式（6-1）变换为 M-n 曲线后，将两条曲线叠加在一起，如图 6-8c 所示。

若原来电动机以电源频率 f_1 运行，电动机处于曲线的 A 点（负载为 M_Z），此时如果将电源频率改为 f_2，因机械惯性原因，转速不能突变。此时运行状态将转至第二象限的 B 点，曲线处于 $s < 0$ 的发电机工作状态。于是电动机处于回馈制动状态，电磁转矩为负值，

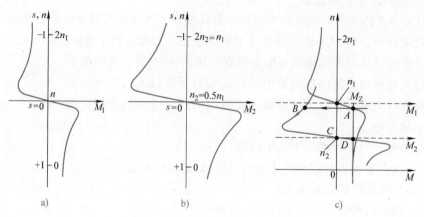

图 6-8 回馈制动特性曲线

与转动方向相反为制动转矩。转速迅速下降，由 B 点运行至 C 点，达到同步转速 n_2，电动机转为电动状态。在负载转矩 M_Z 的作用下继续减速到 D 点稳定运行。于是，整个制动过程结束。

以上是利用降低电源频率的方法获得回馈制动。同理，利用改变电动机极对数的方法也可以获得回馈制动。制动的机理与上类同。

（2）反接制动　众所周知，若将三相交流电动机的三相交流电任意调换两个接线（改变相序，即换相），即可使电动机反转。这是因为，换相后产生了反向旋转磁场。也就是说，将正在旋转中的电动机的输入电源线任意调换两个接线后，即可产生与旋转方向相反的制动转矩。这就是所谓的反接制动。

如图 6-9a 所示，电动机正转时的机械特性为 1、4 象限的曲线，反转时机械特性曲线为原点对称的 2、3 象限曲线。

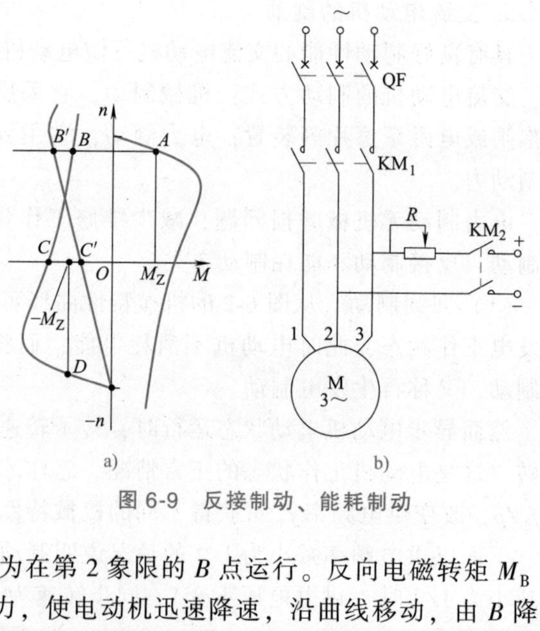

图 6-9 反接制动、能耗制动

原来电动机正转时稳定在 A 点运行，当改变输入电源的相序后，电动机换为在第 2 象限的 B 点运行。反向电磁转矩 M_B 与负载转矩 M_Z 共同作用于电动机产生制动力，使电动机迅速降速，沿曲线移动，由 B 降至 C 点，电动机转速 $n=0$。由于此时电动机的电磁转矩 $|-M_C|$（绝对值）大于负载转矩 $|-M_Z|$（绝对值），故电动机不会停止，而是沿着曲线继续反向加速到 D 点后稳定运行。如果在 BC 段运行期间，设法加大负载使其大于 $|-M_C|$，那么电动机会停止在 $n=0$ 处，不再反转（这种方法很少使用）。如果在 C 点及时断开电源，电动机也会停止，常常使用速度继电器来作为 C 点速度的检测以控制停车时间。

如果异步电动机是绕线转子式，在转子回路串入电阻后，得到的反转时的机械特性曲线是 2、3 象限的另一条曲线。可在反转同时，再在转子回路串入电阻，则电动机由 A 点转至 B' 点制动运行。当达到 C' 点时，由于 $|-M_Z|$ 大于电磁转矩（绝对值），故电动机不再反向起动。这是反接制动的另一种停车方法。

（3）能耗制动　能耗制动的电路如图 6-9b 所示。断开 KM_1，电动机脱离交流电源，同时使 KM_2 接通，将直流电源通入定子绕组，此时电动机内部立即建立一个静止的固定磁场，而电动机仍以原来的速度 n 转动，转子导体切割固定磁场的磁力线。可以判断出此时产生的电磁转矩方向与原来电动机转动的方向是相反的，产生制动转矩，这即是所谓的能耗制动状态。

由电动机学原理可知，参照图 6-1 的等效电路，经化简后得到能耗制动的等效电路如图 6-10 所示。

图中，$\dot{I}_1$ 为直流励磁电流的等效交流电流；X'_{20} 为折合到定子侧的转子漏抗；r'_2 为折合到定子侧的转子电阻；X_m 为电动机励磁电抗；$\dot{I}_0$ 为产生气隙磁通势的励磁电流；$\dot{E}_{20}$ 为折合的转子感应电动势。

此时电动机能耗制动时的电磁转矩表达式为

$$M = \frac{m_1(I_1 X_m)^2 \dfrac{r'_2}{s}}{2\pi f_1\left[\left(\dfrac{r'_2}{s}\right)^2 + (X'_{20}+X_m)^2\right]} \tag{6-11}$$

由 $\dfrac{\mathrm{d}M}{\mathrm{d}s}=0$ 可求出最大电磁转矩为

$$M_m = \frac{m I_1^2 X_m^2}{2\pi f_1(X_m+X'_{20})} \tag{6-12}$$

式（6-11）与电动时的式（6-7）相比，二者具有相同的形式，但由于电动时 $s=(n_1-n)/n_1$，而能耗制动时 $s=n/n_1$，所以能耗制动时的机械特性曲线如图 6-11 所示。

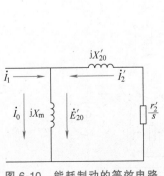

图 6-10　能耗制动的等效电路

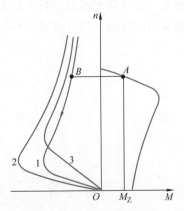

图 6-11　能耗制动曲线

曲线的最大转矩取决于制动电流 I_1，图中曲线 2 的电流大于曲线 1 的电流，对于转子绕线式电动机，当增大转子电阻 r_2 时，曲线也可以改变形状。图中曲线 3 的转子电阻大于曲线 1 的电阻。对于曲线 1 的能耗制动过程，按 $A—B—O$ 的方向运行。

6.1.2 开环调速与闭环调速

由式（6-7）可知，当只改变转子电阻 r_2 时，获得曲线如图 6-12 所示（见本章 6.2 节的推导），其中，$r_2 < r_2' < r_2''$。此时对某一固定的负载 M_1，可获得较宽范围的调速状态。此工作方式即前面介绍的绕线转子异步电动机串电阻调速工作方式的基本原理。具体电路如图 6-13 所示，同时改变 3 个变阻器 RP 的动臂可改变转子电阻 r_2，而获得不同的转速。此种工作方式的机械特性很软，当负载增大时，电动机转速会迅速降低。

这种只靠输入量对输出量进行控制的工作方式称开环控制。开环控制在某些特定的工作状态下是可以良好工作的。比如串电阻调速方式如能保证负载的变化不大，完全可以正常使用。在某些机械设备上，比如线材生产线的卷取部分，利用其较软的机械特性会具有良好的保护特性。

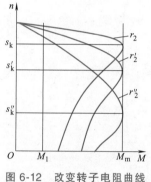

图 6-12　改变转子电阻曲线

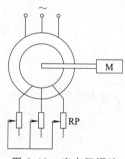

图 6-13　串电阻调速

要想获得优良的动、静态工作特性，必须采用闭环控制。如在上述开环系统电动机轴上增加一台直流测速发电机，它发出的直流电压与电动机的转速成正比，再增加一个控制器及相应电路，即可组成图 6-14 所示的速度闭环控制系统。输入量 $R(t)$ 为设定转

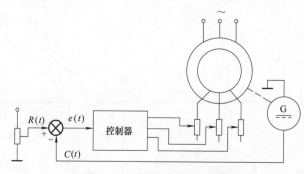

图 6-14　速度闭环控制系统

速，$C(t)$ 为测量出的实际电动机转速，二者偏差 $e(t)$ 作为控制量。当系统稳定时，反馈的转速 $C(t)$ 基本与给定转速相等，偏差 $e(t)$ 很小或为 0（这与采用控制器的结构有关）。当电动机的负载增大造成转速降低时，$C(t)$ 下降使 $e(t)$ 上升，控制器调整变阻器使其阻值减小，使转速上升，直到 $C(t)$ 基本与 $R(t)$ 相等，构成新的平衡状态。调速结果是基本维持电动机的转速不变。这种闭环调速系统，可以使系统的机械特性变硬，获得良好的调速性能。

一般来讲，具有无级调速功能的系统，都可用测速元件构成闭环系统。但偏差 $e(t)$ 与控制输出间一般要加入调节器，才能获得比较理想的动、静态性能。常用的调节器有 PI、PID 调节器等。对于高级调节器的设计，需要扎实的控制理论知识及工业自动化专业的知识才能完成。

除了上面用测速元件构成的速度闭环系统外，采用位置检测元件，也可构成位置闭环系统。例如，跟踪天线的角位移控制、轧钢设备"活套装置"的位置控制及水塔的水位控制等。

6.1.3 交流调速的应用及发展

1. 交流电动机调速的应用

由于交流电动机具有便于使用、维护方便和易于实现自动控制等特点，在节能、减少维修、提高质量、保证质量等方面具有明显的经济效益，尤其是交流变频技术已日趋完善，所以交流电动机的应用领域不断扩大，在拖动系统中占有明显的优势。目前，交流调速在国防、钢铁、造纸、卷烟、高层建筑供水、建材及机械行业的军事装置、机床/金属加工机械、输送与搬运机械、风机与泵类设备、食品加工机械、水泵设备、包装机械、化工机械、冶金机械设备中得到了广泛的应用。

可以说，交流调速的应用是不胜枚举的，它已渗透到国民经济的各个领域。

2. 近代交流调速的发展

近代交流调速技术正在不断地丰富发展，下面仅举几个方面。

（1）脉宽调制（PWM）控制　脉宽调制型变频器具有输入功率因数高和输出波形好的特点，近年来发展很快。已发展的调节方法有多种，如 SPWM、准 SPWM、Delta 调制 PWM、矢量角 PWM、最佳开关角 PWM、电位跟踪 PWM 等。从原理上讲，有面积法、图解法、计算法、采样法、优化法、斩波法、角度法、跟踪和次谐波法等。

电流型变频器也逐渐开始采用 PWM 技术。

（2）矢量变换控制　矢量变换控制是种新的控制理论和控制技术，其控制思想是设法模拟直流电动机的特点对交流电动机进行控制。为使交流电动机控制有和直流电动机一样的控制特点，必须通过电动机的统一理论和坐标变换理论，把交流电动机的定子电流 I_1 分解成磁场定向坐标的磁场电流分量 I_{1M} 和与之垂直的坐标转矩电流分量 I_{1T}，再经过控制量的解耦后，交流电动机便等同于直流电动机进行控制了。它又分为磁场定向式矢量控制和转差频率式矢量控制等，这类系统均属高性能交流调速系统。

（3）磁场控制　这种方法是完全从磁场的观点控制电动机的，仅介绍以下几种：

1）磁场轨迹法。一般交流电动机产生圆形旋转磁场。开关型逆变器只能获得步进磁场，180°和120°导通型只能获得六角形旋转磁场。若以这些已有的电压矢量为基础，组成主矢量、辅矢量，分别以不同的导通时间进行 PWM 调制求矢量和，则可获得许多中间电压矢量使之形成逼近圆形旋转磁场。改变旋转磁场的速度即可调节电动机的转速。

2）异步电动机的磁场加速法。磁场加速法是防止励磁电路发生电磁暂态现象对电动机定子电流进行控制的一种方法。由于消除暂态现象，故可提高电动机的响应速度。首先计算出的保持励磁电流无暂态过程的定子电流控制条件，利用这一条件来控制电动机。

（4）计算机控制　近年来，交流调速领域已基本形成以计算机控制为核心的新一代控制系统，并从以往的部分采用计算机的模拟数字混合控制向着全面采用计算机的全数字化方向发展，除具有控制功能外，还具有多种辅助功能，如监视、显示保护、故障诊断、通信等功能。采用的计算机本身性能也不断提高，已由 8 位机转向 16 位、32 位方向发展。

（5）现代控制理论的应用　现代控制理论在交流调速中的应用发展很快：

1）自适应控制：磁通自适应、断续电流自适应等模型参考自适应控制。

2）状态观测器：磁通观测器、转矩观测器。

3）二次型目标函数优化控制、变结构控制、模糊控制等。

（6）直接转矩控制　其特点是不需要坐标变换，将检测来的定子电压和电流信号进行磁通和转矩运算，实现分别的自调整控制。它可以构成以转矩磁通的独立跟踪自调整的一种高动态的 PWM 控制系统。

（7）多变量解耦控制　利用现代控制理论中的多变量解耦理论将电动机中的多变量、强耦合非线性系统解耦成两个单变量系统，再用古典控制理论进行调节器的设计。

交流调速的技术发展方兴未艾，各种新型控制技术的发展正在深入的研究之中。交流调速的发展分支也有多个方向，比如，变频调速、串级调速、双馈电动机、无换向电动机、交流步进拖动系统、交流伺服系统、高频化技术、无功补偿和谐波抑制、节能技术等。

6.2　简易交流调速及控制电路

6.2.1　变极调速

这种调速方式适用于特殊构造的变极电动机。这种电动机具有多种结构的绕组，通过改变绕组的极对数以达到调速的目的。目前常用的变极电动机可获得 2~4 种转速。

1. △—丫变换（△/2丫联结）

这种调速接法具有恒功率特性，适用于各种机床上。这种调速原理如图 6-15 所示。以 A 相绕组为例，A 相绕组分为两部分，当 A_1—X_1 与 A_2—X_2 顺次串联时（见图 6-15a）产生的磁场为 4 极。当两个绕组并联后（见图 6-15b）产生的磁场为 2 极。图 6-15c 中当三相交流电接入到 1、2、3 端时为 △ 联结，为低速接法。图 6-15d 中 1、2、3 接在一起，三相交流电接入到 4、5、6 端时为 Y 联结，可获得较高的同步转速。

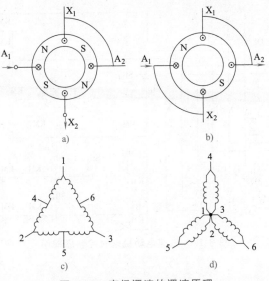

图 6-15　变极调速的调速原理

一个应用的电路如图 6-16 所示。

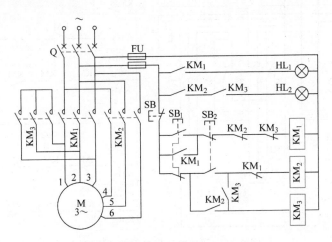

图 6-16　变极调速的一个应用的电路

按下 SB_1 时，KM_1 闭合，电动机低速运行。按下 SB 后，电动机停机。按下 SB_2 时，KM_2、KM_3 动作，定子绕组接成 2Y 联结，电动机高速运行。

2. 三速、四速变换

如上所述的双速电动机如果再增加一组双速绕组，则成为四速电动机，例如，12/8/6/4 极四速接法。如果增加一组单速绕组，则成为三速电动机。国产 YD 系列电动机电气控制原理图如图 6-17、图 6-18 所示（电路略去部分辅助电路，如热继电器保护、转换开关、电流表、电压表等）。图 6-17 所示为三速电动机电气控制原理图，图 6-18 所示为四速电动机电气控制原理图。一般变极电动机目前只有最多四速产品。若将此种调速方式作为粗调，再加以其他调速方式作为细调，即可获得性能优良的宽调速控制系统。

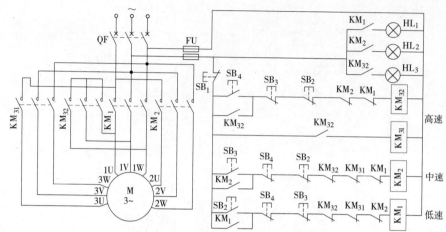

图 6-17　三速电动机电气控制原理图

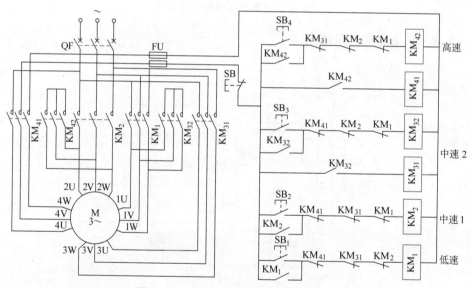

图 6-18　四速电动机电气控制原理图

6.2.2　串电阻调速

根据式（6-7），取 $c_1 = 1$ 时，有

$$M = \frac{3PU_1^2 \dfrac{r_2'}{s}}{2\pi f_1 \left[\left(r_1 + \dfrac{r_2'}{s} \right)^2 + (X_1 + X_{20}')^2 \right]} \qquad (6\text{-}13)$$

可得 $M\text{-}s$ 曲线，它表示了电磁转矩与转差率的关系。曲线的转折点 s_k 称临界转差率，对应的转矩称最大转矩 M_m。

对式（6-13）求导，令 $\dfrac{dM}{ds}=0$，解出

$$s_k = \frac{r_2'}{\sqrt{r_1^2 + (X_1 + X_{20}')}} \tag{6-14}$$

将 s_k 代入式（6-13），解出

$$M_m = \frac{\dfrac{3}{2}PU_1^2}{2\pi f_1 \left[r_1 + \sqrt{r_1^2 + (X_1 + X_{20}')^2} \right]} \tag{6-15}$$

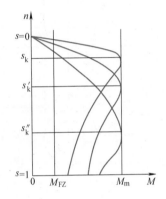

图 6-19　串电阻的特性

由式（6-14）和式（6-15）可知，改变转子电阻 r_2，即可改变临界转差率 s_k，而最大转矩 M_m 不变。这时转速 n 的机械特性曲线是图 6-19 中的一族曲线。实际应用电路可通过转子电路中串联附加电阻的方法改变 r_2，阻值越大，机械特性越软；转差率越大，速度也越低。这种方法依靠增加转差率的方法来降低转速，损耗主要消耗在附加电阻上，效率低。

从特性曲线可知，这种工作方式的调速适用于固定负载（见图 6-19 中的 M_{FZ}）或负载变化不大的场合。负载较轻时，串联的电阻值应做大范围的改变，才能获得较宽的调速范围。而负载较重时，则需要较小变化范围的串联电阻即可，但应小于 M_m 才能工作。而负载太轻时，则不能用这种方法调速。实际应用时某些起动电路也采用类似的电路。它们之间的区别是调速用变阻器必须满足长期运行的条件，应采用较大功率的电阻，以防止温度太高。

图 6-20 是实用控制电路的例子，它由主令控制器和磁力控制盘等组成。图中，KM_2 用于电动机接通正序电源，使电动机正转；KM_1 用于电动机反转；KM_3 用于接通制动电磁铁 YA。电动机转子电路共串有七段电阻（$R_1 \sim R_7$），其中，R_7 为常串电阻，用于软化机械特性，其余各段电阻的接入与切除分别由 $KM_4 \sim KM_9$ 来控制。YA 控制电磁抱闸，断电时抱住电动机轴使电动机停转。

主令控制器本身有 12 对触点，按一定的不同组合对电动机进行控制。此电路用于重物的提升与下放。

主令控制器可完成：①停止（位置 0）
　　　　　　　　　　②上升（位置 1、2、3、4、5、6）
　　　　　　　　　　③下降（位置 C、1、2、3、4、5）

停止时，KA 吸合为电动机起动运行做好准备。

上升时，位置 1~6 分别短接外电阻获 $R_1 \sim R_6$ 得不同的提升速度。

下降时，处于位置 C 时，KM_2 吸合，电动机正转，但 KM_3 没接通，YA 失电使电动机

不能转动，这是一种准备档。

当处于下降位置1时，KM$_2$吸合，电动机正转产生向上提升力，KM$_3$吸合打开抱闸，此时如负载较重，重力大于提升力，电动机处于倒拉反转制动状态，以低速下放重物（如负载较轻仍为上升状态）。

当处于下降位置2时，与"1"状态基本相同，只是串联的电阻值大些，可获得比"1"快些的下降速度。

当处于下降位置3、4、5时，KM$_1$吸合，电动机反转，可获得更快的下降速度。

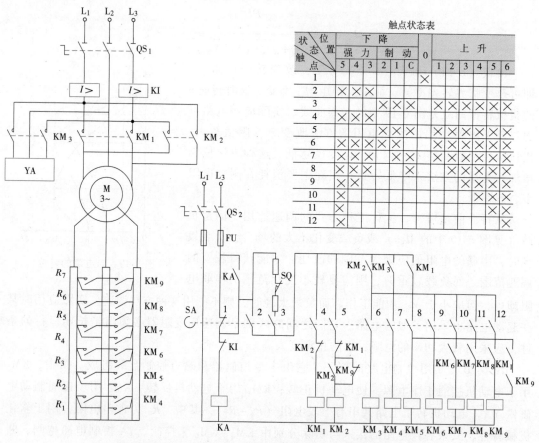

触点状态表

状态触点 \ 位置	下降 强力 5	4	3	制动 2	1	C	0	上升 1	2	3	4	5	6
1							×						
2	×	×	×										
3				×	×	×		×	×	×	×	×	×
4	×	×	×										
5				×	×					×	×	×	×
6	×	×	×										×
7	×	×	×	×	×								×
8	×	×	×									×	×
9	×									×	×	×	×
10	×											×	×
11	×												×
12	×												×

图 6-20　绕线转子电动机外接电阻调速实用控制电路的例子

6.2.3　串级调速

参照图 6-1 的定子等值电路，可推导出转子等值电路（见图 6-21）。图 6-21a、b 分别对应转子视为不动和转动的情况。根据电机学原理可知，当交流电动机加上交流电压后，产生旋转磁场，它与转子绕组相交连，并在转子绕组中产生感应电动势 E_2 和感应电流 I_2。感应电流与旋转磁场相互作用产生转动转矩，根据电磁定律，有

$$M = C_M \Phi I_2 \cos\varphi_2 \tag{6-16}$$

式中 Φ——气隙中磁通量；

$\quad C_M$——转矩常数；

$\quad \cos\varphi_2$——称为转子电路功率因数，$\cos\varphi_2 = r_2/\sqrt{r_2^2 + X_2^2}$；

$\quad X_2$——转子漏感抗。

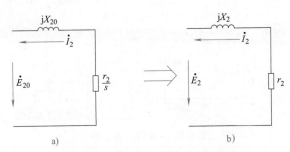

图 6-21 异步电动机转子等值电路

设电动机转子不动时产生的感应电动势为 E_{20}（漏感抗为 X_{20}），当电动机以转差率 s 旋转起来以后，有 $E_2 = sE_{20}$、$X_2 = sX_{20}$，转子电流为

$$I_2 = \frac{E_2}{\sqrt{r_2^2 + X_2^2}} = \frac{sE_{20}}{\sqrt{r_2^2 + (sX_{20})^2}} = \frac{E_{20}}{\sqrt{\left(\dfrac{r_2}{s}\right)^2 + X_{20}^2}} \tag{6-17}$$

当转子串联电阻时，$\dfrac{r_2}{s} \gg X_{20}$，$X_{20}$ 可以忽略，由式（6-17）解出

$$s = \frac{I_2 r_2}{E_{20}} \tag{6-18}$$

由于 I_2 近似与负载成正比，故对于固定负载，I_2 为常数，则转差率与转子电阻值成正比，调整转子电阻的大小，即调整了转差率，进而得到不同的转速。这就是串电阻调速的原理。

对于转子串电阻调速电路，若不串联电阻，而引入一频率和转子电动势 sE_{20} 频率相同、相位相反的外加电动势 E_f（见图 6-22），则存在

$$I_2 = \frac{sE_{20} - E_f}{\sqrt{r_2^2 + (sX_{20})^2}} \tag{6-19}$$

由于反相位 E_f 的串入，引起转子电流 I_2 的减小，而电动机产生的转矩 $M = C_M \Phi I_2 \cos\varphi_2$，$I_2$ 的减小使电动机的转矩值也相应减小，出现电动机转矩值小于负载转矩值状态，稳定运行条件被破坏，使电动机降速，s 增大。由上式可知，I_2 回升，M 亦回升，一直到电动机转矩与负载转矩相等时，达到新的平衡，减速过程结束。当系统平衡时，$M = M_{fz}$，而 C_M、Φ、$\cos\varphi_2$ 基本为常数，因此对固定负载，M_{fz}、I_2 为常数。若忽略式（6-19）分母中 sX_{20}，则有 $sE_{20} - E_f =$ 常数。于是改变外加电动势 E_f 就可改变转差率 s，使电动机转速发生变化，从而实现调速。这就是低同步（或称次同步、欠同步）串级调速的基本原理。若引入的 E_f 与转子电动势同相位，则可得到高于同步转速的调速，这就

是超同步串级调速的基本原理。按串级调速的原理，可构成多种串级调速的方案。

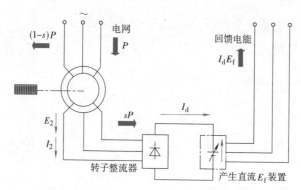

图 6-22　串级调速原理

下面仅介绍两种常用的方案。

（1）晶闸管低同步串级调速　串级调速转子回路外加电动势 E_f 的频率是要与转子的转动频率同步的，这在技术实现上有困难。采用整流器将转子电动势变为直流电动势，再在直流回路中串入另一直流电动势，即可间接解决这一问题。这种串级调速系统的组成如图 6-23 所示。系统中的附加反电动势 E_f 采用晶闸管器件组成的有源逆变电路来获得。改变 β 角的大小即调节了逆变电压值，也就改变了直流附加电动势 E_f 的值。转差功率 P_S 只有小部分在转子绕组本身的 r_2 上消耗掉，大部分被串入的附加电动势 E_f 所吸收，回馈到电网中。这种调速系统具有恒转矩特性。

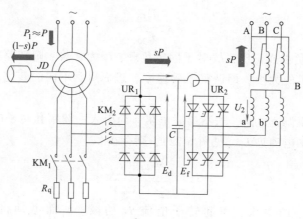

图 6-23　串级调速系统的组成

（2）晶闸管超同步串级调速　在图 6-23 中，若将转子侧 UR_1 的 6 个整流二极管改为晶闸管，则组成晶闸管超同步串级调速电路。前面讨论的晶闸管低同步串级调速电路中，由于转子侧 UR_1 的 6 个整流二极管只能吸收转差功率，而由直流侧将其传送出去，回馈给电网。这属于低同步串级调速工作方式。当转子侧采用可控的变流器后，若使 UR_1 工作在逆变状态，UR_2 工作在整流状态，它可将电功率输出给电动机，此时，电动机轴上的输出功率 $P_M = P_1 + P_S$，满足这个表达式的转差率 s 必须为负值，即电动机在超过同步速度的速度下运行（见图6-2的曲线），实现超同步串级调速。这种系统可实现以下4种工作状态：

1）高于同步速度的电动状态（超同步状态）。UR_1工作在逆变状态、UR_2工作在整流状态，转速高于同步速度，电动机定子和转子同时输入功率。

2）低于同步速度的电动状态。UR_1工作在整流状态，UR_2工作在逆变状态，转速低于同步转速，电动机的运动方向与转矩方向相同，电动机定子输入功率，转子功率回馈到电网中。

3）高于同步速度的再生制动状态。此工作状态转子功率传送方向与低同步串级调速的方向是相同的，UR_1工作在整流状态，UR_2工作在逆变状态，只是电动机的转动方向与转矩方向相反。它一般是由运行过程中的状态转换而形成的。电动机定子和转子功率同时回馈到电网中。

4）低于同步速度的再生制动状态。此工作状态转子功率传送方向与超同步串级调速的方向是相同的，UR_1工作在逆变状态，UR_2工作在整流状态，只是电动机的转动方向与转矩方向相反。它一般是由运行过程中的状态转换而形成的。此时，由电动机的定子将电能回馈到电网中，转子向电动机输入功率。

以上介绍的只是这种串级调速系统的基本原理，实际的主回路和控制回路是很复杂的。

6.2.4 滑差电动机调速（电磁转差离合器调速）

图6-24所示为滑差电动机调速系统原理结构图，它主要由异步电动机电磁转差离合器、晶闸管整流电源等组成。通过改变晶闸管的控制角可以方便地实现改变输出直流电压的大小。转差离合器包括电枢和磁极两部分，两部分之间无机械联系，全靠磁力连接。电枢受异步电动机驱动旋转，称为主动部分；磁极与负载相连接，称为从动部分。磁极上绕有励磁绕组，由晶闸管整流电源供电，而产生磁场。当电动机带动杯形电枢旋转时，就会切割从动部分磁极产生的磁场的磁力线而感应出涡流，这涡流与磁场作用产生电磁力，此电磁力所形成的转矩将使磁极跟着电枢同方向旋转，从而带动工作机械旋转。在

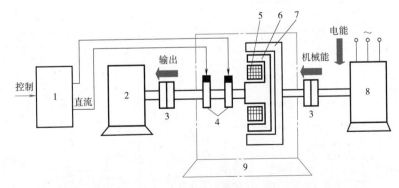

图6-24 滑差电动机调速系统原理结构图

1—晶闸管整流器 2—负载 3—联轴器 4—集电环 5—励磁绕组
6—磁极 7—电枢 8—异步电动机 9—电磁转差离合器

某一负载下，磁极的转速由其磁场的强弱而定。因此，只要改变励磁电流的大小，即可改变负载的转速。

转差离合器调速系统的机械特性就是离合器本身的机械特性，如图 6-25 所示。（理想）空载转速不变，随负载转矩的增加，转速下降很快，机械特性很软。为提高调速性能，一般这类系统都要加入速度反馈，构成速度闭环系统。具有速度反馈的调速系统及机械特性曲线如图 6-26 所示。这种调速系统控制简单、价格低廉，广泛应用于一般的工业设备中。目前我国已有系列产品供应市场，功率为 $0.6\sim30\mathrm{kW}$。

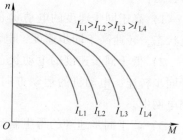

图 6-25 离合器本身的机械特性

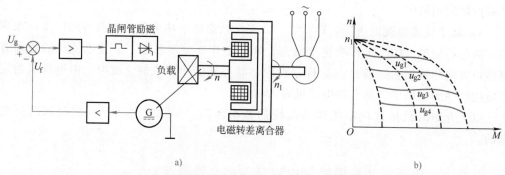

图 6-26 具有速度反馈的调速系统及机械特性曲线

a）具有速度反馈的调速系统 b）机械特性曲线

图 6-27 所示为上海电气成套厂生产的 JZT_1 型转差离合器电动机控制装置。它是由给定比较环节、单结晶体管触发电路、晶闸管整流电路等所组成。

晶闸管整流电路采用单相半波整流，输出给转差离合器的励磁绕组，并用压敏电阻

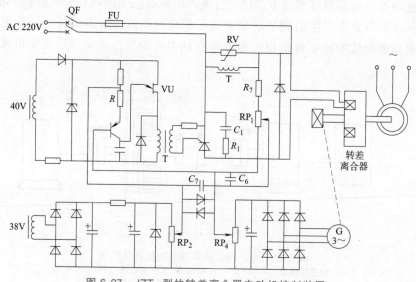

图 6-27 JZT_1 型的转差离合器电动机控制装置

RV 及 C_1、R_1 进行过电压保护。给定电压由电源变压器提供的 38V 电压整流后提供，它由电位器 RP$_2$ 上获得。测速发电机上输出的速度反馈信号经整流电路后由电位器 RP$_4$ 提供。晶闸管触发脉冲的移相角受给定与反馈信号的差控制，构成速度闭环系统。R_7、RP$_1$、C_6、C_7 等元件构成电压微分反馈电路，它的作用是改善系统的动态特性。

6.2.5 调压调速

由异步电动机的 M-s 关系式（式（6-7）、式（6-8））可知，转矩与定子绕组电压 U_1 的二次方成正比。如图 6-28 所示，对于恒定负载 M_1，当降低输入电压 U_1 时，可得到不同的转速；对于风机类负载，M_2 可得到较大的调速范围。

实际调速系统的主回路可由自耦变压器、可控饱和电抗器或晶闸管调压器组成。图 6-29 所示为采用晶闸管调压器的调速系统的主回路。

由图 6-28 所示特性曲线可见，这类系统的调速范围很小。为了在恒定负载下得到较大的调速范围，可加大转子绕组的电阻值，它的机械特性曲线如图 6-30 所示（参考图 6-12 的曲线）。这种电动机是特殊制造的，称为交流力矩电动机。它的转子电阻值较大，机械特性较软。

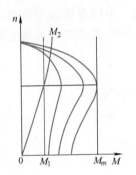

图 6-28 调压调速的特性曲线

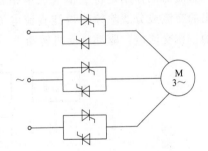

图 6-29 采用晶闸管的交流调压系统

为了克服调速范围小或机械特性较软的缺点，可采用带转速负反馈的闭环系统，这种调速系统如图 6-31 所示。图中，G 为测速发电动机，TG 为晶闸管触发电路，ST 为速度

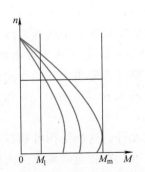

图 6-30 高转子电阻的调速曲线

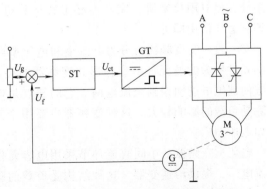

图 6-31 带转速负反馈的闭环调速系统

调节器。当负载增大时，造成转速下降，由于速度负反馈的作用，可使定子绕组电压 U_1 增大，最后转速回升到近似于原来的设定转速；当负载减小时，调整的过程类同。负反馈的结果使系统的机械特性变硬。

6.3 变频器原理

6.3.1 变频器的各种分类

由公式 $n = 60f_1(1-s)/p$ 可知，改变定子频率 f_1 可实现调速。若将三相 50Hz 交流电经过一定电子设备变换，得到不同频率的三相交流电，则可使普通交流电动机获得不同的转速，这种设备我们称之为变频器。变频器可分为交—交和交—直—交两种方式。

交—交变频器主要用于特大功率、较低频率的运行，应用面较窄，没形成通用的大量使用的产品。而交—直—交变频器目前已形成通用产品，大量使用，这里主要介绍这种形式的变频器。

变频器的基本组成如图 6-32 所示，它由整流器、中间直流环节、逆变器、控制电路组成。整流器的作用是将三相（或单相）交流电整流成直流。中间直流环节负责将整流器输出的交流成分滤除掉获得纯直流电提供给逆变器。逆变器再将直流电重新逆变为新频率的三相交流电，驱动电动机转动。

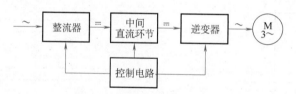

图 6-32　变频器的基本组成

控制电路由检测电路、信号输入、信号输出、功率晶体管驱动、各种控制信号的计算等部分组成，目前这部分环节主要由高性能的计算机与外部设备组成的计算机控制系统完成。它具有控制功能强、硬件简单的特点，目前的变频器实际是一个高性能的计算机系统，但对用户来讲，完全不必了解计算机系统的内部组成，只把它看成一个黑箱，了解它怎样使用即可。

交—直—交变频器可分为电流型和电压型两类。电流型变频器的中间直流环节采用电感元件作为滤波元件。这种形式变频器的突出优点是当电动机处于再生发电状态时，可方便地把电能回馈到交流电网。它的缺点是电感元件对整流器输出电压的交流成分的滤除受负载的影响较大。这种变频器主要用于频繁加减速的大容量传动中，目前应用面不如电压型广。

电压型变频器的中间直流环节采用电容元件作为滤波元件，这种结构可获得平稳的直流电压，提供给逆变器。这种结构受负载的影响较小，可在空载至满载范围内均获得良好的性能。它的缺点是当电动机处于再生发电状态时，回馈到直流侧的电能难于回馈到交流电网，必须采用相应的电路加以解决。

6.3.2 PAM 方式

电压型交—直—交变频器又可分为脉冲幅值调制（Pulse Amplitude Modulation，PAM）方式和脉冲宽度调制（Pulse Width Modulation，PWM）方式。图 6-33 所示为 PAM 变频器

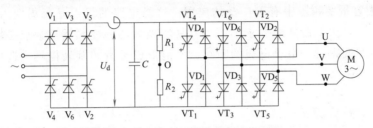

图 6-33 PAM 变频器的主回路原理图

的主回路原理图。晶闸管 $V_1 \sim V_6$ 组成全控桥式整流电路，得到直流电 U_d，电容 C 起滤波作用。控制 $V_1 \sim V_6$ 的导通角可获得不同幅值的 U_d。门极关断（GTO）晶闸管 $VT_1 \sim VT_6$ 与二极管 $VD_1 \sim VD_6$ 组成逆变器，$VD_1 \sim VD_6$ 又称续流二极管，它主要完成在电动机电感作用下，电路过渡过程中的续流电路通路作用。R_1、R_2 的阻值相等，目的是取得 U_d 的中间电位点。PAM 工作方式分 120°导通和 180°导通两种方式。这里以 120° 为例，每个 GTO 晶闸管导通时间为120°。对 VT_1 和 VT_4 组成的 U 桥臂来讲，首先 VT_1 导通 120°，隔60°后，VT_4 导通 120°，再隔 60°后，VT_1 导通 120°，以此方式周而复始工作。此时用示波器观察 U、O 两点间的电压波形，如图 6-34a 所示。另两个桥臂的工作方式也是相同的，只是导通时间各相差 120°，V、O 两点间的电压波形如图 6-34b 所示，W、O 两点波形如图 6-34c 所示。此时用示波器观察 U、V 两点，V、W 两点，W、U 两点间的波形，分别如图 6-34d ~ f 所示。这种波形的电压加入交流电动机后，由于电动机电感的作用及二极管 $VD_1 \sim VD_6$ 的

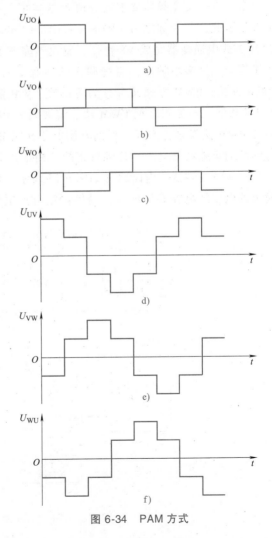

图 6-34 PAM 方式

续流作用，可获得变化的电流，而形成旋转磁场，使电动机转动。

通过控制电路控制 GTO 晶闸管导通的频率即可获得不同同步转速的旋转磁场，达到变频调速的目的。控制整流器晶闸管的导通角，可获得不同整流电压 U_d，进而控制输出三相交流电压的幅值。因此，这种控制方式又称为脉冲幅度调制（PAM）方式。

这种调制方式的逆变器功率器件还可用普通晶闸管（SCR）、功率晶体管（GTR）等组成。但要配以相应的辅助电路方可。

PAM 在大容量变频器中有着广泛的应用。这类电路的优点是每周期内开关次数少，电路相对简单、对功率器件的要求不高、容易实现大功率变频器。缺点是输出电压的谐波成分较高，在低频时，由于电流的断续，不能形成平滑的旋转磁场，造成电动机的蠕动步进现象。

6.3.3 PWM 方式

交—直—交变频器要求具有两个基本特点：输出电压的频率可变和输出电压的幅度可变。因此，一般称之为 VVVF（Variable Voltage Variable Frequency）方式。前面介绍的PAM 方式中逆变器完成 VF 作用，整流器完成 VV 作用。如在变频器环节中，将每个半周的矩形分成许多小脉冲，通过调整脉冲宽度的大小，即可起到 VV 的作用，这即所谓的PWM 方式。PWM 方式又可分为等脉宽 PWM 法、正弦波 PWM（SPWM）法、磁链追踪型 PWM 法、电流跟踪型 PWM 法、谐波消去 PWM 法、优化 PWM 法、等脉宽消谐波法和最佳 PWM 法等多种方式。目前常用的是 SPWM 法。这种方法输出的电压经滤波后，可获得纯粹的正弦波形电压，达到真正的三相正弦交流电压输出的目的。

SPWM 变频器的电路原理如图 6-35 所示。整流器由不可控器件（二极管）组成，它输出的电压经电容 C 滤波后，提供恒定直流电压供给逆变器，逆变器由 6 个可控功率器

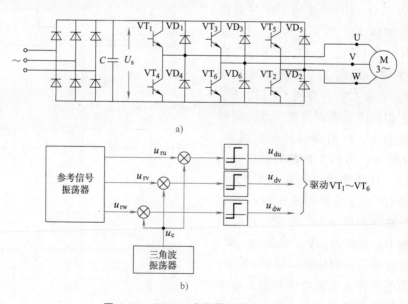

a)

b)

图 6-35　SPWM 变频器的电路原理图

件 GTR 及反并联的续流二极管组成。图 6-35b 是控制回路，参考信号振荡器产生三相对称的 3 个正弦参考电压，其频率决定逆变输出电压的频率，其幅值满足逆变器输出电压幅度的要求，即这个振荡器可发出 VVVF 信号，三角波振荡器能发出频率比正弦波高出许多的三角波信号。这两种信号经电路的作用后，产生 PWM 功率输出电压。在通信技术中，这里的正弦波称之为调制波（Modulating Wave），三角波称为载波（Carrier Wave），输出为 PWM 信号。SPWM 方式可分为单极性式和双极性式。单极性式的同一相两个功率晶体管在半个周期内只有一个工作，另一个始终在截止状态。例如，U 相处于正半周，当 $u_c < u_{ru}$ 时，VT_1 导通；$u_c > u_{ru}$ 时，VT_1 截止，形成正半个周波的 SPWM 波形，如图 6-36 所示。经电动机电感滤波后获得的等效正弦波如图 6-36 中虚线所示。在负半周时，则 VT_4 工作，VT_1 截止，获得负半周的 SPWM 波形。

所谓双极性工作方式，是指输出的半个周期内每个桥臂的两个功率晶体管轮流工作。当 VT_1 导通时，VT_4 截止；当 VT_1 截止时，VT_4 导通。这种工作方式要求三角载波信号也为双极性，其输出波形如图 6-37 所示。采用双极性调制输出的相电压及 UV 两点之间的线电压输出波形如图 6-38 所示。

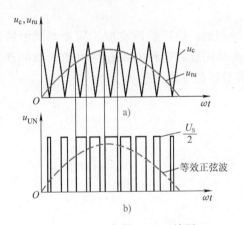

图 6-36 正半周 SPWM 波形

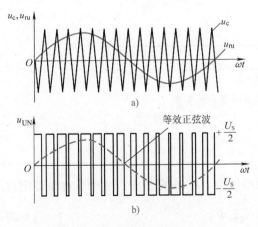

图 6-37 双极性调制输出波形

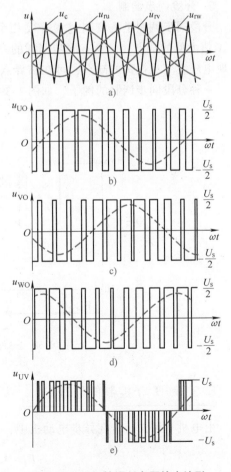

图 6-38 双极性调制电压输出波形

6.3.4 调制比

载波频率 f_c 与调制频率 f_r 之比称为调制比 N，即 $N=f_c/f_r$。在调制过程中，可采用不同的调制比，它可分为同步调制、异步调制和分段同步调制 3 种。

1. 同步调制

同步调制中，N 为常数，一般取 N 为 3 的整数倍的奇数。这种方式可保持输出波形三相之间的对称，这种调制方式最高频率与最低频率输出脉冲数是相同的。低频时会显得 N 值过小，导致谐波含量变大，转矩波动加大。

2. 异步调制

异步调制中，改变正弦波信号 f_r 的同时，三角波信号 f_c 的值不变。这种方式在低频时，N 值会加大，克服了同步调制中的频率不良现象。这种调制方式由于 N 是变化的，会造成输出三相波形的不对称，使谐波分量加大。但随功率元器件性能的不断提高，若能采用较高的频率工作，以上缺点就不突出了。

3. 分段同步调制

分段同步调制是将调制过程分成几个同步段调制，这样就既克服了同步调制中的低频 N 值太低的缺点，又具有同步调制的三相平衡的优点。这种方式有在 N 值的切换点处出现电压突变或振荡的缺点，可在临界点采用滞后区的方法克服。

一种分段同步调制的例子，如图 6-39 所示。

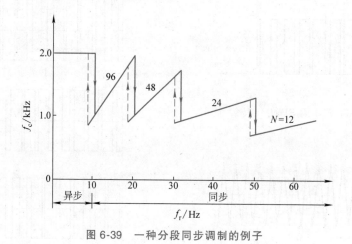

图 6-39 一种分段同步调制的例子

6.3.5 U/f 控制的原理

由电机学可知，若在异步电动机中，外加电压为 U_1，在定子中产生的反电动势则为

$$E_1 = 4.44 f_1 N_1 k_0 \Phi_M \qquad (6-20)$$

式中 f_1——加于定子的电源频率；

N_1——每相绕组的匝数；

k_0——比例系数；

Φ_M——气隙磁通。

由异步电动机的等值电路（见图 6-40）可知

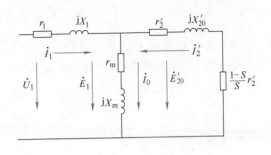

图 6-40 异步电动机的等值电路

$$\dot{U}_1 = -\dot{E}_1 + \dot{I}_1(r_1 + jX_1) \qquad (6\text{-}21)$$

式中 r_1——定子绕组的内阻；

X_1——定子漏抗。

式（6-21）中的 $\dot{E}_1$ 为

$$\dot{E}_1 = \dot{I}_0(jX_m + r_m) = \dot{I}_0(j2\pi f_1 L_m + r_m) \qquad (6\text{-}22)$$

式中 L_m——产生气隙主磁通的等效电感；

r_m——激磁电阻（很小）；

$\dot{I}_0$——激磁电流。

当忽略 r_m 时，$\dot{E}_1$ 主要取决于电源频率 f_1，式（6-21）中第二项 $\dot{I}_1(r_1 + jX_1) = \dot{I}_1(r_1 + j2\pi f_1 L_1) = \dot{U}_1'$，此项称为定子阻抗电压降，当频率很高时，$\dot{U}_1$ 的值主要取决于第二项，即 $\dot{U}_1' \approx \dot{I}_1 jX_1$。而 $L_1 \ll L_m$，因此高频时 $\dot{U}_1 \approx \dot{E}_1$。对电动机来讲，气隙磁通 Φ_M 值的大小会影响到电动机的工作效率。若 Φ_M 太小，电动机效率太低，不能充分发挥电动机的作用，造成输出功率不足；当 Φ_M 太大时，电动机磁路处于过饱和状态，电动机发热厉害，损耗太大，造成电动机烧毁。因此，电动机的最佳工作状态应是磁通 Φ_M 处于额定值。因此，一般来讲，式（6-20）中的 Φ_M 为常值时，必须保持 E_1 与 f_1 成比例变化，即 $E_1/f_1 = 4.44 N_1 k_0 \Phi_M =$ 常数。

由以上分析可知，在较高频率时，有 $U_1 \approx E_1$，因此一般通过控制 $U_1/f_1 =$ 常数，即可获得恒定磁通的工作状态，这即所谓的 U/f 控制方式变频器的工作原理。

上述结论在较高频率时是成立的，而随着频率 f_1 的降低，$\dot{I}_1 jX_m$ 减小，造成 $\dot{E}_1$ 不断减小，$\dot{I}_1 jX_1$ 减小造成 $\dot{U}_1'$ 的减小，而此时 $\dot{I}_1 r_1$ 一项则逐渐占有比较大的分量，不能再被忽略，在等式 $\dot{U}_1 = -\dot{E}_1 + \dot{U}_1'$ 中，$\dot{U}_1'$ 则不能再被忽略，此时若增加一定的输入电压，补偿掉子阻抗的电压降，则可保持 E_1/f_1 为常数的关系。这一定子阻抗电压降的补偿即所谓的"转矩提升"。

由等值电路可知：$\dot{I}_0 = \dot{I}_1 + \dot{I}_2'$，$\dot{I}_2'$ 是转子折合到定子侧的电流，它的大小与负载有关。负载增大时，$\dot{I}_2'$ 也增大，一般 $\dot{I}_0$ 为较小的定值，因此 $\dot{I}_1$ 的值取决于 $\dot{I}_2'$ 的大小，即 $\dot{I}_1$ 的大小与负载有关。

$\dot{U}_1' = \dot{I}_1(r_1 + jX_1)$ 中 $\dot{U}_1'$ 的大小与负载有关，当负载增大时，$\dot{I}_2'$ 增大，$\dot{I}_1$ 增大造成 $\dot{U}_1'$ 增大，负载较轻时 $\dot{U}_1'$ 减小。因此，在 U/f 控制中，所谓的转矩提升，是受负载与定子阻抗影响的。只有根据现场实测出负载的大小及定子阻抗才能做到精确补偿。

转子形成的反电动势公式为

$$E_2 = 4.44 f_1 N_2 k_{02} \Phi_M \tag{6-23}$$

机械功率为

$$P_{MX} = m_1(1-s) E_1 I_2' \cos\varphi_2 = m_2(1-s) E_2 I_2' \cos\varphi_2 \tag{6-24}$$

电抗同步频率为 $f_1 = \dfrac{n_1 P}{60}$，转子转速为 $\Omega = (1-s)\dfrac{n_1 2\pi}{60}$。因此，电动机的平均转矩为

$$M_{CP} = \frac{P_{MX}}{\Omega} = \frac{m_2(1-s) I_2' \cos\varphi_2}{(1-s)\dfrac{2\pi n_1}{60}} 4.44 N_2 k_{02} \Phi_M \frac{n_1 P}{60} = k I_2' \Phi_M \cos\varphi_2 \tag{6-25}$$

式中

$$\cos\varphi_2 = \frac{\dfrac{r_2}{s}}{\sqrt{\left(\dfrac{r_2}{s}\right)^2 + X_{20}^2}} \tag{6-26}$$

由式（6-26）可见，当转差率 s 较小时，$\cos\varphi_2 \approx 1$，转矩 M_{CP} 与转子电流 I_2' 成正比（I_2' 为转子折合到定子侧的电流），而 I_2' 与转差率 s 成正比。仿照直流电动机调速系统，一般将这种具有恒磁通调速方式称恒转矩调速。

6.3.6 恒功率变频调速方式

当变频的频率 f_1 达到电动机的额定电源频率（例如 50Hz）时，若再增加 f_1，则不能为保持 $U_1/f_1 =$ 常数的关系，而提高 U_1 了。因为再提高 U_1 就会超过额定电压，这是不允许的，此时只能保持 U_1 为额定值。于是，U_1/f_1 的比值随 f_1 的增高而减小，造成主磁通 Φ_M 不断减小，导致电动机转矩减小，机械特性如图 6-41 所示。这种特性类似于直流电动机的弱磁调速方式，一般称为恒功率调速。

因此，在变频调速过程中，若保持 $U_1/f_1 (E_1/f_1)$ 为常数，则可近似认为其是恒转矩调速方式；若保持 U_1 不变而只改变 f_1，则可近似认为是恒功率调速方式。

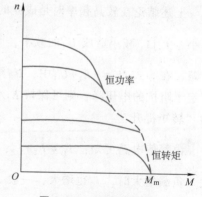

图 6-41 U/f 机械特性

6.3.7 U/f 变频器 U/f 曲线的使用

目前，变频器都具有 U/f 曲线设置功能，如图 6-42 所示。图中，U_e 为最大电压（或额定电压），f_e 为基本频率，f_{max} 为最大频率，U_e、f_e、f_{max} 均可通过软件功能来设置。曲线与纵轴的交点称转矩提升值。

曲线 2 对应空载情况，曲线 3 对应较轻负载情况，曲线 1 对应较重负载情况，曲线 4 和 5 对应风机和泵类负载情况。

f_{max} 为电动机允许的最高工作频率，$f_e \sim f_{max}$ 段曲线的输出电压为额定工作电压 U_e，此段工作属恒功率调速。

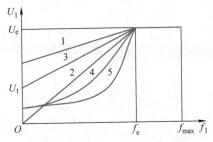

图 6-42 变频器 U/f 曲线设置

由于定子阻抗电压降受负载变化的影响，当负载较重时，可能补偿不足；负载较轻时，可能产生过补偿，造成磁路过饱和。因此，做到准确的补偿是很困难的，这是 U/f 变频器的一个缺点。它的另一个缺点是 U/f 控制只能控制定子电压，对转子转速来讲，属开环控制，因此，很难对转速进行准确的控制。它的第三个缺点是，转速极低时，从机械特性曲线可以看出，由于曲线的弯曲，造成转矩不足。

6.3.8 高功能性 U/f 变频器

针对普通变频器的缺点，经过不断研究改进，提出所谓高功能性 U/f 变频器，富士公司的 FRENIC500G7/G9、三恳公司的 SAMCO—L 均属这类产品。由于各公司产品的处理方法不尽相同，对各种机理进行深入分析已超出本书范围，这里仅对这类变频器做简要介绍。这种变频器采用了磁通补偿器、转差补偿器和电流限制器。

（1）磁通补偿器 在变频器中利用定子电压和电流的检测值，通过一定的运算，计算出励磁电流 $\dot{i}_0$ 和转子电流 $\dot{i}_2'$，在低频运行时，利用这两个量，计算出负载变化引起的转子磁通 Φ_2 的变化量，并控制使其维持基本不变，克服了低转速转矩不足的缺点。

（2）转差补偿器 电动机负载增大后，会使转差率 s 增大，引起 $\dot{i}_2'$ 增大，使转速下降，这是由于这种 U/f 变频器是开环控制造成的。若将电动机加上一个测速机构，并反馈到系统中来构成速度闭环，即可获得较硬的特性曲线。但增加测速机构形成转速闭环，会增加系统的复杂性。通过测出 $\dot{i}_2'$ 的变化量也可对转差率进行补偿，若补偿得当，则不构成速度闭环也可实现精确的速度控制。

（3）电流限制器 转子电流 $\dot{i}_2'$ 的大小会反映出负载转矩的大小。因此，负载 T 超过最大值后，保持 $\dot{i}_2'$ 在最大允许值不变，可使电动机维持在最大转矩 M_{max} 上，实现挖土机特性。在这种特性下，若负载达到 T_{max} 后继续增加，会造成电动机转速迅速下降，以至停止转动，但转子电流却维持在最大允许值不变，不会引起变频器过载跳闸事故。这种功能又称转矩限定功能。

具有以上功能的实验结果如图 6-43 所示（图中带%的参数表示相对于额定值的百分数，M——转矩；T——负载；M_{nom}——额定转矩；T_{nom}——额定负载）。

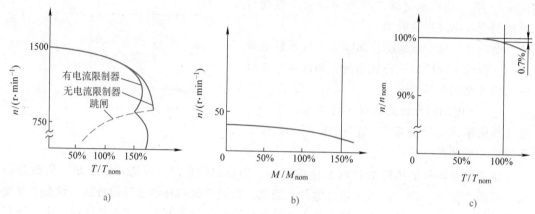

图 6-43　高功能性变频器实验结果

图 6-43a 表示具有电流限制器的机械特性曲线，当负载超过 100% 以后，特性曲线迅速变软，防止跳闸；另一条无电流限制器的曲线中，负载增大引起电流增大，造成跳闸。

图 6-43b 表示低速（$f_1 = 1Hz$，$n = 30r/min$）时的转矩特性，转矩由 0 增至 150%，转速基本不变。

图 6-43c 表示具有转差补偿的机械特性，负载由 0~100% 变化时，转速仅降低 0.7%，获得较硬的特性曲线。

6.3.9　矢量控制变频器

由于直流电动机的构造特点，它的气隙磁通 Φ 与电枢电流 I_d 是分别控制的，控制励磁电流 I_f 即可控制磁通 Φ，由于转矩 $M = K_m \Phi I_d$，故控制 I_d 的大小即可获得不同的电磁转矩。由于 I_d 与 Φ 控制是解耦的，故只控制 I_d 即可控制 M，不影响到 Φ 的改变。所以直流电动机的调速系统控制灵活，容易构成具有较高的动、静态性能的调速系统。

而普通的异步交流电动机只能靠定子电压、频率或转差率的控制来控制电动机的转速。输入量改变时，会影响到磁通 Φ 和转子电流 I_2 同时改变，很难对 Φ 和 I_2 进行独立控制，即它的控制量是耦合在一起的，它构成的调速系统的动、静态性能较差。

若仿照直流电动机的控制，通过一定的运算，将异步电动机的磁场分量和转矩分量分离开，分别控制，而不互相影响的话，也可用交流电动机类似于直流电动机一样构成高性能的调速系统。这即是异步机矢量控制的思路。

普通物理中曾经介绍过，当将一个 U 形磁铁放在支架上，使其旋转后即可构成旋转磁场，若在 U 形磁铁中放一个可转动的"一"字形磁铁，即可带动其旋转起来，这就是同步电动机的转动原理。若将转动部分改为"口"形软铁，也可带动其旋转起来，这就是异步电动机的转动原理。

这一旋转磁场可用旋转磁动势 F 表示（见图 6-44）。它可用以同步速度转动的、外部绕有线圈的铁心通上 I_f 产生，暂称这种电动机为 F 电动机。若采用相互垂直的两个电磁铁 M、T 分别通以 I_m 和 $-I_T$ 电流，使其合成磁动势为 F 的话，那么，这两种电磁铁同时转动起来以后，也可以产生旋转磁动势 F。这里，暂称这种电动机为 MT 电动机。

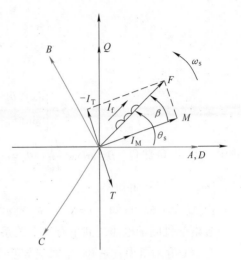

图 6-44 矢量控制原理

若采用互相垂直的两个电磁铁 Q、D，但它们是固定不旋转的，而在其中通以不同相位的正弦交流电 i_Q、i_D 的话，它也可以产生相同的旋转磁动势 F。这里暂称这种电动机为 QD 电动机。

以上就是两相异步交流电动机的原理。

如果采用互成 120° 的 3 个电磁铁 A、B、C，也是固定不动的，使 A 轴与 D 轴重合，在其中通以三相交流电的话，它也可产生相同的旋转磁动势 F，这就是三相交流异步电动机的基本原理。这里，暂称这种电动机为 ABC 电动机。

综上所述，对于旋转磁场为 F 的异步电动机来讲，MT 电动机、QD 电动机、ABC 电动机是等价的，只是所需通入的电流不同而已。对于这几种电动机的等价关系，其实质是坐标变换关系。这里分别称为：两相旋转坐标系 M、T，两相静止坐标系 Q、D 和三相静止坐标系 A、B、C。它们之间的转换关系为：

$$\boldsymbol{I}_{QD} = \boldsymbol{R}\boldsymbol{I}_{ABC} \tag{6-27}$$

$$\boldsymbol{I}_{QD} = \boldsymbol{S}\boldsymbol{I}_{MT} \tag{6-28}$$

由式（6-27）和式（6-28）有

$$\boldsymbol{I}_{ABC} = \boldsymbol{R}^+\boldsymbol{I}_{QD} \tag{6-29}$$

$$\boldsymbol{I}_{MT} = \boldsymbol{S}^{-1}\boldsymbol{I}_{QD} \tag{6-30}$$

其中

$$\boldsymbol{I}_{QD} = \begin{bmatrix} i_D & i_Q \end{bmatrix}^T \tag{6-31}$$

$$\boldsymbol{I}_{ABC} = \begin{bmatrix} i_A & i_B & i_C \end{bmatrix}^T \tag{6-32}$$

$$\boldsymbol{I}_{MT} = \begin{bmatrix} I_M & -I_T \end{bmatrix}^T \tag{6-33}$$

$$\boldsymbol{R} = \sqrt{\frac{2}{3}} \begin{bmatrix} 1 & -\dfrac{1}{2} & -\dfrac{1}{2} \\ 0 & \dfrac{\sqrt{3}}{2} & -\dfrac{\sqrt{3}}{2} \end{bmatrix} \tag{6-34}$$

$$\boldsymbol{R}^+ = \sqrt{\frac{2}{3}} \begin{bmatrix} 1 & 0 \\ -\dfrac{1}{2} & \dfrac{\sqrt{3}}{2} \\ -\dfrac{1}{2} & -\dfrac{\sqrt{3}}{2} \end{bmatrix} \tag{6-35}$$

$$\boldsymbol{S} = \begin{bmatrix} \cos(\theta_S - \beta) & \sin(\theta_S - \beta) \\ \sin(\theta_S - \beta) & -\cos(\theta_S - \beta) \end{bmatrix} \tag{6-36}$$

式中　β——负载角，$\beta = \arctan \dfrac{I_T}{I_M}$，$\theta_S = \omega_S t$；

　　ω_S——旋转角频率。

由式（6-36）可知，$\boldsymbol{S} = \boldsymbol{S}^{-1}$，$\boldsymbol{R}^+$ 表示 $\boldsymbol{R}$ 的广义逆。

各电动机间的电压之间也有以上关系式。

在 MT 电动机中，选择 $-I_T$ 对应异步电动机的转矩电流分量，I_M 对应励磁电流分量，那么，对 I_M 和 $-I_T$ 的控制与直流电动机中控制磁场电流及转子电流的方法是相同的，也是解耦的。现可将矢量变换控制的基本原理进一步概述如下：

由所要求的每相气隙磁通链 $\varPsi_M$ 确定电流 I_M，由气隙磁通链 $\varPsi_M$ 和所要求的转矩 M 确定转子电流 I_T。由 I_M、$-I_T$ 经变换阵 $\boldsymbol{S}$ 确定电流 i_D、i_Q，再经变换矩阵 $\boldsymbol{R}^+$ 得三相电流的瞬时值 i_A、i_B、i_C，控制异步电动机的定子线圈。于是单独调节 I_M 和 $-I_T$ 即得到控制定子三相绕组电流。

矢量控制时的转矩表达式可以写成

$$M_{em} = p \varPsi_M I_T \tag{6-37}$$

式中　p——电动机极对数；

　　$\varPsi_M$——气隙磁通链；

　　I_T——电流的转矩分量。

调节 I_M 相当于调节磁通链 $\varPsi_M$，调节 I_T 相当于调节转子电流，这种控制相当直流电动机的控制。配上适当的结构组成，可获得良好的动静态性能。

若 u_D、u_Q 为定子电压，相当于在 DQ 电动机中的分量。那么，它可由变换阵 $\boldsymbol{R}$ 求出。若 $\varPsi_D$、$\varPsi_Q$ 为定子磁通链在 D、Q 轴的两个分量，它可由下式求出：

$$\varPsi_D = -\left(\int u_D \mathrm{d}t + R_S^* \int i_D \mathrm{d}t \right) \tag{6-38}$$

$$\varPsi_Q = -\left(\int u_Q \mathrm{d}t + R_S^* \int i_Q \mathrm{d}t \right) \tag{6-39}$$

式中　R_S^*——定子每相电阻。

由此可计算出：

$$\varPsi_M = \sqrt{\varPsi_D^2 + \varPsi_Q^2} \tag{6-40}$$

$$\sin(\theta_S - \beta) = \frac{\varPsi_Q}{\varPsi_M} \tag{6-41}$$

$$\cos(\theta_S - \beta) = \frac{\Psi_D}{\Psi_M} \tag{6-42}$$

根据式（6-40）~式（6-42）可构成如图6-45所示的单独控制气隙磁通链 Ψ_M 及转矩 M 的矢量控制系统框图。

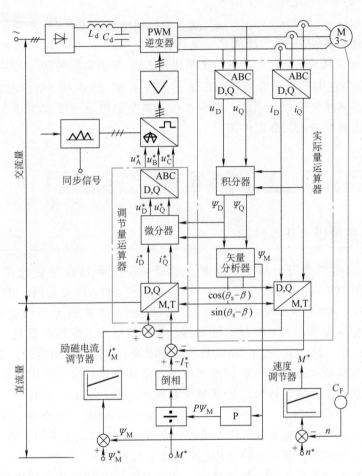

图 6-45 矢量控制系统框图

由检测出的电动机定子电压 u_A、u_B、u_C 和电流 i_A、i_B、i_C 经运算器求出 Ψ_D、Ψ_Q、$\cos(\theta_S - \beta)$、$\sin(\theta_S - \beta)$、I_M 和 $-I_T$ 的实际值。给定 Ψ_M^* 与实际 Ψ_M 相比较，误差 $\Delta\Psi_M$ 经励磁电流调节器计算出励磁电流 I_M^* 给定值，与实际 I_M 相比较后，误差 ΔI_M 送至调节量运算器。

由公式

$$-I_T^* = \frac{-T^*}{P\Psi_M} \tag{6-43}$$

求出 $-I_T^*$，与实际值 $-I_T$ 相比较，得出误差 $-\Delta I_T$ 送到调节量运算器。ΔI_M、$-\Delta I_T$ 经调节器计算后，得出矢量 $\boldsymbol{I}_{MI}$，用公式 $I_{QD} = SI_{MT}$ 计算出 i_D^*、i_Q^*。再利用 Ψ_D、Ψ_Q，由下列公式求出 u_D^*、u_Q^*

$$u_{\mathrm{D}}^* = -\left(\frac{\mathrm{d}\varPsi_{\mathrm{D}}}{\mathrm{d}t} + i_{\mathrm{D}}R_{\mathrm{S}}^*\right) \qquad (6-44)$$

$$u_{\mathrm{Q}}^* = -\left(\frac{\mathrm{d}\varPsi_{\mathrm{Q}}}{\mathrm{d}t} + i_{\mathrm{Q}}R_{\mathrm{S}}^*\right) \qquad (6-45)$$

式中 R_{S}^* ——定子每相电阻。

再经变换矩阵 $\boldsymbol{R}^+$ 求出 u_{A}^*、u_{B}^*、u_{C}^* 这 3 个控制电压，经 PWM 逆变器求出电压控制电动机。此系统具有 $\varPsi_{\mathrm{M}}$、I_{M}、I_{T} 闭环，是具有分别控制 $\varPsi_{\mathrm{M}}$ 和 M 的闭环矢量控制系统，称之为转矩矢量控制系统。若电动机加上测速机 C_{F}，测出实际转速 n 与给定速度相比较后，误差 Δn 经速度调节器计算后，输出量作为转矩 M^* 的输入，则构成速度闭环系统，这种系统称之为速度矢量控制系统。这种系统与典型的电流速度双闭环直流电动机系统是类似的，具有良好的动、静态性能。

6.4 富士变频器

6.4.1 变频器的基本性能

日本富士电动机有限公司生产多种电器产品，变频器也是它的产品之一，其中 FRENIC5000G9S/P9S 是它的最新产品，分为 200V 和 400V 两大系列。200V 表示输出为三相 200V/50Hz，400V 表示输出为三相 380V/50Hz。P9S 系列主要用于风机泵类设备，G9S 用于普通电气设备，比 P9S 过载能力强、驱动转矩大、变频范围宽。配用的电动机从 0.2~280kW 共分 24 个规格。产品除具有高性能的 U/f 式变频功能外，还具有转矩矢量控制功能，根据负载状态计算出最佳控制电压及电流矢量。由于采用了新型的计算机芯片，大幅度地提高了低速区域内的运算精度和运算速度。在 1Hz 运行时，实现了>150% 的起动转矩，1min 过载能力达 150%；0.5s 过载能力达 200%。在全部工作频率范围内可自动提升转矩，转矩的响应速度也较老式产品有所提高。产品还采用了第三代 IGBT 功率器件，效率高、噪声低，新开发的 PWM 控制技术改善了电流波形，可人为地选择 PWM 载波频率以适应环境要求的最小噪声状态。新产品采用新型的高密度集成电路和高效率冷却技术，产品的外形较小。

产品采用发光二极管式数字显示和液晶显示参数的组合式显示面板，采用对话式触摸面板的手工编汇器。显示器具有日语/英语/汉语 3 种显示方式，以适应不同国家的需要。监视器能显示运行频率、电流、电压、线速度、转矩、维护信息等 28 种参量。

变频器还具有自整定功能，可自动设定电动机的特性，以适应高性能运转的要求，具有自动节能功能，能进行节能运转。具有内部速度设定和计时器功能，可实现 7 级速度曲线运转功能，可设定加速时间、运转时间、旋转方向等。

6.4.2 变频器的基本功能及使用操作

变频器的基本功能包括控制功能、显示功能、保护功能和使用环境等。

1. 控制功能

(1) 运转与操作 可用编汇器上的键盘操作起动与停止，也可用外部信号控制起停、正反转、加速、减速、多级频率选择等。

(2) 频率设定 可用键盘操作设定，也可用外接电位器控制频率，还可用 4～20mA 电流信号控制频率。可用外部开关量信号控制电动机按某一频率运行，最多可进行 8 级选择。

(3) 运转状态信号 设备可输出（集电极开路）开关量信号指示系统的运转状态。如"正在运转中""频率到达""频率控制""转矩限制中"等。也可输出模拟信号指示某些状态的参数，如"输出频率""输出电流""输出转矩""负载量"等。

(4) 加速时间/减速时间设定 设定范围为 0.2～3600s，能独立设定 4 种加/减速方式，并能由外部信号选择。能设定加/减速曲线的类型，如直线型、曲线型等。

(5) 上/下限频率 可由软件设定设备运转的上限频率及下限频率。

(6) 频率设定的比例因子 可设定模拟信号（来自外电位器）与输出频率之间的比例关系范围为 0～200%。

(7) 偏置频率 可将 0 频率设定为非 0 的偏置频率，满足特殊系统的要求。

(8) 跳变频率 当系统运转的频率接近机械系统的固有频率时，会产生不良的共振现象，可人工设定跳变频率防止系统在此频率点运行。可设定最多 3 点跳变频率及该点上下的频带宽度。

(9) 瞬间停电再起动 有 4 种选择方式，使正在运转的电动机瞬间停电后能平稳地重新起动运行。

(10) 自动补偿控制 在 U/f 控制方式中，可自动设定转矩提升的补偿量，也可手动进行固定补偿设置。

(11) 第二台电动机设定 通过软件控制的一台变频器可控制两台电动机，可设定第二台电动机的各种参数。

(12) 自动节能运转 对于轻负载运行方式，能自动减弱 U/f 比，减少损失，节能运转。

2. 显示功能

(1) 运转中（或停止时） 显示输出频率、输出电流、输出电压、电动机转速、负载轴转速、线速度、输出转矩等，并能显示单位，在液晶显示画面上能显示测试功能、输入信号和输出信号的模拟值。

(2) 在设定状态时 能显示各种功能码及有关数据。

(3) 出现故障跳闸时 能显示跳闸原因及有关数据。

3. 保护功能

(1) 过载保护 根据设备的热保护电路进行过载保护。

(2) 过电压保护 在系统制动时，当中间直流电路的电压过高时进行保护。

(3) 电涌保护 针对电源线路中因雷击感应而产生的大量脉冲能量，在最短时间将其短路泄放到大地，降低设备各接口间的电位差，从而保护电路上设备的措施。

(4) 欠电压保护 当中间级电路的电压过低时起动保护电路。

（5）过热保护 根据设备内的温度检测元件的信号保护设备。

（6）短路保护 当输出端短路时保护设备。

（7）接地保护 当输出端产生接地过电流时动作。

（8）电动机保护 根据外部的电动机保护信号保护变频器。

（9）防止失速 在加减速中限制过电流。

4. 使用环境

1）用于不含腐蚀性气体、易燃性气体、无灰尘、避免阳光直接照射的场合。

2）环境温度：-10~50℃。

3）环境湿度：20%~90%RH。

5. 使用操作

5.5~7.5kW 的产品，编程器装于前面板上。也可卸下用电缆连接，实行外部控制。前面板可卸下，内部装有外部连接线的接线端子。变频器驱动电动机的电源线及各种控制信号均由此处接出。变频器的各种功能均通过编程器进行软件设置。对设置完成的程序可自动保存在机内不丢失。

图 6-46 所示为富士 FRENIC5000G9S/P9S 的内部接线图，各接线端子的功能如下。

（1）主回路 主回路接线：

1）R、S、T 为主回路电源端子，接三相 380V 交流电，不需要考虑相序。

2）U、V、W 为逆变器输出端子，按正确相序接至三相交流电动机，相序不正确会使电动机反转。

3）P_1、P（+）为内部直流电路中为改善功率因数而外接的直流电抗器，一般应用可将其短路。

4）P（+）、DB 为外接制动电阻端子。对于 ≤7.5kW 逆变器产品，自带制动电阻。如由于制动功率不够，可将内部电阻拆去，接入较大功率的电阻。

5）P（+）、N（-）对于 ≥11kW 的逆变器内部无内装制动电路和制动电阻，应在两端子上接入外部制动电路（制动单元），而将制动电阻接至此制动单元上。

制动单元与制动电阻具有富士的配套产品出售。

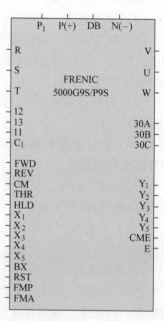

图 6-46 变频器内部接线图

6）E 是设备的接地端子，它可保护人身安全与减少噪声。

（2）控制回路 控制回路接线：

1）13、12、11 为频率控制输入端。可用一个 1~10kΩ 的电位器接入，调节可控制变频器输出频率的高低。

2）C_1、11 为频率控制输入端。它为电流信号输入端，当电流变化为 4~20mA 变化时，输出频率可以从 0Hz 变化到最高频率。

3）FWD、CM 为正转/停止输入端。为开关量输入，即当两端子接通时，电动机正转；断开时，电动机停止运行。

4）REV、CM 为反转/停止输入端，开关量输入。

5）THR、CM 为外部报警信号输入端，开关量输入。

6）HLD、CM 为自保选择信号。接通后可保持 FWD 或 REV 的信号，开关量输入。

7）RST、CM 为异常恢复。接通后可解除变换器的故障状态恢复正常运行。

8）BX、CM 为自由运转信号输入。接通后，变频器切断输出，电动机自由运转。

9）$X_1 \sim X_5$、CM 是变换器的多种用途的开关量输入信号。

10）FMA、11 此两端子接入直流电压表，可指示变频器的输出。可由软件设定为频率、电位、转矩、负载率等。

11）FMP、11 此两端子输出脉冲信号，按入频率计，可监视变频器频率输出。

12）$Y_1 \sim Y_5$、CME 为变频器输出信号端，它具有多种功能（由软件设定）。为晶体管集电极开路输出信号。

13）30A、30B、30C 为变频器的报警信号输出触点。

图 6-47 所示为编程器外形图。分为 3 部分区域：上部显示窗为采用发光二极管（LED）的数字显示，它可显示多种数据；中部显示窗为液晶显示器，它可显示文字、模拟波形等，主要用于编程；下部为各种操作按键，包括编程（PRG）、运行（RUN）、停止（STOP）、复位（RESET）、功能/数据（FUNC/DATA）、增量（∧）、减量（∨）、切换（≫）等。

使用编程器可对变频器进行各种功能的软件设置，对变频器进行运转控制、运行状态显示等。

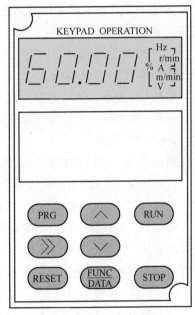

图 6-47 编程器外形图

6.4.3 常用功能的软件设计及举例

G9S/P9S 变频器共有 95 种软件代码功能，分为基本功能、输入端子（1）、加速/减速时间控制、第二电动机控制、模拟监视输出、输出端子、输入端子（2）、频率控制 LED 和 LCD 监视器、程序运行、特殊功能（1）、电动机特性、特殊功能（2）等多种功能。现仅对几种常用功能加以介绍。

1．"00"功能

频率命令（FREQ COMND）

进入功能后，选"0"则输出频率由编程器设定，采用增量（∧）、减量（∨）可进行调整。选"1"则外部电位器经端子（11、12、13）的输入电压控制输出频率。选"2"则由 11、12、13 端的输入电压与 C_1、11 端输入电流联合控制输出频率。

2．"01"功能

运行操作（OPR METHOD）

进入功能后，选"0"，用编程器上的 RUN 和 STOP 按键控制电动机运行。选"1"用 FWD 或 REV 端信号控制电动机运行。

例：选"00"：0：30、"01"：0，通电后按 RUN 键，则电动机以 30Hz 的频率旋转；按 STOP 键后，电动机停止。

选"00"：1、"01"：1，则在通电后短接 RWD、CM 后，电动机正转，调整外接电位器的动臂则可控制电动机为不同的转速。

3. "02" 功能

最高频率（MAX Hz）

可设定频率范围为 50~400Hz（G9 型）或 50~120Hz（P9 型），对普通电动机只能设定为 50Hz，若有特殊需要可提高至 60~70Hz。对更高频率的运行受电动机各方面参数的限制，是不允许的，只能用于专门设计的高速电动机才能使用。

4. "03" 功能

基本频率 1（BASE Hz-1）

采用 U/f 变频方式，当基本频率小于最大频率时，0~基本频率一般为 U/f 方式运转，基本频率~最大频率一般为恒压变频输出方式。

5. "04" 功能

额定电压 1（RATED V-1），又称最大输出电压。

设定增量为 1V，出厂设定值为 380V。

例："02"：60，"03"：50，"04"：380，输出曲线如图 6-48 所示。机器运行后调整输入电位器，0~50Hz（对二极电动机 0~3000r/min）段为 U/f 变频方式，属于恒转矩工作方式；50~60Hz（3000~3600r/min）段为恒压变频方式，属于恒功率工作方式。类似直流电动机的额定转速下恒转矩调速，额定转矩以上弱磁调速的恒功率调速方式。

6. "07" 功能

转矩提升 1（TRQ BOOST1），选择数据范围：0~20.0。

1）数据为 0.0，表示变频器根据电动机的参数自动补偿转矩提升值。

2）数据为 0.1~1.5，表示非线性（递减）曲线（见图 6-49）。

3）数据为 2.0~20.0，表示线性提升曲线。数据 0.1~20.0 表示手动设定转矩提升值。

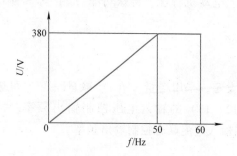

图 6-48　设定的输出曲线

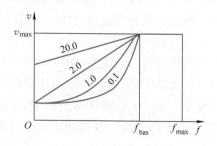

图 6-49　"07" 功能的曲线

7. "52" 功能

这一功能是"53"~"59"功能的入口控制。只有当 F52 = 1 时,才能修改"53"~
"59"的功能。

8. "57" 功能

起动频率(START Hz)。

此功能仅当 F52("52"功能)= 1 时才能被修改,设定值范围为 0.2~60Hz。

例:F52 = 1、F57 = 1,则变频器运行时,调整输入电位器的值,可控制输出频率。当
电位器阻值从 0 开始增加但阻值很小时,电动机不动,只有阻值增大到使输出频率达到
1Hz 以上后,电动机才开始转动。这种设置可防止输入小电压时电动机爬行,或输入电压
为零时,由于干扰信号造成的电动机爬行,不能"锁零"的毛病。

9. "59" 功能

频率设定信号滤波器(FILTER)。

仅当 F52 = 1 时,F59 的参数才能修改。此功能用于系统较强干扰信号混入到模拟信
号输入端(当采用电位信号输入时,由于输入信号线较长会引入较强干扰)时,变频器
内部可采用数字滤波器滤除干扰。设定范围为 0.01~5s。此设定值为数字滤波器的时间常
数。但实际设定的参数应选的合适,太小不能起到滤波作用,太大则系统的响应时间
过慢。

10. "05" "06" 功能

"05"功能:加速时间 1(ACC TIME1)。

"06"功能:减速时间 1(DEC TIME1)。

"加速时间"为从起动达到最大频率所用的时间,设定范围为 0.01~3600s。"减速时
间"为从最大频率达到停止所用的时间,设定范围同上。当设定值为"0.00"时,表示
电动机滑行停止。

11. "60" 功能

为 F61~F79 功能的入口控制。

12. "73" 功能

加速/减速方式的模式选择(ACC PTN)。

0:线性加速和减速(见图 6-50)。

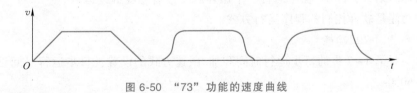

图 6-50 "73"功能的速度曲线

1:S 曲线加速和减速。

2:非线性加速和减速。

此功能与 F05/F06 功能配合,可获得良好的起动性能曲线,达到起动平稳、无冲击、
起动速度快的良好效果。

13. "15" "16" 功能

"15" 功能：驱动时，转矩限制（DRV TORQVE）。

"16" 功能：制动时，转矩限制（BRK TORQVE）。

此两功能用于驱动或制动时，使最大转矩限制在某一值上，防止电流过大跳闸。取值范围为 20~180.999，取 180.999 时为不限制。

14. "20"~"26" 功能

多步速度设定 1~7。

每一种功能可设定一种速度，设定频率后，依靠外接信号端子 X_1、X_2、X_3 的组合控制信号可获得 7 种控制速度。组合方式由 $X_3X_2X_1$ 组成的二进制数所决定（当取 000 时，速度由 '00' 功能确定）。

15. "33"~"38" 功能

"33" 功能：加速时间 2（ACC TIME2）。

"34" 功能：减速时间 2（DEC TIME2）。

"35" 功能：加速时间 3（ACC TIME3）。

"36" 功能：减速时间 3（DEC TIME3）。

"37" 功能：加速时间 4（ACC TIME4）。

"38" 功能：减速时间 4（DEC TIME4）。

以上功能用于程序运行时，多种速度的控制。设定范围为 0.01~3600s，此功能受输入端子 X_4、X_5 的控制。

当 X_4 = OFF 与 X_5 = OFF 时，为加速时间 1/减速时间 1 的设定。

当 X_4 = ON 与 X_5 = OFF 时，为加速时间 2/减速时间 2 的设定。

当 X_4 = OFF 与 X_5 = ON 时，为加速时间 3/减速时间 3 的设定。

当 X_4 = ON 与 X_5 = ON 时，为加速时间 4/减速时间 4 的设定。

此功能与上功能结合在一起可由外部开关量信号通过端子控制电抗进行各种不同程序速度控制的功能。

16. "65" 功能

程序运行时模式选择（PATTERN）。

仅当 F60 = 1 时才能修改此功能。此功能有 3 种选择：0——一般运行；1——程序运行一个循环后结束；2——程序运行一个循环后按最后速度继续运行。

这种功能是软件控制的程序运行方式。

17. "66"~"72" 功能

程序运行第 1~7 步的每步运行时间和加/减速方式的设置，每步运行时间设置的范围为 0.01~6000s。

加/减速方式按表 6-2 设置。

例：F66 = 10.00：F2，F67 = 11.00：F1，F68 = 11.00：R4，F69 = 11.00：R2，F70 = 11.00：F2，F70 = 11.00：F4，F70 = 11.00：F2，F65 = 1，则电动机按图 6-51 所示的速度图运行循环一次结束。图中每步匀速度的值取决于 F20~F26 的设置。T_1 = 10s，$T_2 \sim T_7$ = 11s，程序运行的起动和停止可实用编程器上的 RUN 和 STOP 键或使用 FWD/REV 端子用

外信号控制。

表 6-2 加/减速方式设置

代 码	转向	加速/减速	代 码	转 向	加速/减速
F1	正转	加速 1/减速 1（取决 F05 和 F06 设置）	R1	反转	加速 1/减速 1（取决 F05 和 F06 设置）
F2	正转	加速 2/减速 2（取决 F33 和 F34 设置）	R2	反转	加速 2/减速 2（取决 F33 和 F34 设置）
F3	正转	加速 3/减速 3（取决 F35 和 F36 设置）	R3	反转	加速 3/减速 3（取决 F35 和 F36 设置）
F4	正转	加速 4/减速 4（取决 F37 和 F38 设置）	R4	反转	加速 4/减速 4（取决 F37 和 F38 设置）

18. "29" 功能

转矩矢量控制（TRQ VECTOR）。

当 F29 = 1 时，电动机运行于转矩矢量控制方式。

当 F29 = 0 时，电动机运行于普通工作方式。

19. "78" 功能

语种设置仅当 F60 = 1 时才能修改此功能。

F78 = 0 为英文，F78 = 1 为中文，F78 = 2 为日文（对于日语/英语型号的变频器，F78 = 0 为日文，F78 = 1 为英文）。

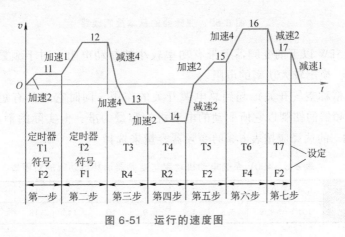

图 6-51 运行的速度图

6.5 变频器典型电路设计及应用举例

6.5.1 变频器的基本接线及电路设计

图 6-52 为变频器的基本控制电路图。三相 380 交流电通过断路器 QF_1，再经过交流接触器 KM_1 接入到变频器 BF 的电源输入端 R、S、T 上。变频器输出变频电压（U、V、W）经热继电器 KR_1 接到负载电动机 M 上。

制动电阻 R_2 通过制动单元 BU 接到变频器的制动电阻输入端 P（+）、N（−）上。对于 7.5kW 以下的变频器，无制动单元，直接将制动电阻 R_2 接到端 P（+）、N（−）上即

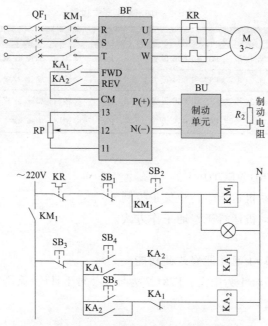

图 6-52 变频器的基本控制线路

可。出厂时 7.5kW 以下的变频器上带有功率较小的制动电阻，对于频繁制动和转矩较大的情况应拆掉，换用较大功率的电阻。

断路器（俗称空气开关）起到总电源开关的作用，同时它还具有短路和过载保护的作用。一般变频器的铭牌以它所驱动的电动机的容量为准，但实际的消耗功率应大一些。因此，开关 QF_1 的选择应按表 6-3 的变频器容量来选择。

表 6-3　400V 系列电动机功率与变频器消耗电功率的对照表

配用电动机(kW)	0.4	0.75	1.5	2.2	3.7	5.5	7.5	11	15	18.5	22
变频器容量(kV·A)	1.1	1.9	2.8	4.2	6.9	10	14	18	23	30	34

接触器一般来讲不是必需的，使用它的作用：当整个设备需要停电时，比拉断路器方便些，另外系统出现电气故障时（例如热继电器动作时）可以通过它来迅速切断电路。KM_1 的参数的选择与 QF_1 的选择方法相同。热继电器 KR_1 起到电动机过载保护的作用，参数选择方法应按实际电动机 M 的容量来选择。

制动电阻的作用：当电动机出现制动情况时，电动机会有一部分能量回输到变频器内部来，造成变频器的主电路中的直流环节部分的直流电压上升。这一部分由于电动机回输能量造成的过高电压经电子开关接通制动电阻，将这部分能量消耗掉。这个电阻的选择较复杂，它受多种因素的影响（富士公司有标准的配套电阻出售）。

实际选用时可由下经验公式选取：

电阻功率：

$$W_R = W_D \times 0.13 \tag{6-46}$$

式中　W_D——电动机功率（kW）。

对 400V 系列变频器：

电阻值：
$$R = 450/W_D \tag{6-47}$$

对 200V 系列变频器：

电阻值：
$$R = 112.5/W_D \tag{6-48}$$

例：对于 30kW 电动机：　$W_R = 30×0.13\text{kW} = 3.9\text{kW}$

对 400V 系列：$R = 450/30\Omega = 15\Omega$

对 200V 系列：$R = 112.5/30\Omega = 3.75\Omega$

实际选用时，可按计算结果±10%选用。

正反转控制通过 FWD、REV、CM 的开关信号来进行，最简单情况可由普通刀开关来控制。本电路通过按钮控制继电器 KA_1、KA_2 来进行。这种电路可实现远程的控制。对于较高级的设备可由 PLC 可编程控制器来进行控制。电位器 RP 为变频器的输出频率控制电位器，它可选用 $1 \sim 5\text{k}\Omega$、0.5W 的电位器。除上面介绍的变频器信号输入/输出信号外，还包括 $X_1 \sim X_5$、BX、RST 等输入信号端子，$Y_1 \sim Y_5$、30A、30B、30C 等输出信号端子。各输入信号端子（包括前面介绍的 FWD、REV）在变频器内部均为光电耦合器，具体接线电路如图 6-53 所示。S_1 为外部控制开关，放在外部现场上，当外部接线较长时，应采用屏蔽线，防止引入干扰。输出信号 $Y_1 \sim Y_5$、CEM 内部为晶体管极电极开路输出，具体接线如图 6-54 所示，一般输出端 Y_1 可接一继电器 kA，最大允许负载电流为 50mA，最大电压为 27V（一般可选用 24V，阻值大于 480Ω 的线圈的继电器）。继电器 KA 线圈上并联的二极管起保护内部晶体管的作用。在电路的开关过程中，继电器 KA 线圈上会产生反电动势，可通过此二极管将能量泄放掉。此继电器 KA 的触点可控制外部的有关电路。

输出信号 30A、30B、30C 为报警输出信号，变频器出现故障时，内部继电器动作，它的触点即为此三点。30C、30B 为动断触点，30C、30A 为动合触点。接点容量为 250V、AC 0.3A。

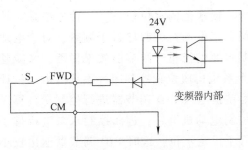

图 6-53　FWD 的具体接线电路

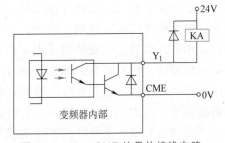

图 6-54　Y_1、CME 的具体接线电路

6.5.2　采用变频器的开环控制系统举例

采用变频器的开环控制系统应用的例子是很多的，下面举一个旋转平面磨床控制的例子。

图 6-55a 所示为平面磨床台面与砂轮的关系。如果电动机采用固定速度，那么砂轮在圆台中心与圆台外圆处的加工精度就不相同，影响了加工精度。若采用变频器控制电动机的转速，在外圆处速度较低些，随着砂轮向中心的移动而逐渐增加电动机的速度，而使研磨速度恒定，这样就提高了加工精度和生产效率。

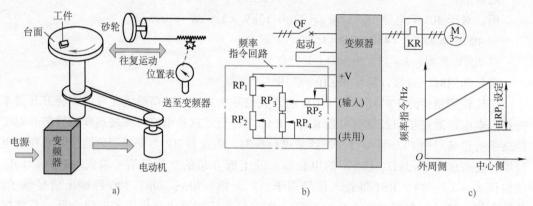

图 6-55　旋转平面磨床的控制的例子

旋转平面磨床变频器控制原理如图 6-55b 所示。图中的电阻器 $RP_1 \sim RP_5$ 用来设定变频器的输出频率，根据图 6-55c 所示的特性设定。电阻器 RP_3 最大时调整 RP_5，设定中心速度，根据 RP_1 设定最大速度。

由于输入速度只取决于砂轮相对于轮台的物理位置，而电动机上并无实际速度参数反馈到系统中来，故这种控制属于开环控制。当系统的负载变化时，可能要影响电动机速度的变化。

6.5.3　采用变频器的闭环系统举例

例 1：在污水处理厂，污水经过净化处理后，要在排水池中沉淀一段时间，再排入江河中。这就要求放入的水量与排出的水量相等，使水池的水位恒定。一种方法是对排水泵上的电动机进行起停控制。然而，这种控制方案电动机的起停过于频繁，对于电动机的寿命不利。如果采用变频调速电动机，控制水泵的流量，则节能效果显著，又能延长电动机的寿命，控制原理如图 6-56 所示。整个系统构成位置控制闭环系统。由水位计检测出来的水位信号与设定水位信号相比较，偏差值送入 PID 调节器进行控制量计算。输出的控制信号作为变频器的输入，它的输出控制电动机运转，进而控制水泵进行排水运行。当排水量大于入水量时，必然造成水位低于设定水位，这时 PID 调节器输出较小的控制量使电动机 M 降低转速，使排水量减少，而使水位上升。反之，会使水位下降。自动调节的结果，使水平保持在设定值上。

例 2：小型线材轧机变频调速控制如图 6-57 所示，图中，Z_1 表示轧辊，它由两个支撑辊、两个工作辊组成；电动机 M_1 为交流电动机，拖动 Z_1 运转。Z_2 与 Z_3 为左、右卷取辊，由交流电动机 M_2、M_3 拖动。由于所轧制的线材为特殊金属，只能用无张力控制的方案，因此采用卷取辊与轧制辊之间的线材产生活套的方法进行轧制。左右两边活套的位

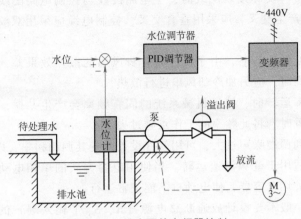

图 6-56 排水泵的变频器控制

置由 RP_1 和 RP_2 的检测元件测出。只要控制活套的位置不变，即可保持主轧辊与卷取辊同步运行。这个系统中，主轧电动机 M_1 采用开环控制，它主要控制轧机的速度。左右卷取部分构成位置闭环控制，达到整个系统协调控制的目的。左卷取系统的闭环系统控制框图如图 6-58 所示。电位器 RP_0 为活套位置设定电位器，电位器 RP_1 为实际活套位置检测电位器，二者相比较后，偏差值送入 PID 调节器控制变频器，进而使 Z_1 与 Z_2 同步运行。

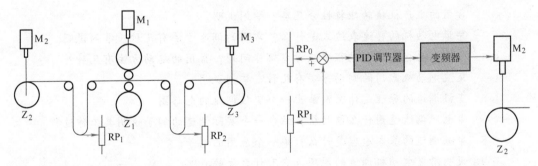

图 6-57 小型线材轧机变频调速控制   图 6-58 左卷取系统的闭环系统控制框图

这种控制系统由于全部采用交流电动机，克服了老式直流电动机系统的机构庞大、维护不方便的缺点，整个系统体积小、设备简单、维护方便、控制精度高，充分显示了交流变频调速的优点。

6.5.4 变频器的安装、运行及维护

由于变频器使用电子电路产品，若外界环境恶劣，会造成内部电子元器件损毁坏，故变频器应放在灰尘和油性灰尘少、无腐蚀性气体、无易燃气体、无水蒸气、无水滴、无日晒、不含盐分的场合。变频器的周围应留有一定空间保持空气流畅，以便充分散热。

由于逆变器使用了高性能的计算机系统，如果配线安装不正确，干扰噪声的影响会

造成系统工作不正常。实际按装配线时，主电路配线与控制电路配线要分开安放，中间至少隔开 10cm。若产生交叉，应采用垂直交叉，控制电缆应采用双绞线或屏蔽线以便使引入的干扰最小。

普通电动机在变频运行时，由于低速时自身风扇的散热效果差，会造成电动机温度有些升高。温度过高时，应另加冷却风扇进行散热。

对于以某些频率运转时，接近机械系统的固有频率会产生共振，可采用一定的防振措施，或在软件设置时，将此频率的工作点越过去。

若在运转中感到调制噪声过大，可用软件设置改变其调制频率，以达到最佳效果。

单相电动机不适用于变频调速运转。当使用电容方式的单相电动机时，由于高频电流的原因，可能会破坏电容器，使电动机不能正常运行。

变频器运行中一般不要设计成通断总电源（R、S、T 输入端）的方式起/停电动机，因为经常性地、频繁地通断电源会降低变频器的寿命或造成损坏。而应采用开关量控制输入信号的方法（如 FWD、REV、CM 端）来控制。

一般应用时，可选用变频器的容量与电动机相符。对于频繁起/停或迅速加/减速运行的情况，应选择加大一级容量的变频器。

思考与练习

6-1　画出异步电动机的 M-s 曲线，说明不同转差率 s 的电动机特性及与转速 n 之间的关系。

6-2　常用的生产机械转矩特性分几类？举例说明。

6-3　异步电动机的转速表达式是什么？常用的调速方法有几种？举例说明。

6-4　交流电动机的起动过程中应考虑哪些问题？常用的起动方法有几种？

6-5　交流电动机常用的制动方法有几种？举例说明。

6-6　变极调速的原理是什么？画出一个变极调速的电路图。

6-7　串电阻调速适用什么电动机？结合一个实际调速的例子说明其工作过程。

6-8　串级调速的基本原理是什么？举一个应用的例子。

6-9　说明滑差电动机调速的原理。它有什么优缺点？

6-10　变频调速有几种？什么叫作 PAM 和 PWM 方式？

6-11　U/f 控制的原理是什么？什么叫作恒转矩调速与恒功率调速？

6-12　矢量控制变频器的基本原理是什么？

6-13　FRENIC500/G9S 富士变频器有哪些基本功能？

6-14　FRENIC500/G9S 富士变频器的软件有哪些基本功能？

6-15　画出采用富士变频器控制一个交流电动机的电路图，并说明其工作过程。

6-16　设计图 6-55 的硬件电路图及变频器的软件。

附录 A　电气设备常用基本图形符号（摘自 GB/T 4728 系列标准）

名　称	符　号	名　称	符　号	名　称	符　号
直流		导线的不连接		NPN 型半导体晶体管	
交流		接通的连接片		换向绕组	
接地一般符号				补偿绕组	
功能接地		断开的连接片		串励绕组	
保护接地		电阻器一般符号		并励或他励绕线	
功能等电位联结	或	电容器一般符号		发电机	G
保护等电位联结		极性电容器		直流发电机	G
故障		半导体二极管一般符号		交流发电机	G
闪络、击穿		光敏二极管		电动机	M
T 形连接	或	电压调整二极管（稳压二极管）		直流电动机	M
导线的双重连接	或	晶体闸流管（阴极侧受控）		交流电动机	M
		PNP 型半导体晶体管		直线电动机	M

（续）

名　称	符　号	名　称	符　号	名　称	符　号
步进电动机		三相变压器有中性点引出线的星形—三角形联结		延时闭合和延时断开的动合触点	
手摇发电机				延时闭合和延时断开的动断触点	
三相绕线转子异步电动机		电流互感器脉冲变压器	或	带动合触点的按钮	
三相笼型异步电动机		动合（常开）触点		带动断触点的按钮	
他励直流电动机		动断（常闭）触点		带动合和动断触点的按钮	
并励直流电动机		先断后合的转换触点		位置开关的动合触点	
复励直流电动机		先合后断的转换触点	或	位置开关的动断触点	
串励直流电动机		中间断开的双向转换触点		热继电器的触点	
单相变压器		延时闭合动合触点		接触器的主动合触点	
有中心抽头的单相变压器		延时断开动合触点		接触器的主动断触点	
三相变压器星形—有中性点引出线的星形联结		延时闭合动断触点		三极开关一般符号	或
		延时断开动断触点		三极断路器	

（续）

名　称	符　号	名　称	符　号	名　称	符　号
三极隔离开关		火花间隙		受话器	
三极负荷开关		避雷器		扬声器	
继电器线圈	或	熔断器		电铃	
热继电器的驱动线圈		跌开式熔断器		蜂鸣器	
缓慢释放继电器线圈		熔断器式开关		原电池或蓄电池	
缓慢吸合继电器线圈		熔断器式隔离开关		换向器上的电刷	
灯		熔断器式负荷开关		集电环上的电刷	
电抗器	或			桥式全波整流器	或
速度继电器		示波器			
压力继电器		热电偶	或		
温度继电器	或			辉光启动器	
液位继电器		电喇叭			

附录 B 电气设备常用基本文字符号（摘自 GB/T 7159—1987）

名　称	单字母	双字母	名　称	单字母	双字母	名　称	单字母	双字母
发电机	G		控制开关	S	SA	指示灯	H	HL
直流发电机	G	GD	行程开关	S	ST	蓄电池	G	GB
交流发电机	G	GA	限位开关	S	SQ	光电池	B	
同步发电机	G	GS	终端开关	S	SQ	晶体管	V	
异步发电机	G	GA	微动开关	S	SM	电子管	V	VE
永磁发电机	G	GP	脚踏开关	S	SF	调节器	A	
水轮发电机	G	GH	按钮	S	SB	分离元件放大器	A	
汽轮发电机	G	GT	接近开关	S	SP	晶体管放大器	A	AD
励磁机	G	GE	继电器	K		电子管放大器	A	AV
电动机	M		电压继电器	K	KV	磁放大器	A	AM
直流电动机	M	MD	电流继电器	K	KA	变换器	B	
交流电动机	M	MA	时间继电器	K	KT	压力变换器	B	BP
同步电动机	M	MS	频率继电器	K	KF	位置变换器	B	BQ
异步电动机	M	MA	压力继电器	K	KP	温度变换器	B	BT
笼型电动机	M	MC	控制继电器	K	KC	速度变换器	B	BV
绕组	W		信号继电器	K	KS	自整角机	B	
电枢绕组	W	WA	接地继电器	K	KE	旋转变换器	B	BR
定子绕组	W	WS	接触器	K	KM	（测速发电机）		
转子绕组	W	WR	电磁铁	Y	YA	送话器	B	
励磁绕组	W	WE	制动电磁铁	Y	YB	受话器	B	
控制绕组	W	WC	牵引电磁铁	Y	YT	拾音器	B	
变压器	T		起重电磁铁	Y	YL	扬声器	B	
电力变压器	T	TM	电磁离合器	Y	YC	耳机	B	
控制变压器	T	TC	电阻器	R		天线	W	
升压变压器	T	TU	变阻器	R	RH	接线柱	X	
降压变压器	T	TD	电位器	R	RP	连接片	X	XB
自耦变压器	T	TA	起动电阻器	R	RS	插头	X	XP
整流变压器	T	TR	制动电阻器	R	RB	插座	X	XS
电炉变压器	T	TF	频敏电阻器	R	RF	测量设备	P	
磁稳压器	T	TS	附加电阻器	R	RA	高	H	
互感器	T		电容器	C		低	L	
电流互感器	T	TA	电感器	L		升	U	
电压互感器	T	TV	电抗器	L		降	D	
整流器	U		起动电抗器	L	LS	主	M	
交流器	U		感应线圈	L		辅		AUX
逆变器	U		导线	W		中	M	
变频器	U		电缆	W		正	F	FW
断路器	Q	QF	母线	W		反	R	
隔离开关	Q	QS	避雷器	F		红	R	RD
刀开关	Q	QK	熔断器	F	FU	绿	G	GN
转换开关	S	SC	照明灯	E	EL	黄	Y	YE

参 考 文 献

[1] 吕炳仁，童启明，杨纯久. 断续控制系统 [M]. 北京：电子工业出版社，1999.

[2] 李仁. 电气控制技术 [M]. 3 版. 北京：机械工业出版社，2008.

[3] 郑铭芳，蒋容兴，万邵尤，等. 低压电器选用维修手册 [M]. 北京：机械工业出版社，1995.

[4] 王兆义，杨新志. 小型可编程控制器实用技术 [M] 2 版. 北京：机械工业出版社，2006.

[5] 漆汉宏，王振臣. PLC 电气控制技术 [M]. 3 版. 北京：机械工业出版社，2015.

[6] 齐占庆. 机床电气自动控制 [M]. 北京：机械工业出版社，1980.

[7] 齐占庆，王振臣. 电气控制技术 [M]. 北京：机械工业出版社，2006.

[8] 齐占庆，王振臣. 机床电气控制技术 [M]. 5 版. 北京：机械工业出版社，2012.

[9] 张晓江，顾绳谷. 电机及拖动基础 [M]. 5 版. 北京：机械工业出版社，2016.

[10] 王兆安，刘进军. 电力电子技术 [M]. 5 版. 北京：机械工业出版社，2009.

[11] 阮毅，杨影，陈伯时. 电力拖动自动控制系统：运动控制系统 [M]. 5 版. 北京：机械工业出版社，2016.

[12] 佟纯厚. 近代交流调速 [M]. 2 版. 北京：冶金工业出版社，2008.

[13] 姜泓，赵洪恕. 电力拖动交流调速系统 [M]. 武汉：华中理工大学出版社，1999.

[14] OMRON 公司. The CPM1 Operation Manual [Z]. 1999.

[15] OMRON 公司. The CPM1A Pragrammable Contrallers Operation Manual [Z]. 1999.

[16] 富士电机有限公司. FRENIC 5000G9S/P9S 使用说明书.

[17] 吴惕华. 机械制造自动化 [M]. 北京：机械工业出版社，2006.